输电线路感应电分析与防护

主　编　潘巍巍
副主编　方玉群　崔建业　赵寿生

U0294472

中国水利水电出版社
www.waterpub.com.cn
·北京·

内 容 提 要

　　针对输电线路感应电防护存在的高安全隐患风险问题，为满足线路运行检修人员和技术管理人员的需要，促进输电线路本质安全管理的提升，总结输电线路感应电相关成果编写此书。

　　全书共分 10 章，包括概述、感应电危害分析、输电线路感应电原理分析、输电线路电磁场及感应电的测量、带电作业感应电防护、停电工作感应电防护、设备感应电防护、电缆线路感应电防护、感应电安全防护用具和感应电防护新技术应用。

　　本书内容丰富，实用性强，可供输电线路运行检修人员及技术管理人员参考使用。

图书在版编目（ＣＩＰ）数据

　　输电线路感应电分析与防护 / 潘巍巍主编. -- 北京：
中国水利水电出版社，2018.7(2023.2重印)
　　ISBN 978-7-5170-6735-1

　　Ⅰ．①输… Ⅱ．①潘… Ⅲ．①输电线路－电磁感应
Ⅳ．①TM726

　　中国版本图书馆CIP数据核字(2018)第185594号

书　　名	**输电线路感应电分析与防护** SHUDIAN XIANLU GANYINGDIAN FENXI YU FANGHU
作　　者	主编 潘巍巍　副主编 方玉群　崔建业　赵寿生
出版发行	中国水利水电出版社 （北京市海淀区玉渊潭南路 1 号 D 座　100038） 网址：www.waterpub.com.cn E-mail：sales@mwr.gov.cn 电话：(010) 68545888（营销中心）
经　　售	北京科水图书销售有限公司 电话：(010) 68545874、63202643 全国各地新华书店和相关出版物销售网点
排　　版	中国水利水电出版社微机排版中心
印　　刷	清淞永业（天津）印刷有限公司
规　　格	184mm×260mm　16 开本　16.75 印张　397 千字
版　　次	2018 年 7 月第 1 版　2023 年 2 月第 2 次印刷
印　　数	4001—5000 册
定　　价	**88.00** 元

凡购买我社图书，如有缺页、倒页、脱页的，本社营销中心负责调换

本 书 编 委 会

主　　编　潘巍巍

副 主 编　方玉群　　崔建业　　赵寿生

参编人员　刘　凯　　秦威南　　祝　强　　孔晓峰　　邢哲鸣

　　　　　　肖　宾　　徐飞明　　雷兴列　　潜力群　　金德军

　　　　　　彭　勇　　虞　驰　　王　斌　　朱　凯　　蒋其武

　　　　　　叶　宏　　蒋卫东　　顾　浩　　朱亦振　　梁加凯

　　　　　　陈　晨　　李　炯　　俞晓辉　　赵俊杰　　郑宏伟

前　言

对于工作在发电厂、变电站、输配电线路等场所的电力企业或施工企业一线员工而言，高压触电主要分为两种：一种是直接误碰高压带电设备触电；另一种是强电磁场环境中的感应电触电。对于前者，往往因为作业人员足够重视、现场安全和组织措施到位而很少发生；对于后者，则因作业人员认识程度不足、现场安全组织措施不够完善而时有发生。特别是随着输电线路电压等级的不断提高、负荷容量的持续提升、同塔多回线路数量的日益增加，以及线路长度越来越长、输电线路的感应电压和感应电流越来越大，感应电安全隐患风险越来越高。近几年来，在我国供电系统先后发生了多起感应电伤害事故，导致了重大的生命和财产损失，因此，非常有必要对感应电进行系统分析。

对感应电的认识由来已久，理论分析也较为成熟，但针对实际工作中出现的感应电分析及防护研究，尚未有专著或教材进行较为全面的论述。为了进一步提高输电线路运行检修安全水平，使广大电力员工对感应电有更加全面而充分的认识，编写组决定进行本书的编写。

本书在对输电线路感应电产生原理进行分析的基础上，通过计算分析、现场实测，对一线作业人员在带电作业、停电作业工作中的感应电安全防护以及如何防止感应电造成设备事故等进行了详细阐述，介绍了一批已应用于工作实际的感应电防护用具，并对新技术、新装备应用于感应电防护做出了认真探讨。

本书以预防实际工作中常出现的感应电伤害事件为出发点，在理论方面对输电线路感应电进行了通俗易懂的叙述并做出了计算和测量分析，能够使电力工作者从源头上对输电线路感应电有一个较为准确的认识；通过分析在带电作业、停电作业过程中感应电产生的危害、原因等，提出了相应的防护措施，可为一线员工提供有效的人身保障方案；通过分析在运设备如何防止感应电造成设备事故，可为设备安全运行提供有效的借鉴方法；通过感应电防护用具和新技术、新装备的介绍和探讨，可引导广大读者积极关注新技术的发展和应用。本书力求从理论到实际全方位贴近工作需求，具有内容翔实、理论解析充分、实用性高、针对性强等特点。

本书由国网金华供电公司潘巍巍主编，方玉群、崔建业、赵寿生副主编。中国电力科学研究院武汉分院对本书编写工作给予了很大支持和关心，刘凯、肖宾、雷兴列、彭勇等同志对书稿提出了许多宝贵意见，在此一并致谢。

由于时间仓促，水平有限，书中难免存在疏漏不当之处，敬请广大读者批评指正。

编者

目　录

前言

第1章　概述 ··· 1

　1.1　输电线路基本介绍 ································· 1

　1.2　感应电基本知识 ··································· 13

第2章　感应电危害分析 ································· 17

　2.1　感应电伤人机理及处理措施 ················ 17

　2.2　感应电对周围物体的影响和危害 ············ 29

第3章　输电线路感应电原理分析 ··············· 34

　3.1　输电线路电磁场基本概念 ··················· 35

　3.2　输电线路电磁场分析 ························· 36

　3.3　输电线路感应电压及其影响因素 ············ 43

　3.4　工程中输电线路感应电的计算方法 ·········· 57

　3.5　输电线路感应电计算实例及分析 ············ 62

第4章　输电线路电磁场及感应电的测量 ······· 68

　4.1　输电线路电磁场的测量 ····················· 68

　4.2　输电线路感应电压的测量 ··················· 77

　4.3　输电线路感应电流的测量 ··················· 80

　4.4　感应电对输电线路工频参数测量的干扰及消除 ··· 84

第5章　带电作业感应电防护 ····················· 86

　5.1　带电作业感应电分析 ························· 86

　5.2　带电作业感应电防护措施 ·················· 113

　5.3　邻近带电体作业感应电防护 ··············· 125

第6章　停电工作感应电防护 ···················· 136

　6.1　停电线路感应电计算分析 ·················· 136

　6.2　停电作业感应电防护 ······················· 161

第7章　设备感应电防护 ·························· 175

　7.1　地线绝缘子间隙烧伤分析 ·················· 175

　7.2　孤立档地线金具感应电烧伤分析 ··········· 186

　7.3　ADSS光缆感应电腐蚀分析 ················ 190

　7.4　接地线感应烧伤分析 ······················· 195

第8章　电缆线路感应电防护 ···················· 203

　8.1　电缆线路感应电综述 ······················· 203

8.2 电缆设计阶段感应电防护措施 ·························· 208

8.3 电缆施工阶段感应电防护措施 ·························· 214

8.4 电缆运行阶段感应电防护措施 ·························· 216

8.5 电力电缆感应电案例分析 ····························· 217

第9章 感应电安全防护用具 ······························ 223

9.1 接地线（个人保安线） ····························· 223

9.2 屏蔽服（静电防护服） ····························· 226

9.3 导电鞋 ··· 231

9.4 绝缘手套 ······································· 234

第10章 感应电防护新技术应用 ··························· 240

10.1 ±800kV 直流输电线路验电器 ······················ 240

10.2 新型接地线装置 ································· 247

10.3 接地线电流检测装置及管理系统的研究 ················ 252

参考文献 ·· 255

第1章 概　述

1.1　输电线路基本介绍

现代大型发电厂一般建在能源基地附近，如火力发电厂大都集中在煤炭、石油等能源产地，水力发电厂集中在江河流域水位落差大的水力资源点；而电力负荷中心则多集中在工业区和大城市。发电厂和电力负荷中心间往往相距很远，从而产生了电能远距离输送的问题，需要通过架设电力线路解决。

电力线路是电力系统的重要组成部分，它承担着输送和分配电能的任务。由发电厂向电力负荷中心输送电能的线路以及电力系统之间的联络线路称为输电线路；由电力负荷中心向电力用户分配电能的线路称为配电线路。为了减少电能在输送过程中的损耗，根据输送距离和输送容量的大小，输、配电线路采用各种不同的电压等级。目前，我国采用的电压等级主要有：交流 380/220V、10kV、35kV、66kV、110kV、220kV、330kV、500kV、750kV、1000kV；直流±400kV、±500kV、±660kV、±800kV、±1100kV。通常把 1kV 以下的线路称为低压配电线路；10kV、20kV 线路称为中压配电线路；35kV 线路称为高压配电线路；110kV、220kV 线路称为高压输电线路；330kV、500kV、750kV 和直流±400kV、±500kV、±660kV 线路称为超高压输电线路；1000kV 和直流±800kV 及以上线路称为特高压输电线路。

电力线路按其结构又可分为架空线路和电缆线路。

1.1.1　架空线路

架空线路主要指将导线固定在直立于地面杆塔上的输电线路。相比于电缆线路，架空线路有许多显著优点，如结构简单、造价低、架设速度快、输送容量大、施工和运行维护方便等。因此，早期的输电线路普遍是以架空的形式建设的。架空线路的组成元件主要有导线、架空地线（或称避雷线、地线）、杆塔、绝缘子、金具、基础、接地和拉线，它们的作用和型式分述如下。

1.1.1.1　导线

导线的作用主要是用来传导电流，输送电能。

1. 导线的材料特性

架空线路的导线应具备以下特性：

（1）导电率高，以减少线路的电能损耗和电压降。

（2）耐热性能高，以提高输送容量。

（3）具有良好的耐振性能。

（4）机械强度高，弹性系数大，有一定柔软性，容易弯曲，以便于加工制造。

（5）耐腐蚀性强，能够适应自然环境条件和一定的污秽环境，使用寿命长。

（6）质量轻，性能稳定，耐磨，价格低廉。

常用的导线材料有铜、铝、铝镁合金和钢。各类材料的优、缺点及适用范围见表1－1。

表1－1 各类导线材料的优、缺点及适用范围

材料	优 点	缺 点	适用范围
铜	导电性能最好，机械强度高，抗氧化腐蚀能力强	质量大，储量少，产量低，价格昂贵	除特殊情况以外，不采用铜导线
铝	导电性能较好，导热性能好，质地柔韧、易于加工，无低温脆性，耐腐蚀性较强，质量轻，铝矿资源丰富，产量高，价格低廉	抗拉强度低，机械强度低，允许应力小，抗酸、碱、盐的能力较差	档距较小的10kV及以下的线路
铝镁合金	抗拉强度很大，导电率较高	抗振性能差	尚未采用
钢	机械强度很高，价格较有色金属低廉	导电率低	跨越山谷、江河等特大档距且电力负荷较小的线路

电压等级较高的架空线路，因其输送功率大，导线截面大，所以对导线的机械强度要求高。为了兼顾导线机械性能和导电性能，通常将铝和钢两种材料结合起来制成钢芯铝绞线。由于交流电的趋肤效应，使铝线截面的载流作用得到充分地利用，而其所承受的机械荷载则由钢芯和铝线共同担负。这样，既发挥了两种材料的各自优点，又补偿了它们各自的缺点。因此，钢芯铝绞线被广泛应用在35kV及以上线路中。近年来，耐热铝合金导线、碳纤维复合芯铝绞线等新型架空导线相继出现，具有较多优越性能，在输电线路改造和新建工程中也得到应用。

2. 分裂导线

一般架空线路每相采用单根导线。而对于电压等级较高的架空线路，为了提高线路输送能力，降低电能损耗，减少对无线电、电视等的干扰，可采用扩径导线、空芯导线或分裂导线。又因扩径导线和空芯导线制造和安装不便，故高电压等级架空线路多采用分裂导线。

分裂导线每相分裂的根数一般为2～4根，近几年投运的±800kV直流特高压输电线路采用了6分裂导线，1000kV的特高压输电线路采用了8分裂导线。分裂导线由数根导线组成一相，每根导线称为次导线，两根次导线间的距离称为次线间距离，一个档距中，一般每隔30～80m装一个间隔棒，使次导线间保持一定的次线间距离，两相邻间隔棒间的水平距离称为次档距。

3. 导线排列方式

架空线路有单回路、双回路并架以及多回路并架等。由于线路回路数的不同，导线在杆塔上的排列方式也是多种多样的。一般单回路架空线路导线的排列方式有水平排列、三角形排列、上字形排列等排列方式，如图1－1所示。双回路并架架空线路导线的排列方式有伞形排列、倒伞形排列、六角形排列等排列方式，如图1－2所示。

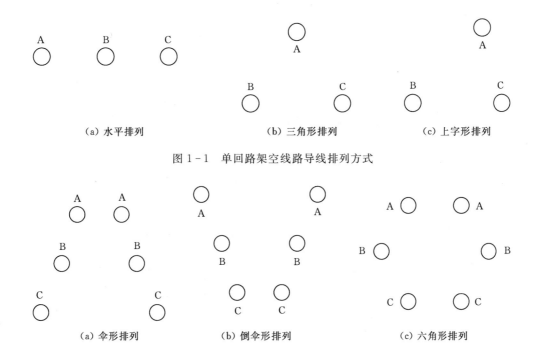

（a）水平排列　　　　　　（b）三角形排列　　　　　（c）上字形排列

图 1-1　单回路架空线路导线排列方式

（a）伞形排列　　　　　　（b）倒伞形排列　　　　　（c）六角形排列

图 1-2　双回路架空线路导线排列方式

1.1.1.2　架空地线

架空地线又称避雷线、地线，通常悬挂于杆塔顶部，杆塔上的架空地线一般通过接地线与接地体相连接。当雷击线路时，因架空地线位于导线上方，雷电首先击中架空地线，并借以将雷电流通过接地体泄入大地，从而减少雷击导线的概率，保护线路绝缘免遭雷电过电压的破坏，起到防雷保护作用，保证线路安全运行。

为减少能耗对于 220kV 及以上电压等级的输电线路，常常采用绝缘架空地线的方式。绝缘架空地线通过带有放电间隙的绝缘子使地线与杆塔绝缘，雷击时利用放电间隙将雷电流引入地下，从而不影响其防雷性能。

架空地线一般采用钢绞线或铝包钢绞线，对于双地线架空线路，其中一根也可以采用复合光缆制作。复合光缆的外层铝合金绞线起防雷保护作用，内部的芯层光导纤维起通信作用。

对于不同电压等级的线路，一般有以下要求：

（1）35kV 线路及不沿全线架设架空地线的线路，宜在发电厂或变电站的进线段架设 1～2km 架空地线，以保护导线及发电厂、变电站的设备免遭直接雷击。

（2）66kV 线路位于年平均雷暴日为 30 日以上的地区时，宜沿全线架设架空地线。

（3）110kV 线路宜全线架设地线，在年平均雷暴日不超过 15 日的地区或运行经验证明雷电活动轻微的地区，可不架设架空地线。

（4）220～330kV 输电线路应沿全线架设架空地线，年平均雷暴日不超过 15 日的地区或运行经验证明雷电活动轻微的地区，可架设单地线，山区宜架设双地线。

（5）500kV 及以上输电线路应沿全线架设双地线。

1.1.1.3　杆塔

杆塔的主要作用是用来支持导线、避雷线及其附件，并使导线和导线之间、导线和避雷线之间、导线和杆塔之间以及导线和地面及交叉跨越物或其他建筑物之间保持一定的安全距离。

杆塔按使用的材料分为钢筋混凝土杆、钢管杆、角钢塔和钢管塔。在早期输电线路建设中，由于经济条件的限制，钢筋混凝土杆因其造价低、施工工期短等突出特点而使用广泛；钢管杆由于其美观、维护方便等特点，在城区线路中得到较多使用；角钢塔是用角钢焊接或螺栓连接而成，因其坚固、耐用、使用期限长等特点，是目前应用最广泛的输电线路杆塔；钢管塔是由钢管通过螺栓连接而成，在特高压线路、重要交跨处应用较多。

杆塔按其在线路上的作用可分为直线杆塔、耐张杆塔、跨越杆塔、终端杆塔和换位杆塔等。

1. 直线杆塔

直线杆塔在架空线路中的数量最多，约占杆塔总数的 70%。在线路正常运行的情况下不承受导线的张力，仅承受导线、避雷线、绝缘子和金具等设备的重力及风引起的垂直线路方向的水平力。只有在杆塔两侧档距相差悬殊或一侧发生断线时，才承受一定的顺线路方向的不平衡张力。直线杆塔一般不承受角度力，因此直线杆塔对机械强度要求较低，造价也比较低。

2. 耐张杆塔

耐张杆塔又称承力杆塔。在线路正常运行或断线事故的情况下，均承受较大的顺线路方向张力。两相邻耐张杆塔间的一段线路称为一个耐张段。两相邻耐张杆塔间各档距的和称为耐张段的长度。当线路发生断线故障时，不平衡张力很大，这时直线杆塔可能逐个被拉倒，耐张杆塔强度大，能承受住导线对杆塔的断线张力，使断线故障的影响范围限制在与断线点相邻的两耐张杆塔之间。在架线施工中，耐张杆塔也可作为紧线操作塔或锚塔。所以，耐张杆塔也称作锚型杆塔或断连杆塔。

3. 跨越杆塔

跨越杆塔位于线路与河流、山谷、铁路等交叉跨越的地方。跨越杆塔也分为悬垂型和耐张型两种。当跨越档距很大时，就得采用特殊设计的耐张型跨越杆塔，其高度也较一般杆塔高得多。

4. 终端杆塔

终端杆塔位于线路的首端和末端，即变电站进线、出线的第一基杆塔。终端杆塔是一种承受单侧张力的耐张杆塔。

5. 换位杆塔

换位杆塔是用来进行导线换位的。高压输电线路的换位杆塔分滚式换用的悬垂型换位杆塔和耐张型换位杆塔两种。

1.1.1.4　绝缘子

架空线路的绝缘子用于支持导线并使之与杆塔绝缘。它应具有足够的绝缘强度和机械强度，同时应对化学杂质的侵蚀具有足够的抵御能力，并能适应周围大气环境的变化，如温度和湿度的变化对其本身的影响等。

1. 绝缘子的种类

架空线路上所用的绝缘子有悬式、棒式和复合绝缘子等数种。

（1）悬式绝缘子。悬式绝缘子形状多为圆盘形，故又称为盘形绝缘子。此类绝缘子以往都是陶瓷材质的，所以又称为瓷瓶。近年来钢化玻璃悬式绝缘子得到广泛应用，其优点是尺寸小、机械强度高、电气性能好、寿命长、不易老化、维护方便。当绝缘子有缺陷时，由于冷热剧变或机械过载，即自行破碎，即称为"自爆"，让巡线人员可以很容易地用肉眼检查出来，减少了大量的劣化瓷质绝缘子的检测工作。

（2）棒式绝缘子。棒式绝缘子是一个瓷质整体，可以代替悬垂绝缘子串。它的优点是质量轻、长度短、省钢材；缺点是棒式绝缘子制造工艺较复杂、成本较高，且在运行中易由于振动而断裂。

（3）复合绝缘子。复合绝缘子由伞套、芯棒组成，并带有金属附件。伞套由以硅橡胶为基体的高分子聚合物制成，具有良好的憎水性，抗污能力强，用来提供必要的爬电距离，并保护芯棒不受气候影响。芯棒通常由玻璃纤维浸渍树脂后制成，具有很高的抗拉强度和良好的减振性、抗蠕变性以及抗疲劳断裂性。根据需要，复合绝缘子的一端或者两端可以制装均压环。复合绝缘子适用于海拔 1000m 以下地区，尤其用于污秽环境时能有效防止污闪的发生。

2. 绝缘子串的组装型式

绝缘子串的组装型式基本分为悬垂绝缘子串和耐张绝缘子串两大类。

（1）悬垂绝缘子串。悬垂绝缘子串用于直线杆塔上，正常运行时仅支撑导线自重、冰重和风力，在断线时，还要承受断线张力，在一般情况下，采用单串悬垂绝缘子串就能满足设计要求。当线路跨越山谷、河流或重冰区以及线路采用的导线牌号较大时，导线的荷载很大，超过了单串绝缘子串所允许的荷载范围，在这种情况下可采用双联悬垂绝缘子串和多联悬垂绝缘子串。为了减少悬垂串的风偏摇摆角以达到减小杆塔头部尺寸的目的，可采用 V 形及八字形组合绝缘子串。

（2）耐张绝缘子串。耐张绝缘子串用于耐张、转角和终端杆塔，除支撑导线自重、冰重和风力外，还要承受正常情况和断线情况下顺线路方向导线的全部张力。当导线截面在 $185mm^2$ 及以下时，普遍采用单串耐张绝缘子串；当导线截面较大或遇到特大档距，导线张力很大时，可采用双联耐张绝缘子串或多联耐张绝缘子串。耐张绝缘子串两侧的导线通过跳线连接，跳线绝缘子串用以限制跳线的风偏角，保证跳线对杆塔各部分空气间隙的要求。

1.1.1.5 金具

金具在架空线路中主要用于支持、固定、接续导线及绝缘子连接成串，也用于保护导线和绝缘体。金具一般是由铸钢、锻铁或铝合金材料制成，应具有足够的机械强度。连接导电体的部分金具要具有良好的电气性能。金具按照其用途可分为线夹类金具、连接金具、接续金具、保护金具和拉线金具五大类。

1. 线夹类金具

线夹分为悬垂线夹和耐张线夹两类，悬垂线夹类以字母 X 表示，耐张线夹类以字母 N 表示。

悬垂线夹用于将导线固定在直线杆塔的悬垂绝缘子串上，或将避雷线悬挂在直线杆塔上，也可用于换位杆塔上支持换位导线。

耐张线夹用于将导线固定在耐张杆塔的绝缘子串上，以及将避雷线固定在耐张杆塔上。耐张线夹根据使用和安装条件的不同，分为螺栓型、压接型、楔形和混合型节能耐张线夹四种。螺栓型耐张线夹有正装和倒装两种结构，由于受握着力的限制，一般只用于 $240mm^2$ 及以下中小截面的导线上，实用中较多地采用倒装式螺栓型耐张线夹；压接型耐张线夹分液压和爆压两种型式，由于握着力较大，适用于 $240mm^2$ 以上大截面导线；楔形耐张线夹主要用于与避雷线的配合；靠楔形块与螺栓配合构成混合型节能耐张线夹，既减少电能损耗、方便施工，又可以增加其握着力。

2. 连接金具

连接金具用于与绝缘子连接成串，将一串或数串绝缘子串连接或悬挂在杆塔横担上。常用的连接金具有以下类型：

（1）球头挂环。用于连接绝缘子上端碗头铁帽，主要有圆形连接的 Q 型和螺栓平面连接的 QP 型。

（2）碗头挂板。用于连接绝缘子下端球头铁脚，分单联和双联碗头两种。

（3）U 型挂环。一般用于金具之间的连接，可单独使用，也可组装使用。

（4）直角挂板。是一种转向金具，其连接方向成直角，故可按使用要求转变绝缘串的连接方向。

（5）平行挂板。用于单板与单板、单板与双板的连接，以及与槽型绝缘子的连接。

（6）平行挂环。用于加大绝缘子串长度、改善导线张力或增大跳线间隙。

（7）二联板。用于将两串绝缘子组装成双联悬垂、耐张及转角悬垂子串。

连接金具类型选择应根据使用条件和连接方式进行。例如：用于球窝形绝缘子的连接应选择球头挂环、碗头挂板等；用于槽形绝缘子的连接应选用直角挂板、平行挂板等；用于绝缘子串与杆塔横担的连接则需根据耐张绝缘子串和悬垂绝缘子串连接方式的不同进行选配。

连接金具的机械强度一般不是按导线的荷载选择，而是按绝缘子的机械强度确定，每一种型式的绝缘子配备一套与其机械强度相同的金具。考虑金具的互换性，定型金具按照破坏荷载分为 4、7、10、12、16、20、25、30、50、60 等 10 个等级。例如 XP-60 型绝缘子所配金具的破坏荷载不应小于 60kN，即应选等级标记为"7"的金具，其破坏荷载为 69kN，相应的金具有 U-7 型、QP-7 型、W-7A 型等。连接金具所用的螺栓、销钉直径及螺孔和销钉孔的直径等，也力求统一，相互配合。

3. 接续金具

接续金具用于架空线路的导线及避雷线终端的接续、承力杆塔跳线的接续及导线补修等，产品型号以字母 J 表示。接续金具主要分为承力接续和非承力接续两种。

（1）承力接续金具：主要有导线、避雷线的接续管等，用于导线连接的接续管主要有爆压管、液压管和钳压管三种。爆压管、液压管呈圆形，适用于架空绝缘导线或 $240mm^2$ 及以上裸导线的承力连接，钳压管呈椭圆形，适用于 $240mm^2$ 及以下裸导线的承力连接。承力连接金具的握着力不应小于该导线、避雷线计算拉断力的 95%。

（2）非承力接续金具：主要有并沟线夹（用于导线作为跳线、T 连接导线时的连接）、带电装卸线夹（主要用于导线带电拆、搭头）和异径并沟线夹等。非承力接续金具的握着力不应小于该导线计算拉断力的 10%。

4. 保护金具

保护金具包括导线及避雷线的防振金具，用于分裂导线保持线间距离并抑制导线微风振动的间隔棒以及护线条、防振锤、铝包带，以及用于绝缘子串的均压屏蔽环等。

5. 拉线金具

拉线金具主要用于拉线杆塔拉线的连接、紧固和调整，具体如下：

（1）连接。用于使拉线与杆塔、其他拉线金具连接成整体，主要有拉线 U 型环、二联板等。

（2）紧固。用于紧固拉线端部，与拉线直线接触，要求有足够的握着力度，主要有楔形线夹、预绞丝和钢线卡子等。

（3）调节。用于施工和运行中固定与调整拉线的松紧，要求有调节方便、灵活的性能，主要有可调式和不可调式两种 UT 线夹。

1.1.1.6 基础

杆塔基础的作用是保证杆塔稳定，防止杆塔因承受导线、冰、风、断线张力等的垂直荷载、水平荷载和其他外力作用而产生倾斜、下沉、上拔或倒塌。杆塔基础一般分为混凝土电杆基础和铁塔基础。

1. 混凝土电杆基础

混凝土电杆基础一般采用底盘、卡盘、拉盘（俗称三盘）基础。通常是事先预制好的钢筋混凝土盘，使用时运至施工现场组装，较为方便。底盘是埋在电杆底部的方形盘，承受电杆的下压力并将其传递到地基上，以防电杆下沉；卡盘是紧贴杆身埋入地面以下的长形横盘，其中采用圆钢或圆钢与扁钢焊成 U 型抱箍与电杆卡接，以承受电杆的横向力，增加电杆的抗倾覆力，防止电杆倾斜；拉盘是填埋于土中的钢筋混凝土长方形盘，在盘的中部设置 U 型吊环和长形孔，与拉线棒及金具相连接，以承受拉线的上拔力，稳住电杆，是拉线的锚固基础。

2. 铁塔基础

铁塔基础型式一般根据铁塔类型、塔位地形、地质及施工条件等实际情况确定。根据铁塔根开大小不同，大体可分为宽基和窄基两种。宽基铁塔是将铁塔的每根主材（每条腿）分别安置在一个独立的基础上，这种基础稳定性较好，但占地面积较大，常被用在郊区和旷野地区；窄基铁塔是将铁塔的四根主材均安置在一个公用基础上。这种基础出土占地面积较小，但为了满足抗倾覆能力要求，基础在地下部分较深、较大，常被用在市区电力线路上或地形较窄的地段。

1.1.1.7 接地装置

架空地线在导线的上方，它通过每基杆塔的接地线或接地体与大地相连，当雷击地线时，可迅速地将雷电流向大地中扩散。因此，输电线路的接地装置主要是泄导雷电流，降低杆塔顶电位，保护线路绝缘不致击穿闪络。它与地线密切配合对导线起到了屏蔽作用。接地装置分为接地体和接地线。

1. 接地体

接地体是指埋入地中并直接与大地接触的金属导体，分为自然接地体和人工接地体两种。为减少相邻接地体之间的屏蔽作用，接地体之间的必须保持一定距离。为使接地体与大地连接可靠，接地体同时必须有一定的长度。

2. 接地线

架空电力线路杆塔与接地体连接的金属导体叫接地线。对非预应力钢筋混凝土杆可以利用内部钢筋作为接地线；对预应力钢筋混凝土杆因其钢筋较细，不允许通过较大的接地电流，可以通过爬梯或者从避雷线上直接引下线与接地体连接。铁塔本身就是导体，故可将扁钢接地体和铁塔腿进行连接即可。

1.1.1.8 拉线

拉线的作用是为了在架设导线后能平衡杆塔所承受的导线张力和水平风力，以防止杆塔倾倒，影响安全正常供电。拉线与地面的夹角一般为 45°，若受环境限制可适当增减，一般不超出 30°~60°。拉线按其作用可分为张力拉线（如转角、耐张、终端、分支杆塔拉线等）和风力拉线（如在土质松软的线路上设置拉线，增加电杆稳定性）两种；按拉线的型式，又可分为普通拉线、人字拉线、十字拉线、水平拉线、弓形拉线、共同拉线和 V 形拉线、Y 形拉线、X 形拉线等。

1.1.2 电缆线路

电缆线路问世的时间相对架空线路不长。世界上第一条电缆线路于 1890 年在英国投入运行，而我国的第一条电缆线路诞生于 20 世纪 30 年代。在 1949 年以前，我国的电力电缆生产规模还很小。1951 年，我国研制成功了 6.6kV 铅护套低绝缘电力电缆；1966 年生产出了第一条充油电力电缆；1968 年和 1971 年又先后研制出了 220kV 和 330kV 充油电缆；到了 1983 年，首次研制出了 500kV 充油电缆。进入 21 世纪后，电缆线路快速发展，新型的交联聚乙烯（XLPE）电缆在高、中、低压线路中均得到广泛应用。

1.1.2.1 电力电缆的种类和特点

电力电缆的品种规格很多，分类方法多种多样，通常按照绝缘材料、结构、电压等级和特殊用途等方法进行分类。

1. 按绝缘材料分类

电力电缆按绝缘材料主要分为油纸绝缘电缆、挤包绝缘电缆和压力电缆三大类。

（1）油纸绝缘电缆。油纸绝缘电缆是绕包绝缘纸带后浸渍绝缘剂（油类）作为绝缘的电缆。

根据浸渍绝缘剂的不同，油纸绝缘电缆可以分为两个种类，即黏性浸渍纸绝缘电缆和不滴流浸渍纸绝缘电缆。两者结构完全一样，除制造过程除浸渍工艺有所不同外，其他均相同。不滴流浸渍纸绝缘电缆的浸渍剂黏度大，在工作温度下不滴流，能满足在高差较大的环境（如矿山、竖井等）使用。

按绝缘结构不同，油纸绝缘电缆主要分为统包绝缘电缆、分相屏蔽电缆和分相铅包电缆。

1）统包绝缘电缆（又称带绝缘电缆）。统包绝缘电缆的结构特点，是在每相导体上分别绕包部分带绝缘后，加适当填料经绞合成缆，再绕包带绝缘，以补充其各相导体对地绝缘厚度，然后挤包金属护套。

统包绝缘电缆的优点是结构紧凑、节约原材料、价格较低；缺点是内部电场分布很不均匀、电力线不是径向分布、具有沿着纸面的切向分量。所以，这类电缆又叫做非径向电场型电缆。由于油纸的切向绝缘强度只有径向绝缘强度的$10\%\sim50\%$，所以统包绝缘电缆容易产生移滑放电，故只能用于10kV及以下电压等级的线路。

2）分相屏蔽电缆和分相铅包电缆。分相屏蔽电缆和分相铅包电缆的结构基本相同，这两种电缆特点是在每相绝缘芯制好后包覆屏蔽层或挤包铅套，然后再成缆。但是，分相屏蔽电缆在成缆后挤包一个三相共用的金属护套，使各相间电场互不相关，从而消除了切向分量，其电力线沿着绝缘芯径向分布，所以这类电缆又叫径向电场型电缆。径向电场型电缆的绝缘击穿强度比非径向型高得多，多用于35kV电压等级的线路。

（2）挤包绝缘电缆。挤包绝缘电缆又称固体挤压聚合电缆，它是以热塑性或热固性材料挤包形成绝缘的电缆。

目前，挤包绝缘电缆有聚氯乙烯（PVC）电缆、聚乙烯（PE）电缆、交联聚乙烯电缆和乙丙橡胶（EPR）电缆等，这些电缆均使用于不同的电压等级。

交联聚乙烯电缆是20世纪60年代以后发展起来的电缆品种，与油纸绝缘电缆相比，它在加工制造和敷设应用方面有不少优点，如其制造周期较短、效率较高、安装工艺较为简便、导体工作温度可达到90℃等。由于制造工艺的不断改进，如用干式交联取代早期的蒸汽交联，采用悬链式和立式生产线，使得110～220kV高压交联聚乙烯电缆产品具有优良的电气性能，能满足城市电网建设和改造的需要。目前，在220kV及以下电压等级的线路中，交联聚乙烯电缆已逐步取代了油纸绝缘电缆。

（3）压力电缆。压力电缆是在电缆中充以能流动、具有一定压力的绝缘油或气体的电缆。在制造和运行过程中，油纸绝缘电缆的纸层间不可避免地会产生气隙。气隙在电场强度较高时，会出现游离放电，最终导致绝缘层击穿。压力电缆的绝缘处在一定压力下（油压或气压），抑制了绝缘层中形成气隙，使电缆绝缘工作场强明显提高，可用于63kV及以上电压等级的电缆线路。

为了抑制气隙，用带压力的油或气体填充绝缘，是压力电缆的结构特点。按填充压缩气体与油的措施不同，压力电缆可分为自容式充油电缆、充气电缆、钢管充油电缆和钢管充气电缆等品种。

2. 按结构分类

电力电缆按照电缆芯线的数量不同可以分为单芯电缆和多芯电缆。

（1）单芯电缆是单独一相导体构成的电缆。一般在大截面、高电压等级电缆多采用此种结构。

（2）多芯电缆是由多相导体构成的电缆。该种结构一般在小截面、中低压电缆中使用较多。多芯电缆有两芯、三芯、四芯、五芯等。

3. 按电压等级分类

根据IEC标准推荐，电缆按照额定电压分为低压、中压、高压和超高压等四类。

（1）低压电缆。额定电压小于1kV，如：0.6/1。

（2）中压电缆。额定电压为 6～35kV，如：6/6，6/10，8.7/10，21/35，26/35。

（3）高压电缆。额定电压为 45～150kV，如：38/66，50/66，64/110，87/150。

（4）超高压电缆。额定电压为 220～500kV，如：127/220，190/330，290/500。

4. 按特殊需求分类

按对电力电缆的特殊需求，主要有输送大容量电能的电缆、防火电缆和光纤复合电力电缆等品种。

（1）输送大容量电能的电缆。

1）管道充气电缆。管道充气电缆（GIC）是以压缩的 SF_6 气体为绝缘的电缆，也称 SF_6 电缆。这种电缆又相当于以 SF_6 气体为绝缘的封闭母线，适用于电压等级在 400kV 及以上的超高压线路、传送容量 100 万 kVA 以上的大容量电站，以及高落差和防火要求较高的场所。管道充气电缆由于安装技术要求较高，成本较大，对 SF_6 气体的纯度要求很严，仅用于电厂或变电所内短距离的电气联络线路。

2）低温有阻电缆。低温有阻电缆是采用高纯度的铜或铝作导体材料，将其处于液氮（温度 77K）或者液氢（温度 20.4K）环境下工作的电缆。在极低温度下，达到由导体材料热振动决定的特性温度（德拜温度）之下时，导体材料的电阻随绝对温度的 5 次方急剧变化。利用导体材料的这一性能，可将电缆深度冷却，以满足传输大容量电力的需要。

3）超导电缆。超导电缆是以超导金属或超导合金为导体材料，将其处于临界温度、临界磁场强度和临界电流密度条件下工作的电缆。利用超低温下出现失阻现象的某些金属及其合金为导体的电缆称为超导电缆，在超导状态下导体的直流电阻为零，能够提高电缆的传输容量。

（2）防火电缆。防火电缆是具有防火性能的电缆的总称，它包括阻燃电缆和耐火电缆。

1）阻燃电缆能够阻滞、延缓火焰沿着其外表蔓延，使火灾不扩大。在电缆比较密集的隧道、竖井或电缆夹层中，为防止电缆着火酿成严重事故，35kV 及以下的电缆应选用阻燃电缆。有条件时，应选用低烟无卤或低烟低卤护套的阻燃电缆。

2）耐火电缆是当受到外部火焰以一定高温和时间作用时，在施加额定电压状态下具有维持通电运行功能的电缆，用于防火要求特别高的场所。

（3）光纤复合电力电缆。将光纤组合在电力电缆的结构层中，使其同时具有电力传输和光纤通信两大功能，称为光纤复合电力电缆。光纤复合电力电缆的两大功能降低了工程建设投资和运行维护费用，具有较高的技术经济意义。

1.1.2.2 电力电缆的结构和性能

电力电缆的基本结构一般由导体、绝缘层、护层三部分组成，6kV 及以上电缆导体外和绝缘层外还增加了屏蔽层。

1. 电力电缆导体的结构和性能

导体的作用是传输电流，电力电缆导体（线芯）大都采用高电导系数的金属铜或铝制造。铜的电导率大，机械强度高，易于进行压延、拉丝和焊接等加工，是电力电缆导体最常用的材料。

电力电缆导体一般由多根导线绞合而成，是为了满足电力电缆的柔软性和弯曲性的要求。当导体沿某一半径弯曲时，导体中心线圆外部分被拉伸，中心线圆内部分被压缩，绞合导体中心线内外两部分可以相互滑动，使导体不发生塑性变形。

绞合导体外形有圆形、扇形、腰圆形和中空圆形等。

圆形绞合导体几何形状固定，稳定性好，表面电场比较均匀。20kV及以上油纸电缆、10kV及以上交联聚乙烯电缆一般都采用圆形绞合导体结构。

10kV及以下多芯油纸电缆和1kV及以下多芯塑料电缆，为了减小电力电缆直径，节约材料消耗，多采用扇形或腰圆形导体结构。

中空圆形导体用于自容式充油电缆，其圆形导体中央以硬铜带螺旋管支撑形成中心油道，或者以型线（Z形线和弓形线）组成中空圆形导体。

2. 电力电缆绝缘层的结构和性能

电力电缆绝缘层具有承受电网电压的功能。电力电缆运行时绝缘层应具有稳定的特性、较高的绝缘电阻和击穿强度、优良的耐树枝放电以及局部放电性能。电力电缆绝缘层有挤包绝缘、油纸绝缘、压力电缆绝缘三种。

（1）挤包绝缘。挤包绝缘材料（包括各类塑料、橡胶）具有耐受电网电压的功能。高分子聚合物经挤包工艺一次成型，紧密地挤包在电缆导体上。塑料和橡胶属于均匀介质，这是与油浸纸的夹层结构完全不同的。聚氯乙烯、聚乙烯、交联聚乙烯和乙丙橡胶的主要性能如下：

1）聚氯乙烯塑料以聚氯乙烯树脂为主要原料，加入适量配合剂、增塑剂、稳定剂、填充剂、着色剂等经混合塑化而制成。聚氯乙烯具有较好的电气性能和较高的机械强度，具有耐酸、耐碱、耐油性能，工艺性能也比较好。缺点是耐热性能较低、绝缘电阻率较小、介质损耗较大，因此仅用于6kV及以下的电力电缆绝缘。

2）聚乙烯具有优良的电气性能，介电常数小、介质损耗小、加工方便。缺点是耐热性差、机械强度低、耐电晕性能差、容易产生环境应力开裂。

3）交联聚乙烯是聚乙烯经过交联反应后的产物。采用交联的方法，将线形结构的聚乙烯加工成网状结构的交联聚乙烯，从而改善了材料的电气性能、耐热性能和机械性能。

聚乙烯交联反应的基本机理是：利用物理的方法（如用高能粒子射线辐照）或者化学的方法（如加入过化氧化物化学交联剂，或用硅烷接枝等）来夺取聚乙烯中的氢原子，使其成为带有活性基的聚乙烯分子。而后带有活性基的聚乙烯分子之间交联成三度空间结构的大分子。

4）乙丙橡胶是一种合成橡胶。用作电力电缆绝缘的乙丙橡胶是由乙烯、丙烯和少量第三单体共聚而成。乙丙橡胶具有良好的电气性能、耐热性能、耐臭氧和耐气候性能。缺点是不耐油、可燃。

（2）油纸绝缘。油纸绝缘电缆的绝缘层是采用窄条电力电缆纸带绕包在电缆导体上，经过真空干燥后浸渍矿物油或合成油而形成的。纸带的绕包方式除仅靠导体和绝缘层最外面的几层外，均采用间隙式（又称负搭盖式）绕包，这使电缆在弯曲时，在纸带层间可以相互移动，在沿半径为电缆本身半径的12～25倍的圆弧弯曲时，不至于损伤绝缘。电力电缆纸是木纤维纸。

（3）压力电缆绝缘。在我国，压力电缆的生产和应用基本上是单一品种，即充油电缆。充油电缆是利用补充浸渍剂原理来消除气隙，以提高电力电缆工作场强的一种电力电缆。按充油通道不同，充油电缆分为两类：一类是自容式充油电缆；另一类是钢管充油电缆。我国生产应用自容式充油电缆已有近50年的历史，而钢管充油电缆尚未付诸工业性应用。运行经验表明，自容式充油电缆具有电气性能稳定、使用寿命较长的优点。自容式充油电缆油道位于导体中央，油道与补充浸渍油的设备（供油箱）相连，当温度升高时，多余的浸渍油流进油箱中，以降低电力电缆中产生的过高压力；当温度降低时，油箱中浸渍油流进电力电缆中，以填补电力电缆中因负压而产生的空隙。充油电缆中浸渍剂的压力必须始终高于大气压。在一定的压力下，不仅使电力电缆工作场强提高，而且可以有效防止护套破裂时潮气浸入绝缘层。

3. 电力电缆护层的结构和性能

电力电缆护层是覆盖在电力电缆绝缘层外面的保护层。典型的护层结构包括内护套和外护层。内护套贴紧绝缘层，是绝缘的直接保护层。包覆在内护套外面的是外护层。通常，外护层又由内衬层、铠装层和外被层三层组成，以同心圆形式层层相叠，成为一个整体。

护层的作用是使电力电缆能够适应各种使用环境的要求，使电力电缆绝缘层在敷设和运行过程中，免受机械或各种环境因素损坏，以长期保持稳定的电气性能。内护套的作用是阻止水分、潮气及其他有害物质侵入绝缘层，以确保绝缘层性能不变。内衬层的作用是保护内护套不被铠装轧伤。铠装层使电缆具备必需的机械强度。外被层主要用于保护铠装层或金属护套免受化学腐蚀及其他环境损害。

4. 电力电缆屏蔽层的结构和性能

屏蔽，是能够将电场控制在绝缘内部，同时能够使得绝缘界面处表面光滑，并借此消除界面空隙的导电层。电力电缆导体由多根导线绞合而成，它与绝缘层之间易形成气隙，导体表面不光滑，会造成电场集中。在导体表面加一层半导电材料的屏蔽层，它与被屏蔽的导体等电位，并与绝缘层良好接触，从而避免在导体与绝缘层之间发生局部放电。这一层屏蔽，又称为内屏蔽层。

在绝缘表面和护套接触处也可能存在间隙，电缆弯曲时，油纸电缆绝缘表面易造成裂纹或皱折，这些都是引起局部放电的因素。在绝缘层表面加一层半导电材料的屏蔽层，它与被屏蔽的绝缘层有良好接触，与金属护套等电位，从而避免在绝缘层与护套之间发生局部放电，又称为外屏蔽层。

屏蔽层的材料是半导电材料，其体积电阻率为 $10^3 \sim 10^6 \Omega \cdot m$。油纸电缆的屏蔽层为半导电纸。半导电纸还有吸附离子的作用，有利于改善绝缘电气性能。挤包绝缘电缆的屏蔽层材料是加入炭黑粒子的聚合物。没有金属护套的挤包绝缘电缆，除半导电屏蔽层外，还要增加用铜带或铜丝绕包的金属屏蔽层。其作用为：在正常运行时通过电容电流；当系统发生短路时，作为短路电流的通道，同时也起到屏蔽电场的作用。在电力电缆结构设计中，要根据系统短路电流的大小，采用相应截面的金属屏蔽层。

1.2 感应电基本知识

感应电是一种比较特殊的电能，在社会生产和生活的一些领域得到广泛的利用，但在一些领域中，如果不及时消除或采取防护措施，就会对设备及人身安全造成危害，必须引起高度重视。在电力行业中，停电检修设施产生的感应电对作业人员来说，是一种严重的安全隐患，如果作业中操作不当或违反安全规程中规定的安全措施，就会发生设备损坏乃至人身伤害事故。为了降低感应电对设备和作业人员安全的威胁，需首先了解感应电的产生原理，掌握感应电产生的规律。

感应电产生的原理一般分为静电感应和电磁感应两类。

1.2.1 静电感应

1.2.1.1 产生原理

物质是由分子组成的，分子是由原子组成的，原子是由原子核和其外围电子组成的。

如图 1-3 所示，两种物质紧密接触后再分离时，一种物质把电子传给另一种物质而带正电，另一种物质得到电子而带负电，这种现象称为静电感应。一般认为，两种接触的物质相距小于 25×10^{-8} cm 时，即会发生电子转移，产生静电。两种物质摩擦时，增加两种物质达到 25×10^{-8} cm 以下距离的接触面积，并且不断的接触与分离，也可产生较多的静电。

接触后再分离或相互摩擦能够产生静电，强电场也可以产生静电。如图 1-4 所示，处于强电场中的两种物质，在电场力的作用下，正电荷将按电场方向移动，负电荷将逆电场方向移动，当电荷的移动达到平衡状态后，正、负电荷在两种物质的表面上就会大量累积形成静电，即产生静电感应。

与流电相比，静电是相对静止的电荷。这种电荷在两种物质

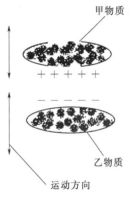

图 1-3　摩擦产生静电
的原理图

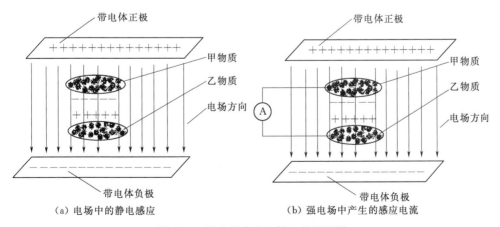

（a）电场中的静电感应　　　　（b）强电场中产生的感应电流

图 1-4　强电场中产生静电的原理图

紧密接触的瞬间，正、负电荷要产生相互吸引。这种电荷间的相互吸引就形成了静电电荷的流动，即产生静电感应电流。静电感应电流的出现会使两种物质间产生的静电电荷消失，静电就会消除。与此相似，在强电场中产生的静电荷，如果两种电荷间形成接触的通路，静电电荷也要形成流动，即产生静电感应电流。同样，静电感应电流的出现会使静电电荷消失，静电感应就会消除。

静电感应现象是一种常见的带电现象，如雷电、电容器残留电荷、摩擦带电、复印资料时纸张带电等都属于静电感应带电。静电感应利用得好，能够对生产生活带来好处，如电喷漆、静电除尘、静电植绒、静电复印等；在另外一些工作场所，则必须采取预防措施，如油品装运场所、易燃易爆场所、强电场环境下的检修作业场所等。

1.2.1.2　强电场下线路的静电感应

对带电线路，由于对地高电压的存在，会在其周围空间产生强电场。如图1-5所示，一段对地绝缘的带电线路，如果位于该电场中，在电场的作用下，导体中的自由电子就要做有规则的移动，引起电荷的重新分布，使导体呈现带电状态，即产生静电感应。

停电线路上产生静电感应的研究表明：停电线路上产生的静电感应电压和电流的大小，其值与接近段停电线路的长度成正比、与接近距离的平方成反比。

1.2.2　电磁感应

磁体材料和载流导体周围存在磁场。1831年法拉第发现：处于磁场中的直导体发生运动或通过线圈的磁场发生变化时，在导体或线圈中都会产生电动势；若导体或线圈是一个闭合回路的一部分，则导体或线圈中将产生电流。从本质上说，上述两种现象都是由于磁场发生变化而引起的。把变化磁场在导体中引起电动势的现象称为电磁感应，也称"动磁生电"，由电磁感应引起的电动势叫做感应电动势，由感应电动势引起的电流叫感应电流。

1.2.2.1　直导体在磁场中运动产生的感应电动势

如图1-6所示，当导体与磁力线之间有相对切割运动时，这个导体中就会产生感应电动势，若导体是一个闭合回路，回路中就有感应电流。导体停止切割磁力线的运动，产生的感应电动势就消失了。

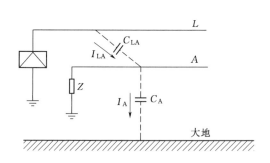

图1-5　强电场下线路的静电感应原理图
L—带电线路；A—停电线路；Z—停电线路对地电阻；
C_{LA}—带电线路与停电线路之间的耦合电容；
C_A—输电线路对地分布电容

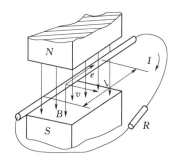

图1-6　直导体切割磁力线产生
感应电动势和感应电流原理图

14

研究表明：直导体中产生的感应电动势的方向、大小具有以下规律：

（1）感应电动势不但与导体在磁场中的运动方向有关，而且还与导体的运动速度有关。

（2）直导体中产生的感应电动势方向可用右手定则来判断：平伸右手，拇指与其余四指垂直，让掌心正对磁场 N 极，以拇指指向表示导体的运动方向，则其余四指的指向就是感应电动势的方向。

（3）直导体中感应电动势的大小为

$$e = Bvl\sin\alpha \tag{1-1}$$

式中　　e——直导体中产生的感应电动势，V；

　　　　B——穿过直导体的磁场的磁通密度，T；

　　　　v——直导体切割磁场的运动速度，m/s；

　　　　l——直导体在磁场中的长度，m；

　　　　α——直导体与磁力线间的夹角，（°）。

1.2.2.2　变化的磁场穿过闭合线圈产生的感应电动势

如图 1-7 所示，将磁铁插入或拔出线圈时，线圈中磁场的磁通就会变化，线圈两端中就有感应电动势产生，若回路闭合，回路也会有电流流动；磁铁不动时，感应电动势就消失了。

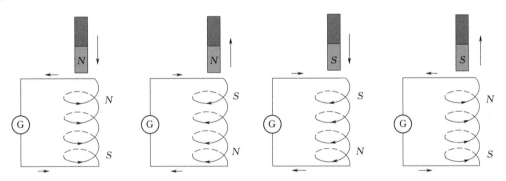

图 1-7　磁铁插入和拔出线圈时感应电流的原理图

1.2.2.3　自感现象

图 1-8 中，A、B 是两个完全相同的灯泡。灯泡 A 与一个铁芯线圈串联，灯泡 B 与一个纯电阻串联。当合上开关 S 时，灯泡 B 正常发光，而灯泡 A 却是逐渐变亮。这是因为，当合上开关 S 时，电流流入线圈，该电流将产生一个左端为 N 极右端为 S 极的磁场。由楞次定律知，这个增大的磁通会在线圈中引起感应电动势，而感应电动势又会产生一个左端为 S 极右端为 N 极的磁通来阻碍原磁通的变化。根据安培定则可判断出感应电流的方向与原先流进线圈的电流方向相反。因此流进线圈的电流不能很快上升，灯泡 A 也只能慢慢变亮。这种一个回路中电流的变化而在其自身回路中产生感应电动势的现象，称为自感现象，相应

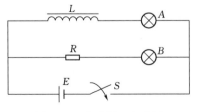

图 1-8　自感原理电路图

的电动势称为自感电动势，形成的电流称为自感电流。

1.2.2.4 互感现象

图 1-9 中，两个独立的线圈 A、B 套在一个铁芯上。当线圈 A 中通入电流后，产生的磁场使得线圈 B 中产生感应电动势，若线圈 B 构成闭合回路，还会有感应电流产生。根据楞次定律，线圈 A 中产生的磁通必定穿过了线圈 B。这种由于一个回路中电流的变化而在邻近另一个回路中产生感应电动势的现象，称为互感现象，相应的电动势称为互感电动势，形成的电流称为互感电流。

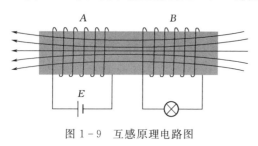

图 1-9 互感原理电路图

综上所述，在一定条件下，电能感应出磁，磁也能感应出电。

第2章 感应电危害分析

输电线路感应电的效应可分为两类：一类是长期效应，如人在电磁场中长期生活或工作时可能受到的影响，属于电磁环境问题；另一类是短期效应，如人在通电线路附近短期停留时可能受到的影响。

本书中讨论的感应电危害是指通电线路使附近物体产生感应电所带来的危害，如通电线路附近的停电线路因感应电过大导致的接地闸刀或接地线夹烧蚀、人接触带感应电物体触电等，不涉及通电线路对周围物体带来的长期电磁环境影响或危害。

2.1 感应电伤人机理及处理措施

2.1.1 感应电对人体的影响和危害

2.1.1.1 感应电流对人体的影响

感应电能够对人体产生影响的原因除了空间电磁场带来的电磁效应外，更为重要的是感应电流流过人体时所产生的生理效应。通过人体感应电流的大小、持续时间的长短以及承受感应电流的人共同决定了出现的后果，影响范围从人体毫无感觉、微弱的感觉、身体受损直到死亡。

感应电流流过人体时主要产生两大问题：①人体细胞过热导致人体内部或外部组织的烧伤；②使人体心脏、肺、肌肉等原本规律性的运作机能受到影响。

这两大问题的严重程度主要取决于感应电流的大小、通过人体的时间以及流经人体的路径。由于人体间的差异，不同的人在承受同等条件的感应电流时所呈现出来的反应不同。通常，身材更胖或体重更重的人能够承受更大的感应电流。

2.1.1.2 感应电击的分类

根据感应电流的大小，通常可将感应电电击分为一级电击和二级电击。一级电击由大于人体可承受的极限感应电流导致，它能够对人体造成严重损伤，甚至死亡；二级电击由数值相对较低的感应电流导致，它仅引起人体感到不适，不会产生较大程度的生理伤害。

感应电击的分类通常按它们产生影响的严重程度进行，一级电击和二级电击通常可分类如下：

（1）轻度微弱的。此时人体对电流毫无感觉，电流很小，大多数情况下低于0.5mA。

（2）可感知的。此时人体意识到自身承受了电流，但没有不舒服感，对于大多数人来说，电流达到1mA时会出现这种感觉。

（3）轻微刺痛的。此时人体感到一定程度的震惊，但没有疼痛感，此时电流的大小为

1～2mA，这一等级的电击属于二级电击。

（4）一级刺痛。此等级电流一般小于10mA，能引起人体一定程度的疼痛，感觉就像肌肉被锤子击打了一下。在这一等级电流下，人体仍能自主脱离电源，属于二级电击。

（5）二级刺痛。电流为15～23mA，大多数人不能摆脱带电物体，此时流经人体的感应电流高于人体的摆脱电流。人体会有较大的疼痛感并且呼吸困难，如果电流没有进一步引起人体死亡，则属于二级电击；如果引起人体死亡则属于一级电击。

（6）三级刺痛。电流为75mA左右，属于一级电击。此时人体出现心室纤维性颤动（简称室颤，一种心脏不协调跳动或抽搐现象），心脏的收缩变得不规律，人体血液无法正常地循环流通。最开始，室颤会使人体感到胸痛、头晕眼花、反胃、心跳加快和呼吸短促。当电击停止之后，室颤还可以持续很长的时间，因此此种情况下，人体脱离带电物体后需要马上进行医疗急救，例如使用心室除颤器。

（7）四级刺痛。电流为200mA左右，属于一级电击。大多数情况下，电流通过人体仅5s就会引起死亡。

（8）五级刺痛。电流为4A左右，属于一级电击。

电气和电子工程师协会（Institute of Electrical and Electronics Engineers，简称IEEE）、国际电工委员会（International Electrotechnical Commission，简称IEC）以及美国国防部（United States Department of Defense，简称DOD或DoD）对电流对人体产生的影响进行了统计和说明，见表2-1～表2-4。

IEEE将二级电击分为四个等级，即无感觉的、轻微感觉的、非疼痛的不适感、非肌肉控制丧失性的疼痛感，见表2-1。二级电击虽然可引起疼痛感，但不会致命。表中数据显示，女性对电流的敏感程度高于男性，这可能是因为女性的体重更低、身材更苗条。此外，表中数据还显示，交流电产生的危害远大于直流电。

表 2-1　　　　　　　　　　对应不同电击效应的电流值（IEEE）

| 电 击 效 应 | 电 流/mA | | | |
| | 直流电流 | | 60Hz交流电流（有效值） | |
	男性	女性	男性	女性
无感觉的	1.0	0.6	0.4	0.3
轻微感觉的	5.2	3.5	1.1	0.7
非疼痛的不适感	9.0	6.0	1.8	1.2
非肌肉控制丧失性的疼痛感	62.0	41.0	9.0	6.0

表2-2将一级电击及其对应的交流电阈值进行了分类，阈值分为边界值和平均值两种。边界值对应0.5%的被试人群，平均值对应50%的被试人群。

在研究感应电对人体的危害时，人体的个体差异非常明显，表2-2中给出的阈值仅为一个平均数。因此，在应用表2-2时，应当将限值范围增加±50%，并且在脑海里牢记以下概念：

（1）表中的数据大多是以动物为试验对象得到的，一些试验在今天看来（由于法律或

表 2 - 2 　　　　　　　　对应不同电击效应的交流电阈值（IEEE）

电击效应	边界值（0.5%人群）/mA		平均值（50%人群）/mA	
	男性	女性	男性	女性
有触感的	0.09	0.13	0.24	0.36
有握感的	0.33	0.49	0.73	1.10
惊吓感的	—	—	2.20	—
可摆脱的	6.00	9.00	10.50	16.00
呼吸困难的	—	—	15.00	23.00
室颤	67	100	—	—

道德的约束）是不适宜的，但是早些年这些试验在法律范围内是未被禁止的。因此，这些数值仅能作为一种通用性的指导值，但不能作为具有科学依据的数值。

（2）电击影响程度的分类的前提是试验电流完全通过被试人体，但是流通的路径是复杂多样的，有的流过心脏，有的流过肺，哪些地方流过电流以及每个路径流过多少电流都是难以预测的。在一些试验中，某些动物的心脏仅通过几毫安的电流就会出现室颤现象，而另一些则能承受相对较大的电流。

IEC 和 DoD 的试验结果分别见表 2 - 3 和表 2 - 4，数据显示，仅持续几秒钟时间的室颤就能引起人体因大脑缺乏有氧血液而出现的昏厥现象，时间足够长时还会导致心脏停止跳动。

除一级电击和二级电击外，还有一个用于分析电流对人体产生影响的概念：摆脱电流。当感应电流的大小超过人体的摆脱电流时，人体无法自发的脱离带电物体，从而使人体承受电击的时间延长，导致更多的伤害产生。IEC 规定人体可摆脱的电流为 10mA。

表 2 - 3 　　　　　　　　不同电击效应的电流阈值（IEC）

电击效应	15～100Hz电流阈值/mA	电击效应	15～100Hz电流阈值/mA
有感知的	0.5	室颤	40（持续时间为3s）
			50（持续时间为1s）
可摆脱的	10		400～500（持续时间为0.1s）

表 2 - 4 　　　　　　　　不同电击效应的电流阈值（DoD）

电击效应	电流/mA	
	男性	女性
疼痛感和电击感、肌肉收缩、呼吸困难	23	15
室颤	75	75
严重的室颤，持续时间较长（5s）时导致死亡	235	235
停止心跳（如果持续时间较短，心跳可能会恢复）	4000	4000
人体组织烧伤、死亡	5000	5000

2.1.1.3 影响感应电击严重程度的主要因素

影响感应电击严重程度的主要因素有电压、电流、人体电阻、电流路径、电击持续时间、电流频率。

1. 电压

虽然感应电伤人是因为感应电流流过了人体，但是在其他条件不变的情况下，两点间的电压越高，流过两点间相同路径的电流就越大，因此电压是一个重要影响因素。大多数情况下，感应电压达到 100V 时就足以造成严重的人体电击，此时流过人体的电流可达 100mA（人体电阻按 1000Ω 计算），根据表 2-1～表 2-4，此时人体无法摆脱电源，并且会引起室颤，短时间内就会死亡。

输电线路上的感应电压可达数千伏到几十千伏，甚至上百千伏，即使是配电线路，也可能出现几百伏的感应电压。毫无疑问，这会对人体产生严重的伤害。当工作人员接触未在作业地点附近区域装设接地线的停电线路时，若周围存在通电线路（如同塔双回线路一回停电一回运行），则可能会有相较人体安全电流大得多的感应电流通过人体，造成人体肌肉的猛烈收缩，使人失去平衡。人体要么直接从导线上跌落，要么直接被吸附在导线承受电击无法摆脱。

2. 电流

电流会引起人体机能（如心脏跳动、呼吸、肌肉的正常控制等）的紊乱，当通过人体的电流大小为摆脱电流大小或略高一点时，就会引起人体呼吸功能的丧失。此外，电流流过人体时还会引起人体组织的发热，造成烧伤，这属于能量转换引发的后果，能量的大小可用焦耳定律确定，即

$$Q=I^2Rt \qquad\qquad (2-1)$$

式中　Q——能量的大小，J；

　　　I——流过人体的电流，A；

　　　R——人体的电阻，Ω；

　　　t——电流流经人体的时间，s。

为了更好地理解电流大小以及持续时间对人体产生的影响，举例如下。

假设人体的电阻为 1000Ω，分别计算电流流经人体时间为 1s、2s、5s 以及 10s 时产生的能量大小，则式（2-1）有

$$Q=I^2Rt=I^2\times1000\times t$$

据此，分别将持续时间带入，并画出能量 Q 与电流 I 的关系曲线，如图 2-1 所示。

可见，流过人体的电流越大、持续时间越长，产生的能量就越高，对人体产生的伤害也就越大。

3. 人体电阻

在感应电压确定的情况下，根据欧姆定律可知，人体电阻决定了流经人体的感应电流。人体是一个复杂的系统，其电流流过的路径数量巨大，并且这些路径的电阻是非恒定、非线性的。对于同一个电流路径，不同的人之间也存在个体差异，具有不同的电阻值。人体组织和器官的电阻取决于很多因素，如体重、脂肪量、含水量、矿物元素含量、皮肤的干燥程度、外界气候等。此外，人体电阻在感应电压发生变化时也会发生变化，电流频率不同时人体电阻也会变化。

因此，想要在考虑各种因素下准确地将人体各部分电阻表达出来是不现实的，而只能

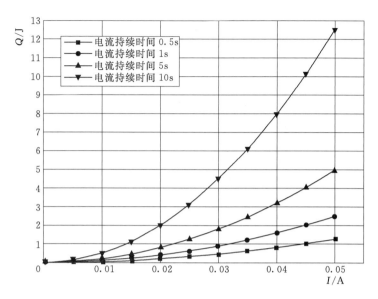

图 2-1　不同持续时间下的 Q-I 曲线

用一个范围值来代替，用以研究人体在感应电作用下的安全问题。为了安全起见，在制定规程或科学研究中，应采用人体的最小电阻推荐值，这样就可以考虑到最危险的情况。

　　一种计算人体电阻的简单方法是：首先得到所有电流路径的电阻值，然后再计算人体总的电阻。例如，人体的躯干电阻由躯干内的各种器官、血液、骨骼、皮肤的电阻构成。对于简单计算，人体等效电阻模型如图 2-2 所示，主要有 6 方面的电阻需要考虑：

（1）皮肤的电阻。

（2）胸的内电阻。

（3）躯干的内电阻。

（4）手和臂膀的电阻。

（5）腿脚的电阻。

（6）鞋子的电阻。

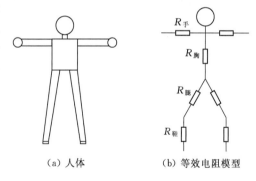

（a）人体　　　（b）等效电阻模型

图 2-2　一种简单的人体等效电阻模型

对于上述的每一类电阻，其值范围都很大。比如皮肤电阻，它的范围可从几欧姆到上千欧姆，干燥的皮肤具有很高的阻值，破损或湿润的皮肤则电阻较低。神经组织、血管、肌肉等具有相对较低的阻值，骨骼、脂肪等具有较高的阻值。

　　在某种特定的电击情况下，如两只手分别接触带电导线，电流经过手、手臂和胸，此时的人体电阻主要由 $R_手$、$R_胸$ 以及手与导线的接触电阻共同决定。

　　IEEE 给出了人体电阻的范围，试验样本为 40 人，见表 2-5。这些数值仅大概地表述出了电流通过人体时的人体电阻值，在不是试验环境的情况下，人体的电阻值可能不同。因此，在研究人体受感应电的影响时，应当取最小的人体阻值，以获得最不利的结果作为指导。

表 2 - 5

人 体 电 阻 的 范 围

项　　　目	手到手电阻/Ω		手到脚电阻/Ω
	干燥时	湿润时	湿润时
最大值	13500	1260	1950
最小值	1500	610	820
平均值	4838	865	1221

根据表中试验数据结果，在研究中一般认为 $R_手=500\Omega$，$R_胸=100\Omega$，$R_腿=500\Omega$，手到手之间的阻值为 1000Ω，手到脚之间的阻值为 1000Ω，两脚之间的电阻为 1000Ω。此外，我们还需意识到：

（1）感应电伤人时，人体的内部组织器官和皮肤的电阻会随着通流时间的增加而降低，流过人体的感应电流会越来越大。

（2）鞋子的电阻可不考虑，因为鞋子的阻值范围很大，对于某些材质的鞋子，其电阻也非常小。

（3）手的电阻在湿润的时候非常小，因此整个手臂的电阻仅考虑臂膀部位的。

（4）身体各器官的阻值通常很低，如心脏的阻值大约只有 25Ω。

人体皮肤的电阻较难确定，它与人体承受的感应电压呈非线性关系，当人体皮肤流通的电流密度发生变化时，皮肤的电阻特性也随之变化。IEC 给出了不同电压下包括人体皮肤电阻在内的手到手、手到脚电阻，见表 2 - 6。在常规计算时，人体电阻一般按 1000Ω 计。

表 2 - 6　　　　　　**成年人在工频电压作用下的身体阻值**

电压/V	身体阻值/Ω					
	5%人群		50%人群		95%人群	
	手到手	手到脚	手到手	手到脚	手到手	手到脚
25	1750	1225	3250	2275	6100	4270
50	1450	1015	2625	1838	4375	3063
75	1250	875	2200	1540	3500	2450
100	1200	840	1875	1313	3200	2240
125	1125	788	1625	1138	3875	2713
220	1000	700	1350	945	2125	1488
700	750	525	1100	770	1550	1085
1000	700	490	1050	735	1500	1050
电压极大情况时	650	455	750	525	850	595

4. 电流路径

电流流经人体的路径主要取决于人体电阻的分布、电流的流入点和流出点，常见的电流流经人体的路径如图 2 - 3 所示。电流流过人体皮肤产生的危害没有流过人体器官时产生的危害大。流过人体心脏、脊髓、肺、大脑的电流产生的危害最大，引起人体皮肤、内部组织烧伤的电流次之。在一些试验中，仅 $10\mu A$ 的电流流过被试动物的心脏时就能引起室颤，很小的电流通过脊髓时也能够引起呼吸系统紊乱。

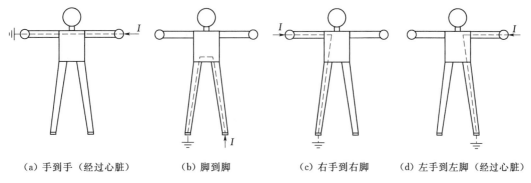

(a) 手到手（经过心脏）　　(b) 脚到脚　　(c) 右手到右脚　　(d) 左手到左脚（经过心脏）

图 2-3　常见的电流流经人体的路径

当导线出现极大的短路电流或感应电流时，地面也会出现电流，此时若附近有人行走，电流会流过人的两腿，造成人体电击。此时电流一般不会通过人体内部的重要器官，引起的后果相对不那么严重。但是，电击可能使人失去平衡而摔倒，造成二次伤害，并且电流可能从人体的跌倒部位流入，引发更加严重的电击。

5. 电击持续时间

电击持续时间越长，造成的伤害就越严重。这是因为电能产生的热量使人体各处的能量发生了变化并产生相应的后果。如果电流达到引起人体器官不能正常运行的程度，即使数值很小，也会因持续作用而导致呼吸或心脏跳动停止。

20 世纪 70 年代，国外有学者对引起哺乳动物室颤的电流（60Hz）与持续时间的关系进行了研究。尽管这一研究结论不能完全适用于人体，但研究成果仍具有一定的指导价值。通过对试验结果数据进行拟合，得

$$I = \frac{K}{\sqrt{t}} \tag{2-2}$$

式中　I——引起室颤的最低电流；

　　　K——室颤常数；

　　　t——电击持续时间。

K 值与体重有关，表 2-7 列出了一些值。对于少数（占全部被试动物的 0.5%）敏感的动物来说，K 值很小。表 2-7 最后一列是不会引起室颤的最大电流值对应的 K 值，由于试验结果存在非确定性，在研究人体受感应电的影响时应当采用这一 K 值（临界值）。

表 2-7　　　　　　　　　　　　不同体重值对应的室颤常数值

体重/kg	$K/(\mathrm{mA^2 \cdot s})$		
	敏感值（0.5%）	平均值（50%）	临界值
20	78	177	61
50	185	368	116
70	260	496	157

根据式（2-2）和表 2-7 做出室颤电流最小值与电击持续时间的关系曲线，如图 2-4 所示。

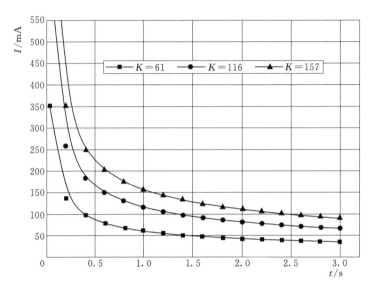

图 2-4 不同电击持续时间下的室颤电流最小值

由图 2-4 可知，不论是幼儿还是成年体，当足够大的电流流过被试体时，几秒钟内就会引起室颤，体重较大者的抵抗能力则相对较强。

人体在遭受电击时承受的能量大小是决定电击伤害程度的关键因素，电击能量的计算式为

$$Q = \int P \mathrm{d}t = \int I^2 R \mathrm{d}t = I^2 R t_{\mathrm{tol}} \qquad (2-3)$$

式中 Q——电击能量；

P——电击功率。

电击能量也是一种描述电击影响程度的指标，电击能量对人体造成的各种影响及其对应的阈值见表 2-8。

表 2-8　　　　　　　　　　电击效应及其对应的能量阈值

电击效应	能量阈值/mJ	电击效应	能量阈值/mJ
感知	0.004～0.1	损伤	400
烦恼	0.5～1.5	室颤	13000
疼痛	50		

对于室颤，相应的能量阈值计算为

$$Q_{\mathrm{VF}} = K^2 R \qquad (2-4)$$

例如体重为 70kg 的线路工作人员，$K = 157$，人体电阻 $R = 1000\Omega$，则引起室颤的能量阈值为 24.649J。考虑到人体差异，再取一定的安全裕度，能量阈值为 15J。直观上来说，15J 的能量可将重约 1.5kg 的笔记本电脑从地面垂直提起至高度 1m 处。

6. 电流频率

实际中电流的频率范围很广，按照是否出现电离划分为两大类：

（1）非电离频率（0～100PHz），包括电力、收音机、微波、红外线等的频率。

（2）电离频率（不小于100PHz），包括X射线、γ射线等的频率。

从感应电安全防护的角度来说，我们的关注点在频率较低（不超过10kHz）的情况。在这个范围内，人体的摆脱电流与电流频率的关系如图2-5所示。研究结果显示，对于应用于电力行业中的50Hz或60Hz交流电，人体的抵抗能力最差，对应的最大摆脱电流值最低。

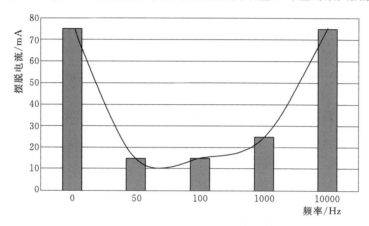

图2-5 摆脱电流与电流频率的关系曲线

表2-9给出了0Hz（直流）、60Hz以及10kHz的电流对人体的影响。可以看到，电流频率为60Hz时，男性的感知电流阈值为1.1mA；电流频率为0Hz时，男性的感知电流阈值为5.2mA，大了近4倍；电流频率为10kHz时，男性的感知电流阈值为12mA，大了近10倍。

表2-9　　　　　　　　　　　　　电流频率与电击效应关系

电 击 效 应	电流阈值/mA					
	直流电		交流电（有效值）			
	0Hz		60Hz		10kHz	
	男性	女性	男性	女性	男性	女性
轻微的感觉	1.0	0.6	0.4	0.3	7	5
中度的感觉	5.2	3.5	1.1	0.7	12	8
震惊，无疼痛感、能控制肌肉	9	6	1.8	1.2	17	11
疼痛，能控制肌肉	62	41	9	6	55	37
疼痛，能够摆脱	76	51	16	10.5	75	50
疼痛和强烈的电击感，呼吸困难，99.5%的概率出现肌肉控制能力丧失	90	60	23	15	94	63

电流频率为60Hz时，男性的摆脱电流阈值为16mA；电流频率为0Hz时，男性的摆脱电流阈值为76mA，大了约3.7倍；电流频率为10kHz时，男性的摆脱电流阈值为

75mA，大了约 3.7 倍。

可见，不同频率下，同样大小的电流对人体造成的伤害不同，0Hz 和 10kHz 电流的影响比工频电流的影响小很多。工频与人体各器官固有的频率较为接近，能引起生物共振。如人头部的固有频率为 8～12Hz，胸腔为 4～6Hz，心脏为 5Hz，腹腔为 6～9Hz。当电流频率较低时，共振会使人体各器官从外界吸收更多的能量，引起器官更加严重的损伤。

需注意，虽然高频电流对人体造成的危害程度低于工频的，但是当频率很高时，如 X 射线，会对人体造成放射性伤害，但这在电力行业（工频）中不需考虑。

2.1.2 感应电伤人的后果及处理方法

2.1.2.1 感应电伤人的后果

感应电大小达到一定的数量级时，会让人有不舒服或轻微的刺痛感，但尚未造成严重的后果；感应电进一步增大时，会使人有明显的刺痛、打击感或无法摆脱电击，这将造成塔上作业人员跌落或被吸附在导线上承受持续的电击伤害；再大一些的感应电则会直接致人死亡。除了直接被电死或产生电烧伤等明显后果外，人体承受相对较轻的感应电伤害时会出现如下后果（按严重程度排序）：

（1）受伤人员出现意识模糊，但呼吸正常。

（2）受伤人员停止呼吸，心脏还能持续跳动一段时间，细胞短期能获得氧气。

（3）受伤人员心脏和呼吸均停止。

（4）受伤人员因缺氧导致皮肤变白或变蓝。

（5）受伤人员身体开始变僵硬。

2.1.2.2 感应电伤人的处理方法

遭受感应电伤害后，人体往往会停止呼吸，呼吸停止后人体并不会马上死亡，但是情况已十分紧急，需立刻对伤员进行伤势判断并采取处理措施。处理的原则是在现场采取积极措施，保护伤员的生命，减轻伤情，减少痛苦，并根据伤情需要，迅速与医疗急救中心联系救治。

1. 脱离电源

感应电触电，首先要将触电者与电源迅速脱离开来，电流作用的时间越长，对人体产生的伤害越重。救护人员需注意保护自身的安全，做好防触电、防坠落安全措施，用带有绝缘胶柄的钢丝钳、绝缘物体或干燥不导电物体等工具将触电者脱离电源。救援人员尽量只使用一只手操作，防止自己触电。

2. 判断伤情

伤员脱离电源后，应迅速将其安置在合适的地方躺平，轻轻拍打伤员肩部，大声询问其受伤情况并设法联系医疗急救中心。一般来说伤员可分为以下类型：

（1）一类伤员，神志清醒、有意识、心脏跳动，但呼吸急促、面色苍白，或曾一度电休克，但尚未失去知觉。

（2）二类伤员，神志不清，无判断意识，有心跳，但呼吸停止或极微弱。

（3）三类伤员，神志丧失，无意识，心跳停止，呼吸停止或极微弱。

（4）四类伤员，心跳、呼吸均停止，无意识。

（5）五类伤员，心跳、呼吸均停止，无意识，同时还伴有其他外伤。

判断伤情一般需在 10s 内完成，然后根据伤势的严重程度采取不同的处理方法。

3. 伤情处理

伤员脱离电源安置妥当后，现场救护人员应迅速对触电者的伤情进行判断，对症抢救。在医务人员未到达现场时，不得放弃现场抢救。

（1）对于一类伤员，应将其抬到空气新鲜、通风良好的地方躺下，安静休息 1～2h，让他慢慢恢复正常。天凉时要注意保温，并随时观察呼吸、脉搏变化，及时送医院进行进一步检查和治疗。

（2）对于二类伤员，应立即用抬头抬颏法，使气道开放，并进行口对口人工呼吸，但不能对伤者进行心脏按压。

（3）对于三类伤员，应立即施行心肺复苏抢救，不能认为尚有微弱呼吸而只做胸外按压，因为这种微弱呼吸已起不到人体需要的氧交换作用，如不及时进行人工呼吸就会发生死亡。及时的口对口人工呼吸和胸外按压对伤者的恢复十分重要。

（4）对于四类伤员，应立即进行心肺复苏抢救，并且不得延误或中断。

（5）对于五类伤员，应先迅速进行心肺复苏抢救，然后再处理其他伤势。

4. 心肺复苏抢救

伤情操作过程有如下步骤：

（1）首先判断昏倒的人有无意识。

（2）如无反应，立即呼救，叫"来人啊！救命啊！"等。

（3）迅速将伤员放置于仰卧位，并放在地上或硬板上。

（4）开放气道（①仰头举颏或颌；②清除口、鼻腔异物）。

（5）判断伤员有无呼吸（通过看、听和感觉来进行）。

（6）如无呼吸，立即口对口吹两口气。

（7）保持头后仰，另一手检查颈动脉有无搏动。

（8）如有脉搏，表明心脏尚未停跳，可仅做人工呼吸，12～16 次/min。

（9）如无脉搏，立即在正确定位下在胸外按压位置进行心前区叩击 1～2 次。

（10）叩击后再次判断有无脉搏，如有脉搏即表明心跳恢复，仅做人工呼吸即可。

（11）如无脉搏，立即在正确的位置进行胸外按压。

（12）每做 30 次按压，需做 2 次人工呼吸，然后再在胸部重新定位，再做胸外按压，如此反复进行，直到协助抢救者或专业医务人员赶来。按压频率为 100 次/min。

（13）开始 2min 后检查一次脉搏、呼吸、瞳孔，以后每 4～5min 检查一次，检查不超过 5s，最好由协助抢救者检查。

（14）如有担架搬运伤者，应该持续做心肺复苏，中断时间不超过 5s。

被感应电击伤并经过心肺复苏抢救成功的伤员，应让其得到充分休息，并在医务人员的指导下进行不少于 48h 的心脏监护。因为伤员在被电击过程中，由电压、电流、频率的直接影响和组织损伤而产生的高钾血症，以及由于缺氧等因素引起的心肌损害和心率失常等症状，居然经过心肺复苏抢救成功，但有的伤员在心跳恢复后，还可能出现"继发性心跳骤停"，故应进行心脏监护，同时对心率失常和高钾血症的伤员及时予以治疗。现场心肺复苏抢救流程如图 2-6 所示。

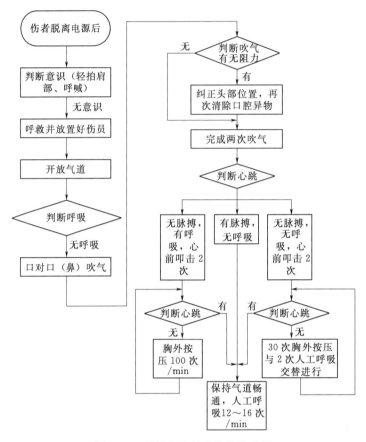

图 2-6　现场心肺复苏抢救流程图

5. 创伤处理

感应电较小时，虽然不会对人体造成直接伤害，但是触碰时的震惊感或刺痛感可能使人员发生跌倒、跌落等二次伤害，造成人员出现创伤。创伤急救的原则是先抢救、后固定、再搬运，并注意采取措施，防止伤情加重或污染。抢救前先使伤员安静躺平，判断全身情况和受伤程度，如有无出血、骨折和休克等。

外部出血需立即采取止血措施，防止失血过多而休克。外观无明显伤口但呈休克状态、神志不清或昏迷的，要考虑胸腹部内脏或脑部受伤的可能性。为防止伤口感染，应用清洁布片覆盖，救护人员不得用手直接接触伤口，更不得在伤口内填塞任何东西或随意用药。搬运时，应使伤员平躺在担架上，腰部束在担架上，防止跌落。平地搬运时伤员头部在后。上楼、下楼、下坡时头部在上，搬运中应严密观察伤员，防止伤情突变。

6. 烧伤处理

感应电能量达到一定程度时，会引起伤员烧伤。烧伤后，需保持伤口清洁。处理时，将伤员烧伤处的衣服鞋袜等移除，用清洁布片覆盖，防止污染。四肢烧伤时，先用清洁冷水冲洗，然后用清洁布片或消毒纱布覆盖送至医院。未经医务人员许可，烧伤部位不宜敷搽任何药物。送医途中，有条件的可以给伤员多次少量口服糖水和盐水。

2.1.3 感应电伤人案例

2.1.3.1 绝缘架空地线虚假接地导致感应电触电死亡事故

1991年1月25日上午9时25分左右，某供电局所辖的220kV××线某耐张铁塔上，局送电工区职工赵××在线路带电情况下开通绝缘架空地线载波通信工作过程中，没有按规定接法使用个人保安线，而是自作主张将个人保安线中间部位摊搁在铁塔横档上，两头分别抛挂在架空地线上，绝缘拉绳刚好垫在个人保安线的多股铜丝与架空地线之间，形成虚假接地。赵××未经仔细检查，误以为已接好个人保安线，结果当赵××的手接触在架空地线上，由于架空地线上有较强的感应电而发生触电死亡事故。

2.1.3.2 接地线接地端线夹脱落导致感应电触电重伤事故

2003年12月31日，某供电局送电工区检修班对330kV××线进行停电消缺工作。作业人员杨××被指派登10号塔上相横担装设接地线。登塔前，工作负责人吴××专门交代其一定要将接地端连接牢靠。当杨××装设完第一根接地线后，发现接地端未连接好，直接用手接触松动的接地端线夹时，接地端线夹脱落，造成杨××感应电触电，导致双手、腿部烧伤重残。

2.1.3.3 接地刀闸未合到位导致感应电触电死亡事故

2010年10月26日，某供电公司变电检修工区检修班对某500kV变电站执行5041开关C相A柱法兰高压油管渗油消缺工作任务。工作负责人刘××在办理5041开关消缺工作票过程中，借用5041617接地刀闸的钥匙，临时处理接地刀闸卡涩问题。14时55分，当刘××在高空作业车斗内对A相接地刀闸盘簧进行清洗注油工作时，地面监护人员发现刘××手中的液扳手罐突然掉落，人歪倒在车斗内，立即从地面操作将高空作业车车斗降至地面，并对刘××进行人工呼吸和胸外按压，同时打120，随后由急救车送往东明县医院，经抢救无效死亡。事后调查分析表明，A相接地刀闸未合到位，造成感应电压过大是导致刘××触电死亡的直接原因。

2.1.3.4 未在工作地点两侧加装接地线导致感应电触电死亡事故

2016年4月1日，某供电公司变电检修室检修班对某220kV变电站113-2隔离开关进行检修工作（邻近线路带电）。工作负责人芮×组织工作班成员（共4人）列队唱票并分配工作任务，工作班人员陈××、陈×负责隔离开关连杆轴销的加油、检查，孟××负责机构清扫，芮×负责监护。陈××在113-2隔离开关架构上工作。11时30分左右，陈××在打开113-2隔离开关A相线路侧连接板时，由于未在连接板两侧加装接地线，使自己串入电流回路中，造成感应电触电。15时10分左右陈××经抢救无效死亡。

2.2 感应电对周围物体的影响和危害

由于人在线路附近停留的时间较短或距离较远，除感应电触电伤人事故外，感应电更多的是对线路本体设备或邻近设施产生的持续干扰或损坏。输电线路在设计时，一般已经考虑了线路运行时对周围物体的电磁场影响，并且对长期工作在强电磁环境下的设备采取了防护措施。因此，感应电产生的无线电干扰、可听噪声等电磁影响在大多数情况下可以不予考虑。而感应电对邻近设施或线路运行设备产生的危害较为常见，如停电线路上的接地线夹因感应电烧损、地线绝缘子放电间隙因感应电压过大放电、线路工频参数因感应电的存在出现测量偏差等。这些危害不仅损害设备本身，还可能造成检修人员发生感应电触电、线路能量损耗、继电保护装置整定错误等后果。

2.2.1 感应电对检修作业的影响和危害

线路检修时，对于单回线路上的接地线，如果附近没有通电线路，则受感应电影响较小。双回或多回线路在不全停电时，停电线路上接地线流过的感应电流急剧增大大地。当接地线因规格选择不对而电阻过大、夹头接触不良或存在质量问题时，则会造成接地线烧损情况。接地线夹头和铜线烧蚀的情况如图 2-7 所示。

 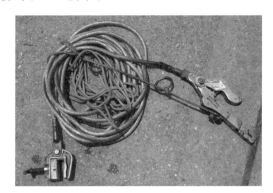

（a）接地线夹头烧损　　　　　　　（b）接地线铜线烧蚀

图 2-7　接地线损坏

接地线损坏的同时，可能导致导线损伤或检修人员感应电触电，这不仅会使导线断线，也可能造成人员伤亡。导线烧损和断股的情况如图 2-8 所示。

（a）导线烧损　　　　　　　　　　（b）导线烧断股

图 2-8　导线损坏

2.2.2 感应电对线路本体设备的影响和危害

输电线路的本体设备，如地线绝缘子并联间隙、孤立档地线金具、全介质自承式（ADSS）光缆等，在承受通电线路带来的感应电时，可能出现烧蚀、断损等现象。

2.2.2.1 地线绝缘子放电间隙烧蚀

地线绝缘子放电间隙使得导、地线与铁塔通过空气绝缘，主要起过电压放电作用。当地线上感应电压过大时，导致间隙被击穿，出现放电现象，严重时会引起地线金具烧伤，给输电线路安全稳定运行带来隐患。地线绝缘子并联间隙放电和金具烧蚀情况如图2-9所示。

（a）地线绝缘子并联间隙因感应电压过大放电　　　　（b）地线绝缘子金具烧蚀

图2-9　地线损坏

2.2.2.2 孤立档地线金具烧伤

输电线路架空地线逐基接地时，由于感应电影响，且因导线和地线空间位置排列的局限，各相导线在地线中的感应电势无法相互抵消。一旦地线出现多个接地点，形成地线-地线或者地线-大地回路，就会产生感应电流，引起输电线路架空地线的电能损耗、地线及其连接金具发热，尤其是对于孤立档，由于地线金具之间连接不紧密，可能导致地线剧烈发热，将影响线路运行安全，甚至发生金具烧伤断裂、地线断线等严重危害线路安全运行的缺陷，如图2-10所示。

图2-10　地线金具严重烧伤

2.2.2.3 ADSS光缆电腐蚀

ADSS光缆是电力通信中常用的一种通信模式。ADSS光缆由于采用了特殊的护套材料，使其具有良好的绝缘性、耐高温性、抗拉强度，可架设在电力线路原有的杆塔上，因此ADSS光缆已成为电力系统信息网的首选光缆之一。但由于其易受电磁场作用和环境污染等影响，常出现电腐蚀，造成通信中断，影响电力通信安全稳定运行。ADSS 光缆电腐蚀情况如图 2-11 所示。

图 2-11　ADSS 光缆电腐蚀

2.2.3　感应电对交跨、邻近物体的影响和危害

通电线路有交跨、邻近物体时，感应电可能会对这些物体产生影响和危害。例如，有研究指出，停留在通电线路下方的车辆会受到感应电的影响，一辆公共汽车停放在 750kV 线路下方时，在最坏的情况下，可出现 2~2.5mA 的感应电流，这足以对人体造成惊吓或伤害。对于线路下方的农田，如果存在金属网（如葡萄架上的金属丝），也会出现一定的感应电。更严重的，如果线路附近存在石油、天然气管道等具有重大风险的物体，则感应电还可能产生更为严重的危害。

2.2.4　感应电对电气测量的影响和危害

感应电的存在会引起电气测量出现误差，甚至会产生严重后果。例如，在对线路参数进行测量时，需要测得正序阻抗、零序阻抗、正序电容、零序电容，以及同塔架设或平行架设输电线间的耦合电容和互感阻抗等。这些参数是进行电力系统潮流计算、短路计算、继电保护装置整定计算、选择电力系统运行方式和建立电力系统数学模型的必备参数，测量结果的准确性直接影响到电力系统的安全可靠运行。现场测量线路工频参数时，影响测量准确度的因素很多，感应电是一个重要的影响因素。它会产生工频干扰电压和电流信号叠加在测试电压和电流上，从而引起测量结果与实际结果存在偏差。当感应电很大，产生的干扰十分严重时，将会损坏测量仪器和设备，甚至会危及到试验人员的人身安全。

2.2.5　感应电影响设备运行案例

2.2.5.1　感应电导致门型架构架空地线耐张夹严重过热

2003 年 10 月，进行红外测温时发现某变电所 220kV××线进线门型架构处架空地线耐张线夹存在过热现象。2004 年 1 月、3 月进行两次夏测，也检测到该处架空地线耐张线夹过热，测试点相对温升最高达 22.39℃。据值班员反映，夜间巡视时，多次看见该线夹发亮（肉眼可见的金属发热温度应高于 300℃）。检修人员登架构检查，发现该门架出线两只地线耐张线夹挂于同一悬挂点，2 个线夹靠触在一起，其中一只地线耐张线夹 5 个 U 型螺栓中的 3 个螺母、螺栓分别与对应位置的另一只耐张线夹的压豆或 U 型螺栓根部放电，放电部位的螺栓、螺母、压豆、U 型螺栓底部均有不同程度的烧损。

2.2.5.2 感应电导致架空地线金具发热烧损脱落

2012 年 10 月 28 日，某 220kV 线路跳闸，巡查发现，该线 33 号终端塔牵引站构架档左侧架空地线耐张连接的 U 型环被感应电流烧损断裂，架空地线掉落在牵引站 V 相导线上，牵引站内构架复合绝缘子的均压环被电弧烧伤受损。电气化铁路牵引站采取特殊的两相供电方式，输电线路输送的负荷时大时小，管辖区段每天上、下行的客车、货车近 400 趟，高峰时段每小时达 20 余趟。当列车通过管辖区段时，负荷电流瞬间剧增至上百安培，致使架空地线上的感应电流剧增，因线路架空地线是金具直接接地，松弛悬挂（接触电阻大）的耐张锚固悬挂点金具连接处的接地感应电流也忽大忽小，在长达 6 年时间内反复出现接地放电电弧，最后导致连接金具的 U 型环烧损而掉线。

2.2.5.3 感应电导致 ADSS 光缆电腐蚀

自 2003 年以来，某 220kV 线路 ADSS 光缆因电腐蚀原因造成光缆中断故障 12 次。发生电腐蚀的具体部位多集中于预绞丝外侧端口和螺旋防振器之间，故障现象多表现为光缆外护套损坏或内部承载单元的芳纶灼伤而造成光缆断线。在感应电的作用下，预绞丝近端光缆表面对预绞丝产生接地漏电流。当光缆表面积存较多盐类物质和灰尘后便形成半导电污层，使得电阻减小，接地漏电流增大，形成小段的干燥带，干燥带两端因电位差导致干燥带电弧产生，从而使 ADSS 光缆出现电腐蚀。

第3章　输电线路感应电原理分析

电是静止或移动的电荷所产生的物理现象，是广泛存在于自然界或通过物理、化学手段获得的一种能量。人类对电的认识最早可追溯到公元前 6 世纪，但意识到电具有极大的利用价值则是近代以来的事。从 19 世纪初伏打电池的发明到现代无线电、大规模电子、电力系统的应用，电的使用不仅加快了科学技术的发展，同时伴随着科学技术的发展，电也越来越为人类所灵活应用，大大提高了人类的生活水平。电在带来便利的同时，如果使用不当、违反安全规定或者不能对电进行有效控制时，也可能发生供电中断、电力设施损坏甚至人员伤亡。

感应电顾名思义是一种通过感应而非直接方式产生的电，有别于在物体上施加电压或通过摩擦等直接手段使其带电，物体产生感应电是由于其周围存在带电物质，通过改变物体中电荷的运动和分布，没有进行直接接触而使物体带电的一种现象。感应电作为一种比较特殊的电能，一方面，在实际中（如医疗、电力、通信等行业）得到了广泛应用；另一方面，也产生了诸如感应电触电、通信线路信号干扰、谐波、电能损耗增加等危害。感应电产生的原理为：电荷的移动可归因于静电感应（同性电荷相排斥，异性电荷相吸引）或者电磁感应（变化的磁场使导体中产生感应电动势引起电荷移动），也就是说，只要是带电物体，不论带何种类型电或者处于什么样的运动状态，都会使其周围的物体产生感应电。这个感应电一部分由静电感应引起，一部分由电磁感应引起。如果物体静止于恒定电场中，则没有电磁感应，只有因静电感应引起的电荷重新分布的现象，电荷重新分布的过程通常很短暂，引起的电流转瞬即逝。

对于产生感应电的物体来说，使其产生感应电的带电物体在运动状态上可分为相对静止和运动（这里不考虑物质内部的微观高速运动）；在带电种类上主要可分为静电荷、恒定直流电、非恒定直流电和交流电。本书关注的是输电线路产生的感应电，因此仅考虑带电体静止，带电种类为交流和恒定直流电两种情况。使物体产生感应电有以下方式：

（1）线路带恒定直流电且物体静止。此种情况下，空间存在导线产生的电场以及导线电晕放电产生的带电粒子受电场力作用做定向运动而产生的离子流电场，两者形成一个合成场。导线中电荷移动速率和方向保持不变，产生的磁场为恒定磁场，不会激发感生电场；离子流在电场作用下向空间四周做加速度运动，产生的电场为非恒定电场。此时，相对导线静止的物体内部电荷视合成场电场分布情况呈一定规律的排列，但电磁感应一般较小，主要是静电感应起主导作用。

（2）线路带恒定直流电且物体运动。此种情况下，物体在合成场中运动（如在沿线路下方行驶的车），即物体内电荷产生了移动，因此存在感应电。对于直流线路附近的人（作业人员、居民、行人）来说，由于运动缓慢，电磁感应较小，主要是静电感应起主导作用。

（3）线路带工频交流电且物体静止。由于工频频率较低，此种情况下，一般视为准静态电场，即感生电场相比于电荷库仑电场小得多，电磁感应较小，静电感应起主导作用；但在某些情况下，如双回线路一回运行一回停电时，若线路长度较长，负荷较大，也会产生很大的电磁感应电。

（4）线路带工频交流电且物体运动。仅考虑实际作业、生活情况时，情况与（3）类似。

通过以上分析可知，引起物体产生的感应电的原因主要分为静电感应和电磁感应。对于输电线路来说，带电体主要为架空导线、电缆线芯，一般处于静止状态；产生感应电的物体大致可分为带电体周围静止的设备、建筑，暂时停留在线路附近的人畜，长期生活在线路附近的人畜，线路附近或线路上的作业人员等。

3.1　输电线路电磁场基本概念

本节简单介绍了输电线路电磁场的物理性质，以及某种物体（无论是金属还是生物）放到带电导线附近后产生的物理现象的本质，这对于确定分析输电线路感应电采取的理论方法和形成对感应电的总体认识大有裨益。

3.1.1　准静态电磁场

按照电磁场理论，变化的电场会产生感应磁场，同时变化的磁场也会产生感应电场，电场/磁场变化的频率越快，感生的磁场/电场就越强。对于交流输电线路，由于其频率较低（我国为 50Hz），因而感生出的电磁场很小。此外，输电线路的电磁波长约为 6000km，远比需要关注的输电线路附近的区域大，可以认为输电线路上的电磁波传输近乎是瞬时完成的。因此输电线路的电场和磁场可以分开来考虑，忽略他们相互间的作用，视为"准静态电磁场"（电场量和磁场量仍是时变的）。

3.1.2　场的畸变

导体处于某一电场中时，电场会引起导体内部电荷的移动并达到一种新的平衡。这样，导体中的电荷也将产生一个电场，两种电场的叠加将改变整体空间尤其是导体附近的电场分布，也就是电场发生了畸变。例如，将一个金属球放入原本均匀的电场中，计算得出畸变后的最大电场强度达到了原均匀电场强度的 3 倍，如图 3-1 所示。对于细长或具有尖端结构的物体，这种畸变将更大。类似地，如果将某一能产生磁场的物体放入原有的磁场中，也会引起磁场的畸变。

3.1.3　感应电的产生

根据前文所述，感应电可由静电感应和电磁感应引起。对于交流输电线路来说，虽然电场和磁场是交互耦合、相互作用的，但用准静态电磁场分析方法时，可分别考察电场和磁场产生的感应电。即在工频电场中，电场方向周期性地变化，带电导线通过空间电容与周围物体发生耦合，使其产生一个交变的电感应电势，引起了导体内部正、负电荷的往复

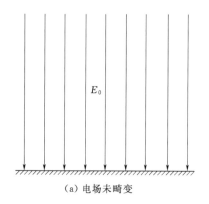 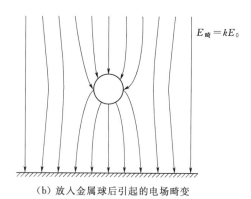

（a）电场未畸变　　　　　　　　（b）放入金属球后引起的电场畸变

图 3-1　电场畸变

运动，产生了电感应电流；在工频磁场中，物体因处在交变的磁场中，切割了磁力线，其内部会产生磁感应电势，若存在闭合回路，则还会出现磁感应电流。对于恒定直流线路，空间存在导线产生的恒定电场以及电晕离子因受电场力做定向运动产生的离子流激发的电场，两则共同构成一个合成场，产生的感应现象可近似归为静电感应。

3.1.4　工频电磁场下物体导电率对感应电的影响

生活中人们常认为导电率越高的物体在线路附近带的电越多，而绝缘物体可能不带电。实际上，在交变电场中，物体内部的电荷因周期性往复运动产生的交变电流大小仅与该物体的形状和电场大小有关，而在很大程度上与物体的导电率无关。也就是说，只要不是导电率特别小的物体（如某些类型的橡胶），交流输电线路附近的一般物体，如生物体、大地、房屋等均可视为导体。

3.2　输电线路电磁场分析

当电磁场随时间变化缓慢，在保证工程计算精度的前提下，可以忽略因电场变化产生的磁场和磁场变化产生的电场，场的滞后效应消失，此时描述电场和磁场的方程不需要联立求解，输电线路产生的电磁场就属于这一情况。因此，可采用求解静态电磁场的方法求解输电线路电磁场，区别仅在于准静态电磁场计算中的场量是时间的函数。

3.2.1　输电线路电磁场的基本分析

1. 电荷 q

一般认为原子由带正电的质子、带负电的电子和不带电的中子组成，在电平衡状态下，正电和负电相等，原子呈电中性。单个电子或质子的电量最早由库仑测得，其值约为 $q=1.602\times10^{-19}\mathrm{C}$，一个物体所带的总电荷 Q 为其所带所有的电荷 q 的总和。一般认为电荷有静止和运动两种状态，静止的电荷处于物体中不发生运动，运动的电荷在外力作用下在物体中运动。

2. 电流 i

电流定义为在给定时间内流过给定截面的电荷量，即

$$i = -\frac{\mathrm{d}Q}{\mathrm{d}t} \tag{3-1}$$

式中　i——电流，A（C/s），负号表示电流的正方向是电荷运动的反方向，这个规定在电工学中由来已久，是一种人为的约定。

3. 电压 u

电压是衡量电荷在电场中由于电势不同所产生的能量差的物理量，是描述电荷做定向运动原因的物理量，欧姆定律指出了电压与电流的关系，即

$$u = iz \tag{3-2}$$

式中　i——物体中流过的电流，A；

　　　z——物体的阻抗，Ω；

　　　u——电位差，V。

输电线路存在的电压和电流会在其周围产生电磁场，并对处于该电磁场中的物体产生影响。这个特性是很多电力应用的基础，造福了整个社会，如变压器、发电机、电动机、收音机、手机等。同时，输电线路产生的电磁场可能会使其周围物体中的电压上升到一个不安全的水平。电磁场是电场和磁场的统称，电场由电压产生，磁场由电流产生，他们的大小分别取决于电压和电流的大小。

4. 电场和电位差

库仑定律指出了真空中两个带电粒子相互作用所受的库仑力的情况，即

$$F = \frac{Q_1 Q_2}{4\pi\varepsilon_0 d^2} \tag{3-3}$$

式中　F——吸引力或排斥力，N；

　　　d——电荷间的距离，m；

Q_1、Q_2——电荷，C；

　　　ε_0——真空中的介电常数，其值为 8.85×10^{-12} F/m。

库仑力描述了一个电荷作用于另一个电荷的力，力的方向沿着两个电荷之间的连线的方向。如果两个电荷带同种电荷，则力为排斥力；如果两个电荷带异种电荷，则力为吸引力，方向如图 3-2 所示。

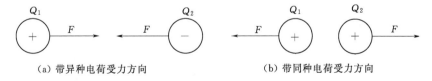

（a）带异种电荷受力方向　　　　　　　（b）带同种电荷受力方向

图 3-2　库仑力

电场强度可用试探电荷 q 在该点所受电场力与其所带电量的比值定义，即

$$E = \frac{F}{q} \tag{3-4}$$

式中　E——电场强度，V/m。

电场线是一种直观描述电场分布的假象曲线，曲线上每一点的切线方向与该点的电场强度方向垂直，曲线密度越大的地方电场强度就越大，如图 3-3 所示。

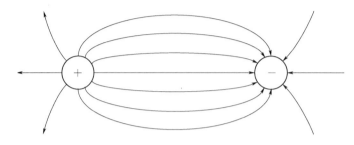

图 3-3　电场线

将式（3-3）代入式（3-4），得电荷 Q 在距离 x 处产生的电场强度为

$$E = \frac{F}{q} = \frac{Q}{4\pi\varepsilon_0 x^2} \qquad (3-5)$$

设电荷 Q 表面的电位为参考电位，则与电荷 Q 距离为 x 远处的电位差定义为 Q 所产生的电场将试验电荷 q 从电荷 Q 表面移动到 x 处的累积效应，记为

$$\Delta u = \int_r^x E \, \mathrm{d}x \qquad (3-6)$$

式中　r——电荷 Q 的半径；

　　　Δu——电荷 Q 表面与空间 x 点处的电位差。

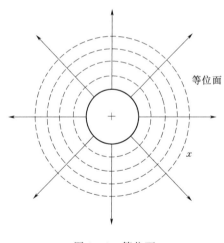

图 3-4　等位面

将式（3-5）代入式（3-6）得

$$\Delta u = \int_r^x \frac{Q}{4\pi\varepsilon_0 x^2} \mathrm{d}x = -\left. \frac{Q}{4\pi\varepsilon_0 x} \right|_r^x$$

$$= \frac{Q}{4\pi\varepsilon_0} \left(\frac{1}{r} - \frac{1}{x} \right) \qquad (3-7)$$

图 3-4 为电荷 Q 及其产生的电场，当试验电荷 q 在距离电荷 Q 恒定距离为 x 的面上的任意位置时，电场强度 E 的大小不变，这个面称为等位面。

5. 磁场和压降

电荷的运动产生电流，电流产生磁场，磁场的大小由电流的大小决定，方向取决于电流的方向。图 3-5 为电流产生磁场的示意图。

如果带电流物体处于均匀介质（如空气）中，则该物体所载电流 i 与其产生的磁通量 Φ 有一个恒定的关系，用电感描述为

$$L = \frac{\Phi}{i} \qquad (3-8)$$

式中　Φ——载流物体周围的磁通量，Wb；

　　　i——物体中的电流；

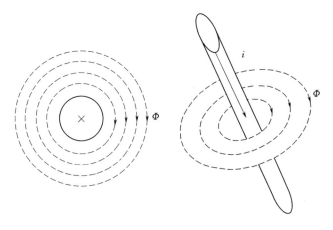

图 3-5　磁场

L——电感，H。

磁通量密度 B 定义为通过单位面积的磁通量

$$B = \frac{\mathrm{d}\Phi}{\mathrm{d}A} \tag{3-9}$$

式中　B——磁通量密度，$\mathrm{Wb/m}^2$。

对一个给定的面积来说，可将该面积分解为磁通量能够垂直通过的有限个小面积，如图 3-6 所示，各小面积处的磁通量密度为

$$B_{\mathrm{x}} = \frac{\mathrm{d}\Phi_{\mathrm{x}}}{\mathrm{d}A_{\mathrm{x}}} = \frac{\mathrm{d}\Phi_{\mathrm{x}}}{\mathrm{d}l\mathrm{d}x} \tag{3-10}$$

式中　B_{x}——通过 x 处小面积 $\mathrm{d}A_{\mathrm{x}}$ 的磁通量密度；

　　　$\mathrm{d}l$——小面积的长；

　　　$\mathrm{d}x$——小面积的宽。

磁场分析中常用的一个变量是磁链 Λ，用来描述围绕着物体的磁通量 Φ，如图 3-7 所示。图中显示了一个电流方向朝纸内的载流导体和其附近的一个物体，磁链 Λ_{c} 表示从载流体表面到无穷远处之间的磁通量；磁链 Λ_{o} 表示从物体表面到无穷远处之间的磁通量。

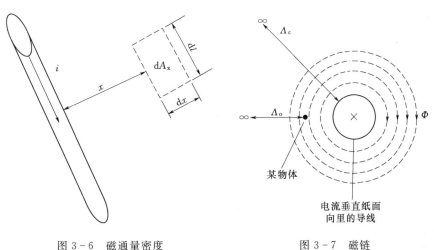

图 3-6　磁通量密度　　　　　　　图 3-7　磁链

工程中，磁链 Λ 通常按单位长度载流体来计算，即

$$\lambda = \frac{\mathrm{d}\Lambda}{\mathrm{d}l} \tag{3-11}$$

式中　λ——单位长度磁链，Wb/m；

　　　l——产生磁通量的载流体的长度。

据此，式（3-10）可改写为

$$B_x = \frac{\mathrm{d}\lambda_x}{\mathrm{d}x} \tag{3-12}$$

磁场强度 H 定义为

$$H_x = \frac{B_x}{\mu_r \mu_0} \tag{3-13}$$

式中　μ_r——相对磁导率，其值取决于空间属性，对于空气来说，$\mu_r = 1$；

　　　μ_0——绝对磁导率，$\mu_0 = 4\pi \times 10^{-7} \mathrm{H/m}$。

磁场强度 H 与电流 i 的关系由安培环路定律描述，即

$$i = \oint_s H \mathrm{d}s \tag{3-14}$$

安培定律显示，磁场强度 H 对闭合路径 s 的积分等于这个闭合路径中通过的电流 i。图 3-7 中距离载流体中心 x 距离处的闭合路径是一个圆圈，应用式（3-14）得

$$i = H_x(2\pi x) \tag{3-15}$$

应用式（3-12）、式（3-13）和式（3-15），可求得空间任意两点 a 和 b 之间的磁链为

$$\lambda_{ab} = \int_a^b \frac{\mu_0 i}{2\pi x} \mathrm{d}x = 2 \times 10^{-7} i \ln\left(\frac{b}{a}\right) \tag{3-16}$$

a、b 两点间单位长度的压降即可求得，为

$$u_{ab} = \frac{\mathrm{d}\lambda_{ab}}{\mathrm{d}t} = 2 \times 10^{-7} \ln\left(\frac{b}{a}\right) \frac{\mathrm{d}i}{\mathrm{d}t} \tag{3-17}$$

式中　u_{ab}——空间 a、b 两点间单位长度的压降，V/m。

3.2.2 Maxwell 方程组

1865 年 Maxwell 在前人实验的基础上进行了数学归纳并提出了位移电流的概念，总结出了 Maxwell 方程组，完善了电磁场理论。其 1873 年出版的《电磁通论》（《Treatise on Electricity and Magnetism》）一书充分反映了电磁场的客观规律，奠定了经典的电磁学理论。Maxwell 方程组指出，电场不仅可由电荷产生，也由变化的磁场产生；磁场不仅由传导电流和运流电流产生，也可由变化的电场产生。当研究电磁场的一般情况时，应从这两点出发，来求得一般情况下电磁场的普遍规律，这就是 Maxwell 方程组，即电磁场基本方程。

根据电磁场基本方程，当无限大空间中电荷和电流的分布及它们随时间的变化规律都

给定时，可由场的初始情况来决定其发展。由电磁场的唯一性定理可知，根据 Maxwell 方程和给定的边值和初始值，可得出唯一的解。所以 Maxwell 方程就是电磁场的基本方程，它反映了各场量和场源（即电荷与电流）之间的关系。通常用 $\boldsymbol{E}$、$\boldsymbol{D}$、$\boldsymbol{B}$、$\boldsymbol{H}$ 来表示电磁场中的电场强度、电通量密度、磁通量密度、磁场强度，用 q 与 i 表示电荷与电流，则 Maxwell 方程组为

$$\left.\begin{aligned} \nabla \times \boldsymbol{E} &= -\frac{\partial \boldsymbol{B}}{\partial t} \\ \nabla \times \boldsymbol{H} &= \boldsymbol{J} + \frac{\partial \boldsymbol{D}}{\partial t} \\ \nabla \cdot \boldsymbol{D} &= \rho \\ \nabla \cdot \boldsymbol{B} &= 0 \end{aligned}\right\} \tag{3-18}$$

场量之间的关系为

$$\left.\begin{aligned} \boldsymbol{D} &= \varepsilon \boldsymbol{E} \\ \boldsymbol{B} &= \mu \boldsymbol{H} \\ \boldsymbol{J}_v &= \rho \boldsymbol{v} \\ \boldsymbol{J}_c &= \gamma \boldsymbol{E} \end{aligned}\right\} \tag{3-19}$$

式中 $\boldsymbol{J}$——电流密度，包含运流电流密度 $\boldsymbol{J}_v$ 和传导电流密度 $\boldsymbol{J}_c$，A/m^2；

      γ——电导率，S/m；

      ρ——电荷的体密度，C/m^3；

      $\boldsymbol{v}$——媒质的运动速度，m/s。

不同媒质的分界面上有

$$\left.\begin{aligned} \boldsymbol{E}_{1t} &= \boldsymbol{E}_{2t} \\ \boldsymbol{H}_{2t} - \boldsymbol{H}_{1t} &= \boldsymbol{K}_t \\ \boldsymbol{D}_{2n} - \boldsymbol{D}_{1n} &= \boldsymbol{\sigma}_s \\ \boldsymbol{B}_{1n} &= \boldsymbol{B}_{2n} \\ \boldsymbol{J}_{1n} &= \boldsymbol{J}_{2n} \end{aligned}\right\} \tag{3-20}$$

式中 t——沿媒质分界面切向方向；

      n——沿媒质分界面法向方向；

      $\boldsymbol{K}_t$——沿切线方向的电流线密度，A/m；

      $\boldsymbol{\sigma}_s$——分界面上自由存在的面电荷密度，A/m^2。

3.2.3 常见的电磁场求解方法

工程应用中求解电磁场问题的基本过程可归纳为：①根据物理场域和媒质特性建立数学模型，即根据 Maxwell 理论导出的控制方程，结合定解条件以及源函数构成一个初值或边值问题；②利用某种数学方法进行求解。

电磁场的求解方法有图解法、模拟法、解析法和数值分析法等。经典的解析法是100多年来电磁学学科中最为重要的计算手段，但其推导过程相当繁琐和困难，只能求解具有简单几何形状的电磁场问题，可求解的问题非常有限，极大地制约了电磁学的应用。20世纪60年代以来，伴随着电子计算机的快速发展，大规模和复杂情况下的电磁场计算成为了可能，电磁场的各种计算方法，尤其是数值分析方法（包括有限差分法、有限元法、有限体积法、边界元法等）得到了快速发展，将电磁学的应用推向了一个新高度。为叙述简洁起见，本节将以电场强度计算为例（磁场计算具有类似的数学描述，只是对应的物理量不同），对几种常用的电磁场求解方法（模拟法和数值分析法中的有限差分法、有限元法）进行介绍。

1. 模拟法

模拟法以静电场的镜像法为理论基础，此种方法将外形封闭的导体表面电荷用内部电荷来模拟等效，这些内部电荷产生的电力线和等位线与原来的相同，从而达到用一组内部电荷来表示某些预定形状的等位面的目的。

显然，等效电荷的数量越多，用来表示的导体的形状就越精确。根据所代表带电体特有的几何形状，可以用点电荷、线电荷（表示管子或圆柱形导体）、环形电荷（表示圆环或球）等来表示。采用这种方法描述电场时需要用到许多电荷和表面电位组成的线性方程组，方程组的数量与描述导体表面电位的点的数量相同。当点数很多时，只能依靠计算机求解。

如果 Q_i 代表第 i 个等效电荷，那么其在空间任意位置产生的电场强度和电位可分别根据式（3-5）和式（3-7）求得，n 个等效电荷求得的场量的矢量和即为最终解。

2. 有限差分法

有限差分法将电磁场连续场域内的问题转换为离散系统的问题来求解，它以网格化的形式来离散模型，通过对网格中各离散点进行数值求解来逼近连续场域内的真实解，也就是用各离散点上函数的差商来近似替代该点的偏导数，将需要求解的边值问题转化为一组相应的差分方程组并进行求解。

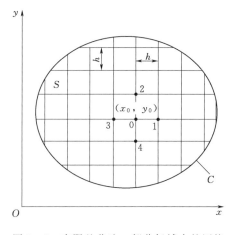

图 3-8　有限差分法：部分场域内的网格

以二维泊松场问题为例。设网格为边长为 h 的正方形，点 i 的坐标为 (x_i, y_i)，电位为 u_i，如图 3-8 所示。

应用泰勒公式，任意点 i 的电位 u_i 可表示为

$$u_i = u_0 + \frac{1}{1!}\left(\frac{\partial u}{\partial x}\right)(x_i - x_0) + \frac{1}{2!}\left(\frac{\partial^2 u}{\partial x^2}\right)(x_i - x_0)^2 + \cdots + \frac{1}{n!}\left(\frac{\partial^n u}{\partial x^n}\right)(x_i - x_0)^n + \cdots$$

$$(3-21)$$

那么，点 0 处的电位就可用其周围的四个点 1、2、3、4 来描述，在求解误差一定、采取的网格足够精细时，级数可以只取前两项，则

$$u_0 \approx \frac{1}{4} \sum_{i=1}^{4} u_i \qquad (3-22)$$

据此，在整个求解域内可建立含有 n 个未知数的 n 个方程，联立求解即得每个节点的电位。由电位可以很容易地求得电场强度，即

$$\mathbf{E} = -\nabla U \qquad (3-23)$$

特别指出，该方法的收敛性和计算结果精度与网格的精细程度有很大关系。

3. 有限元法

有限元法的基本原理是将整个求解域分割成许多很小的子区域，每个子区域的几何形状简单（如三角形、四边形、四面体、六面体等），且处于同一种物质中，子区域之间通过节点和边相连，将求解边值问题的原理应用于求解这些子区域中，整个求解域的能量保持最低，由所有子区域的结果总和得到整个区域的解。

因此，面对电磁场问题时，有限元法的数值解法就是预先列出这些子区域内部电位或矢量磁位的多项式，然后寻找节点的电位、矢量磁位的值，这个值使得每个子区域中的电磁场能量最低。该方法的优点在于可以计算得到整个求解域内部的电磁场，在研究具有复杂外形、不同材料的电磁场问题时非常有效。另外，随着现代计算机科学的飞速发展，早些年因计算能力不足在面对大型复杂问题时无法采用有限元法的困境也得到了极大改善。

有限元法的求解流程如下：

（1）根据描述求解对象的偏微分方程边值问题列出等价的条件变分问题。

（2）将待求解区域分割成有限个子区域，这些子区域的形状原则上是任意的。

（3）在这些子区域中构造出线性插值函数。

（4）将能量泛函极值问题转换成能量函数的极值问题，建立有限个代数方程组。

（5）求解代数方程组，得到子区域结果和整个区域的解。

3.3　输电线路感应电压及其影响因素

输电线路产生的电磁场属于准静态电磁场，因此分析时可采用静态场分析方法，对电场和磁场产生的效应也可分开来进行描述，两者共同产生的影响只需在电场和磁场的计算结果上采用叠加定理便可得到。本节将介绍电场和磁场产生的感应电压的计算方法，分析影响感应电压大小的主要影响因素。如果存在导通回路，产生感应电压的物体中还会出现感应电流，其大小与接地电阻有关，求得感应电压后可根据实际情况求得，本节不再单独说明，放在 3.5 节中结合算例进行论述。

未通电的输电线路一般指不与电源连接的线路，如通过断路器、隔离开关等装置与电源隔断的线路。有的人认为未通电的线路是安全的、可以触碰的，其实不然。未通电的线路不等同不带电的线路，它能够通过附近带电物体产生的电磁场呈现出带电特征，从而使电势升高，这个问题在同塔双/多回线路中尤为明显。图 3-9 展示了两根平行导线，其中一根通电，另一根未通电，通电导线会产生电场和磁场，使未通电导线中出现感应电压，其大小主要受到以下因素影响：

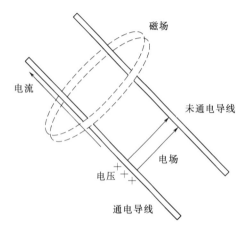

图 3-9　通电与未通电导线间的电磁耦合

（1）通电导线所带电压的大小。

（2）通电导线中电流的大小。

（3）两导线间距的大小。

（4）两导线的长度。

除了同塔运行的输电线路外，还有很多原因可能导致未通电线路带电，如移动式发电机的反送电、雷电等，本节主要讨论的是输电线路上的感应电。

3.3.1　电场产生的感应电压及其影响因素

IEEE 524a—1993《架空输电线路安装接地导则》对由电场引起的感应电压介绍如下：处于通电线路附近的一个不通电线路会因电场（电容耦合）感应产生一个电压，这个电压的幅值介于 0（大地）到通电线路所带电压的幅值之间，实际情况中，感应电压可达通电线路电压的 30%。

1. 等势面

为了理解电场的效应，首先考察如图 3-10 所示的简单情况。图 3-10 中所示的是一个距离大地足够高的充满电荷的球体，这样该球体产生的电场将不受大地的影响而均匀地分布在空间中。球体所带电荷 Q 产生一个方向沿球体径向的电场，球体外距球心等距离的任意两点位于同一个等势面上，位于同一个等势面上的任意两点间没有电位差。

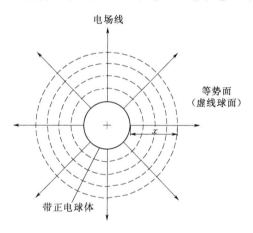

图 3-10　电场与等势面

电场强度（电场线的疏密程度）取决于距离球体的距离，距离越远，电场越小，电通量密度 D 对电场线的疏密程度进行了定量描述，定义为垂直通过单位面积的电荷量，即

$$D_x = \frac{Q}{A_x} = \frac{Q}{4\pi x^2} \qquad (3-24)$$

式中　Q——球体所带的总电荷量；

A_x——距球心 x 远处的等势面上的某块面的面积，m^2。

将式（3-24）代入式（3-5），得到电场强度 E_x 与电通量密度 D_x 的关系为

$$E_x = \frac{D_x}{\varepsilon_0} = \frac{Q}{4\pi\varepsilon_0 x^2} \qquad (3-25)$$

再次利用式（3-6），同样地可求出球外任意两点间的电压为

$$U_{12} = \int_{x_1}^{x_2} E_x \mathrm{d}x = \int_{x_1}^{x_2} \frac{Q}{4\pi\varepsilon_0 x^2}\mathrm{d}x = \frac{Q}{4\pi\varepsilon_0}\left(\frac{1}{x_1} - \frac{1}{x_2}\right) \qquad (3-26)$$

2. 通电输电线路产生的感应电压

为了分析的方便，这里不考虑通电导线的自重，以水平布置为例。导线周围均匀分布着空气，距离大地有足够远的距离，场的畸变忽略不计。导线所带的电荷总量为 Q，其产生的电场方向为沿导线径向方向，空间任意距导体中心线径向距离相等的两点具有相同的电位，因此通电导线产生的电场的等势面是多个同轴圆柱面的集合。

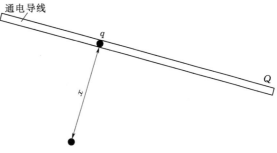

图 3 - 11　通电导线

图 3 - 11 中，距离导线中轴线垂直距离为 x（x 大于导线半径）的电通量密度为

$$\boldsymbol{D}_{\mathrm{x}} = \frac{Q}{A_{\mathrm{x}}} = \frac{Q}{2\pi x L} \tag{3 - 27}$$

式中　A_{x}——距导线中轴线垂直距离为 x 的等势面的面积；

　　　　L——导线的长度。

为了分析方便，定义单位长度导线所带的电荷为 q_{l}，计算式为

$$q_{\mathrm{l}} = \frac{Q}{L} \tag{3 - 28}$$

代入式（3 - 27）得

$$\boldsymbol{D}_{\mathrm{x}} = \frac{q_{\mathrm{l}}}{2\pi x} \tag{3 - 29}$$

距离导线中轴线垂直距离为 x（x 大于导线半径）处的电场强度为

$$\boldsymbol{E}_{\mathrm{x}} = \frac{D_{\mathrm{x}}}{\varepsilon_0} = \frac{q_{\mathrm{l}}}{2\pi\varepsilon_0 x} \tag{3 - 30}$$

空间任意两点间的电位差由电场强度对两点间距离的积分求得，即

$$U_{12} = \int_{x_1}^{x_2} E_{\mathrm{x}} \mathrm{d}x = \int_{x_1}^{x_2} \frac{q_{\mathrm{l}}}{2\pi\varepsilon_0 x} \mathrm{d}x = \frac{q_{\mathrm{l}}}{2\pi\varepsilon_0} \ln\frac{x_2}{x_1} \tag{3 - 31}$$

式（3 - 31）还可以用来计算通电导线附近空间任意位置某物体的电位。考虑图 3 - 12 所示的情况，通电导线距离地面高 h，点 p 代表一个距离导线中轴线垂直距离为 d 的不通电的物体，假设大地对电场引起的畸变很小，忽略不计，那么等势面由一个个完美的圆柱面构成。

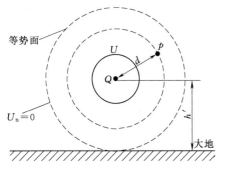

图 3 - 12　点 p 处感应电压计算示意图

设大地的电位为 0 电位，则点 p 处的电位为

$$U_{\mathrm{p}} = \int_d^h E_{\mathrm{x}} \mathrm{d}x = \frac{q_{\mathrm{l}}}{2\pi\varepsilon_0} \ln\frac{h}{d} \tag{3 - 32}$$

电压与通电导线电荷的关系由电容 C 表

示为

$$C = \frac{q}{U} = \frac{2\pi\varepsilon_0}{\ln\dfrac{h}{d}} \tag{3-33}$$

3. 线路长度对电场产生的感应电压的影响

有的文献认为线路长度对电场产生的感应电压影响不大，但是通过本节分析发现，在线路长度较短时，长度的对电场产生的感应电压影响很大。考察图 3-13，两根水平布置距大地 h 高的导线 1、2，一个带正电一个带负电，空点任意点 p 距离导线的垂直距离分别为 d_1 和 d_2，垂足分别为 n_1 和 n_2，两导线上距离垂足 ΔL 远处的点分别为 z_1 和 z_2，p 点到 z_1 和 z_2 的距离分别为 x_1 和 x_2。

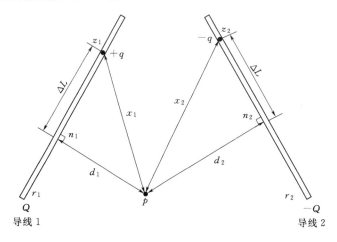

图 3-13　两同高导线

根据毕达哥拉斯定理有

$$\left. \begin{array}{l} x_1 = \sqrt{\Delta L^2 + d_1^2} \\ x_2 = \sqrt{\Delta L^2 + d_2^2} \end{array} \right\} \tag{3-34}$$

设 z_1 和 z_2 处的电荷分别为 $+q$ 和 $-q$，那么它们分别在 p 点产生的电场强度为

$$\left. \begin{array}{l} E^+ = \dfrac{q}{4\pi\varepsilon_0 x_1^2} \\[2mm] E^- = \dfrac{-q}{4\pi\varepsilon_0 x_2^2} \end{array} \right\} \tag{3-35}$$

p 点处相对于大地的感应电压为

$$u_{pn} = \int_{x_1}^{h} E^+ \,\mathrm{d}x + \int_{x_2}^{h} E^- \,\mathrm{d}x = \frac{q}{4\pi\varepsilon_0 x_1} - \frac{q}{4\pi\varepsilon_0 x_2} \tag{3-36}$$

将式（3-34）代入式（3-36）得

$$u_{pn} = \frac{q}{4\pi\varepsilon_0} \left(\frac{1}{\sqrt{\Delta L^2 + d_1^2}} - \frac{1}{\sqrt{\Delta L^2 + d_2^2}} \right) \tag{3-37}$$

据此，我们可以计算出两根导线整体在 p 点产生的电压，示意图如图 3-14 所示。

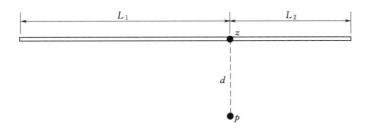

图 3-14 通电导线附近 p 点的感应电压计算示意图

通过式（3-37）对导线长度进行积分，可以计算出导线整体所带电荷在 p 点产生的感应电压为

$$U_{pn} = \frac{q}{4\pi\varepsilon_0} \int_{-L_1}^{L_2} \left(\frac{1}{\sqrt{\Delta L^2 + d_1^2}} - \frac{1}{\sqrt{\Delta L^2 + d_2^2}} \right) d\Delta L$$

$$= \frac{q}{4\pi\varepsilon_0} \ln\left(\frac{L_2 + \sqrt{L_2^2 + d_1^2}}{L_2 + \sqrt{L_2^2 + d_2^2}} \times \frac{-L_1 + \sqrt{L_1^2 + d_2^2}}{-L_1 + \sqrt{L_1^2 + d_1^2}} \right) \tag{3-38}$$

据此，可以求得导线 1 上的感应电压为

$$U_{1n} = \frac{q}{4\pi\varepsilon_0} \ln\left[\frac{L_2 + \sqrt{L_2^2 + r_1^2}}{L_2 + \sqrt{L_2^2 + (D-r_2)^2}} \times \frac{-L_1 + \sqrt{L_1^2 + (D-r_2)^2}}{-L_1 + \sqrt{L_1^2 + r_1^2}} \right] \tag{3-39}$$

式中 r_1、r_2——导线 1 和导线 2 的导线半径；

D——两导线间的垂直距离。

同理，求得导线 2 上的感应电压为

$$U_{2n} = \frac{q}{4\pi\varepsilon_0} \ln\left[\frac{L_2 + \sqrt{L_2^2 + (D-r_2)^2}}{L_2 + \sqrt{L_2^2 + r_2^2}} \times \frac{-L_1 + \sqrt{L_1^2 + r_2^2}}{-L_1 + \sqrt{L_1^2 + (D-r_2)^2}} \right] \tag{3-40}$$

那么，两导线上的电位差即可求得，即

$$U_{12} = U_{1n} - U_{2n} \tag{3-41}$$

当导线长度 L 远大于导线间距 D 或者导线附近物体距离导线的垂直距离 d，且导线间距 D 远大于导线半径 r 时，式（3-38）可简写为

$$U_{pn} = \frac{q}{4\pi\varepsilon_0} \ln\left(\frac{-L_1 + \sqrt{L_1^2 + d_2^2}}{-L_1 + \sqrt{L_1^2 + d_1^2}} \right) \tag{3-42}$$

此时无法进一步化简，只能考察它的极限，即

$$\lim_{L_1 \to \infty} U_{pn} = \lim_{L_1 \to \infty} \frac{q}{4\pi\varepsilon_0} \ln\left(\frac{-L_1 + \sqrt{L_1^2 + d_2^2}}{-L_1 + \sqrt{L_1^2 + d_1^2}} \right) = \frac{q}{4\pi\varepsilon_0} \lim_{L_1 \to \infty} \ln\left[\frac{-1 + \sqrt{1 + \left(\frac{d_2}{L_1}\right)^2}}{-1 + \sqrt{1 + \left(\frac{d_1}{L_1}\right)^2}} \right] \tag{3-43}$$

利用多项式展开有

$$\left.\begin{array}{c}\sqrt{1+\left(\dfrac{d_2}{L_1}\right)^2}=1+0.5\left(\dfrac{d_2}{L_1}\right)^2+\Delta\alpha\\[4mm]\sqrt{1+\left(\dfrac{d_1}{L_1}\right)^2}=1+0.5\left(\dfrac{d_1}{L_1}\right)^2+\Delta\beta\end{array}\right\}\qquad(3-44)$$

式中 $\Delta\alpha$、$\Delta\beta$——多项式中的高阶项，它们相比于式中的前两项小很多，因此可以忽略。

将式（3-44）代入式（3-43）得

$$\frac{q}{4\pi\varepsilon_0}\lim_{L_1\to\infty}\ln\left[\frac{-1+\sqrt{1+\left(\dfrac{d_2}{L_1}\right)^2}}{-1+\sqrt{1+\left(\dfrac{d_1}{L_1}\right)^2}}\right]\approx\frac{q}{4\pi\varepsilon_0}\ln\left[\frac{-1+1+0.5\left(\dfrac{d_2}{L_1}\right)^2}{-1+1+0.5\left(\dfrac{d_1}{L_1}\right)^2}\right]=\frac{q}{4\pi\varepsilon_0}\ln\left(\frac{d_2}{d_1}\right)^2$$

$$(3-45)$$

即

$$U_{pn}=\frac{q}{2\pi\varepsilon_0}\ln\frac{d_2}{d_1}\qquad(3-46)$$

则长线路下，式（3-39）～式（3-41）可简化为

$$U_{1n}=\frac{q}{2\pi\varepsilon_0}\ln\frac{D}{r_1}\qquad(3-47)$$

$$U_{2n}=\frac{q}{2\pi\varepsilon_0}\ln\frac{r_2}{D}\qquad(3-48)$$

$$U_{12}=U_{1n}-U_{2n}=\frac{q}{2\pi\varepsilon_0}\ln\frac{D^2}{r_1r_2}\qquad(3-49)$$

对比通用的感应电压计算公式（3-38）和长导线情况时的感应电压计算公式（3-46）可以发现，对于某固定的点 p 来说，式（3-38）中 U_{pn} 是关于线路长度 L 的函数，而式（3-46）则是一个恒定值。

假设一条输电线路由两根水平平行的导线构成，导线半径为 1cm，所带电荷为 $1\mu C/m$，长度均为 L，求 $d_1=20m$，$d_2=25m$ 时，点 p 处的感应电压。

用式（3-38）计算得

$$\begin{aligned}U_{pn1}&=\frac{q}{4\pi\varepsilon_0}\ln\left[\frac{L_2+\sqrt{L_2^2+d_1^2}}{L_2+\sqrt{L_2^2+d_2^2}}\times\frac{-L_1+\sqrt{L_1^2+d_2^2}}{-L_1+\sqrt{L_1^2+d_1^2}}\right]\\[2mm]&=\frac{10^{-6}}{4\pi8.85\times10^{-12}}\ln\left[\frac{L+\sqrt{L^2+400}}{L+\sqrt{L^2+625}}\times\frac{-L+\sqrt{L^2+625}}{-L+\sqrt{L^2+400}}\right]\end{aligned}$$

用式（3-46）计算得

$$U_{pn2}=\frac{q}{2\pi\varepsilon_0}\ln\frac{d_2}{d_1}=\frac{10^{-6}}{2\pi8.85\times10^{-12}}\ln\frac{25}{20}\approx4012.92(\text{V})$$

为了直观比较，将两个计算结果作图，如图 3-15 所示，可以看到导线长度在 50m 范围内时，p 点处的感应电压随着导线长度的增加几乎呈线性增加，随后出现"饱和"，趋近于用长线路计算公式得出的结果。

48

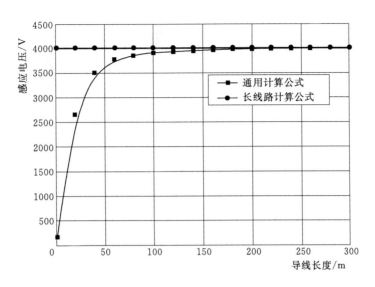

图 3-15　感应电压与通电线路长度的关系曲线

4. 大地对电场产生的感应电压的影响

实际中输电线路产生的电场线在空间中是沿导线径向方向的，但是在大地附近是垂直地面的，如图 3-16 所示。由于大地一般为参考 0 电位，是一个等势面，电力线垂直大地，因此大地附近的电场线呈垂直状，通电导线产生的电场不再是圆柱体。

本书采用镜像法计算大地对电场产生的感应电压的影响，示意图如图 3-17 所示。电

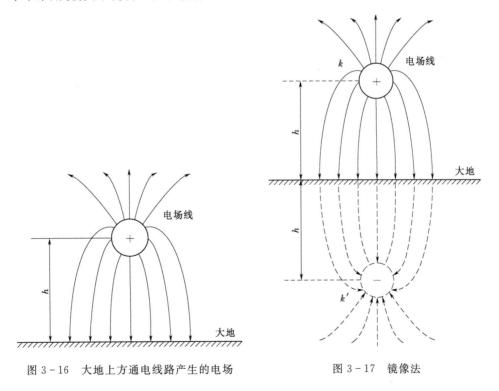

图 3-16　大地上方通电线路产生的电场　　　图 3-17　镜像法

场线由大地上方带正电的导线发出，终止于与大地镜面对称的假想的带负电的导线。正电荷 k 相对大地的电压为 U_{kn}，与假想负电荷 k' 间的电压为 $U_{kk'}$，大地为参考 0 电位。为了分析方便起见，假设大地的相对介电常数和空气相同，近似为 1。

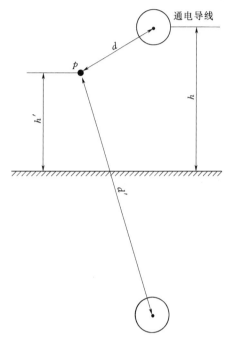

图 3-18 通电导线附近某点的感应电

由式（3-49）得

$$U_{kk'} = \frac{q}{\pi\varepsilon_0}\ln\frac{2h}{r} \qquad (3-50)$$

式中 r——导线的半径；

h——导线距大地的垂直距离。

由于大地的相对介电常数假设和空气相同，因此导线与大地间的电压为

$$U_{kn} = \frac{U_{kk'}}{2} = \frac{q}{2\varepsilon_0}\ln\frac{2h}{r} \qquad (3-51)$$

导线—大地模式下空间任意点 p 的感应电的分析图如图 3-18 所示，p 点距通电导线的垂直距离为 d，距假想导线的垂直距离为 d'。

利用叠加定理和式（3-32），可以计算出点 p 相对于大地的电位。首先计算带电导线在 p 点产生的感应电压为

$$U_{p+} = \frac{q}{2\pi\varepsilon_0}\ln\frac{h}{d} \qquad (3-52)$$

然后计算假想导线在 p 点产生的感应电压为

$$U_{p-} = \frac{-q}{2\pi\varepsilon_0}\ln\frac{h}{d'} = \frac{q}{2\pi\varepsilon_0}\ln\frac{d'}{h} \qquad (3-53)$$

可得点 p 相对于大地的感应电压为

$$U_{pn} = U_{p+} + U_{p-} = \frac{q}{2\pi\varepsilon_0}\ln\frac{d'}{d} \qquad (3-54)$$

式（3-32）给出结果未考虑大地对电场产生的畸变影响，式（3-54）则考虑了其影响，两者的差值为

$$\Delta U = U_{pn} - U_p = \frac{q}{2\pi\varepsilon_0}\left(\ln\frac{d'}{d} - \ln\frac{h}{d}\right) = \frac{q}{2\pi\varepsilon_0}\ln\frac{d'}{h}$$
$$(3-55)$$

误差为

$$\delta = \frac{\Delta U}{U_{pn}} = \frac{\ln d' - \ln h}{\ln d' - \ln d} \qquad (3-56)$$

可见，在 p 点与通电导线垂直距离 d 不变的情况下，随着导线距地面高度 h 的增加，误差 δ 不断减小，地表附近误差最大，其变化趋势如图 3-19 所示。

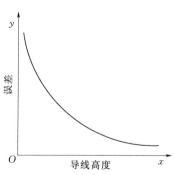

图 3-19 大地对感应电的影响

5. 分裂导线对电场产生的感应电压的影响

分裂导线常应用于 220kV 及以上线路，通过增大导线等效半径起到抑制导线表面电场强度、减小电晕放电的作用，实物图如图 3-20 所示。

(a) 8 分裂导线

(b) 8 分裂间隔棒

图 3-20　分裂导线实物图

式 (3-47) 仍可用于计算分裂导线产生的感应电压，但式中的 r_1 不再是单根导线的半径，而是多根导线的等效半径 r_{eq}，示意图如图 3-21 所示。

对于 N 分裂导线，其等效半径为

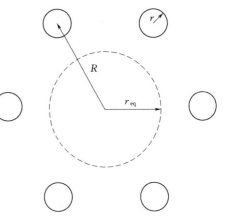

$$r_{eq} = \sqrt[n]{r \prod_{i=2}^{\eta} d_{1i}} \qquad (3-57)$$

式中　r_{eq}——n 分裂导线的等效半径；

$\qquad$ n——分裂导线数量；

$\qquad$ r——单根导线的半径；

$\qquad$ d_{1i}——第 1 根导线与第 i 根导线间的距离。

由于 r_{eq} 大于单根单线的半径 r，但远小于导线对地高度 h，因此分裂导线产生的感应电压相较于不分裂的略小。

图 3-21　分裂导线等效半径

6. 导线相数对电场产生的感应电压的影响

输电线路一般是三相的，并且同一个塔上的线路可能不止 1 回（如同塔双/多回线路），多相导线附近某处的感应电压为这些导线综合作用下的感应电压。由于每相导线之间存在相位差，因此上述分析方法不再适用，需要用到相量分析，电场强度等变量用复数表示。

图 3-22 为多相导线感应电压计算示意图，应用叠加原理和式 (3-54) 可列出每相导线单独存在时，点 p 处产生的感应电压（相量形式，具有幅值和相角），即

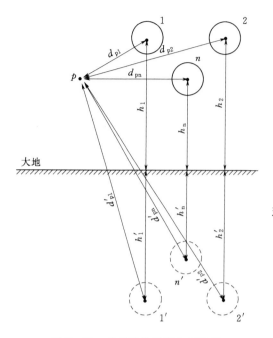

图 3-22 多相导线感应电压计算

$$\overline{U_{p1}}=\frac{\overline{q_1}}{2\pi\varepsilon_0}\ln\frac{d'_{p1}}{d_{p1}}$$

$$\overline{U_{p2}}=\frac{\overline{q_2}}{2\pi\varepsilon_0}\ln\frac{d'_{p2}}{d_{p2}}$$

$$\vdots$$

$$\overline{U_{pi}}=\frac{\overline{q_i}}{2\pi\varepsilon_0}\ln\frac{d'_{pi}}{d_{pi}}$$

$$\vdots$$

$$\overline{U_{pn}}=\frac{\overline{q_n}}{2\pi\varepsilon_0}\ln\frac{d'_{pn}}{d_{pn}}$$

$$(3-58)$$

式中　　U_{pi}——导线 i 在点 p 处产生的感应电压；

q_i——导线 i 的单位长度电荷量；

d_{pi}——点 p 距离导线 i 的垂直距离；

d'_{pi}——点 p 距离假想导线 i' 的垂直距离；

n——通电导线的数量。

将式（3-58）中的各项相加即可得到点 p 处的感应电压为

$$\overline{U_p}=\overline{U_{p1}}+\overline{U_{p2}}+\cdots+\overline{U_{pi}}+\cdots+\overline{U_{pn}}$$

$$\overline{U_p}=\frac{\overline{q_1}}{2\pi\varepsilon_0}\ln\frac{d'_{p1}}{d_{p1}}+\frac{\overline{q_2}}{2\pi\varepsilon_0}\ln\frac{d'_{p2}}{d_{p2}}+\cdots+\frac{\overline{q_i}}{2\pi\varepsilon_0}\ln\frac{d'_{pi}}{d_{pi}}+\cdots+\frac{\overline{q_n}}{2\pi\varepsilon_0}\ln\frac{d'_{pn}}{d_{pn}}$$

$$=\frac{1}{2\pi\varepsilon_0}\sum_{i=1}^{n}\overline{q_i}\ln\frac{d'_{pi}}{d_{pi}}$$

$$(3-59)$$

由式（3-59）可知，只要知道每相导线单位长度的电荷量，就可求出空间任意点 p 处的感应电压，而每相导线所带的单位长度电荷量可由每相导线所带的电压求得。p 位于导线 i 表面时，导线 i 的相电压为

$$\overline{U_i}=\frac{\overline{q_1}}{2\pi\varepsilon_0}\ln\frac{d'_{i1}}{d_{i1}}+\frac{\overline{q_2}}{2\pi\varepsilon_0}\ln\frac{d'_{i2}}{d_{i2}}+\cdots+\frac{\overline{q_i}}{2\pi\varepsilon_0}\ln\frac{d'_{ii}}{d_{ii}}+\cdots+\frac{\overline{q_n}}{2\pi\varepsilon_0}\ln\frac{d'_{in}}{d_{in}}$$

$$=\frac{1}{2\pi\varepsilon_0}\sum_{j=1}^{n}\overline{q_j}\ln\frac{d'_{ij}}{d_{ij}}$$

$$(3-60)$$

式中　　d_{ij}——导线 i 和导线 j 之间的垂直距离；

d'_{ij}——导线 i 距离假想导线 j' 的垂直距离；

d_{ii}——导线 i 的半径；

d'_{ii}——导线 i 距离假想导线 i' 的垂直距离。

各距离参数的关系为

$$\left.\begin{array}{l}d_{ii}=r_i\\d'_{ii}=2h_i\\d_{ij}=d_{ji}\\d'_{ij}=d'_{ji}\end{array}\right\}$$

$$(3-61)$$

式中　r_i——导线 i 的半径，特别地，分裂导线中 r_i 为等效半径；

　　　h_i——导线 i 的对地距离。

式（3-60）的矩阵形式为

$$
\begin{bmatrix} \overline{U_1} \\ \overline{U_2} \\ \vdots \\ \overline{U_n} \end{bmatrix} = \frac{1}{2\pi\varepsilon_0} \begin{bmatrix} \ln\dfrac{2h_1}{r_1} & \ln\dfrac{d'_{12}}{d_{12}} & \cdots & \ln\dfrac{d'_{1n}}{d_{1n}} \\ \ln\dfrac{d'_{21}}{d_{21}} & \ln\dfrac{2h_2}{r_2} & \cdots & \ln\dfrac{d'_{2n}}{d_{2n}} \\ \vdots & \vdots & \vdots & \vdots \\ \ln\dfrac{d'_{n1}}{d_{n1}} & \ln\dfrac{d'_{n2}}{d_{n2}} & \cdots & \ln\dfrac{2h_n}{r_n} \end{bmatrix} \begin{bmatrix} \overline{q_1} \\ \overline{q_2} \\ \vdots \\ \overline{q_n} \end{bmatrix} \tag{3-62}
$$

通电导线的电荷为

$$
\begin{bmatrix} \overline{q_1} \\ \overline{q_2} \\ \vdots \\ \overline{q_n} \end{bmatrix} = 2\pi\varepsilon_0 \begin{bmatrix} \ln\dfrac{2h_1}{r_1} & \ln\dfrac{d'_{12}}{d_{12}} & \cdots & \ln\dfrac{d'_{1n}}{d_{1n}} \\ \ln\dfrac{d'_{21}}{d_{21}} & \ln\dfrac{2h_2}{r_2} & \cdots & \ln\dfrac{d'_{2n}}{d_{2n}} \\ \vdots & \vdots & \vdots & \vdots \\ \ln\dfrac{d'_{n1}}{d_{n1}} & \ln\dfrac{d'_{n2}}{d_{n2}} & \cdots & \ln\dfrac{2h_n}{r_n} \end{bmatrix}^{-1} \begin{bmatrix} \overline{U_1} \\ \overline{U_2} \\ \vdots \\ \overline{U_n} \end{bmatrix} \tag{3-63}
$$

电荷与电压之比为电容，式（3-63）可简写为

$$
\boldsymbol{q} = \boldsymbol{CV} \tag{3-64}
$$

式中　$\boldsymbol{C}$——系统的电容矩阵，即

$$
\boldsymbol{C} = 2\pi\varepsilon_0 \begin{bmatrix} \ln\dfrac{2h_1}{r_1} & \ln\dfrac{d'_{12}}{d_{12}} & \cdots & \ln\dfrac{d'_{1n}}{d_{1n}} \\ \ln\dfrac{d'_{21}}{d_{21}} & \ln\dfrac{2h_2}{r_2} & \cdots & \ln\dfrac{d'_{2n}}{d_{2n}} \\ \vdots & \vdots & \vdots & \vdots \\ \ln\dfrac{d'_{n1}}{d_{n1}} & \ln\dfrac{d'_{n2}}{d_{n2}} & \cdots & \ln\dfrac{2h_n}{r_n} \end{bmatrix}^{-1} = \begin{bmatrix} C_{11} & C_{12} & \cdots & C_{1n} \\ C_{21} & C_{22} & \cdots & C_{2n} \\ \vdots & \vdots & \vdots & \vdots \\ C_{n1} & C_{n2} & \cdots & C_{nn} \end{bmatrix} \tag{3-65}
$$

式中　C_{ii}——导线的对地电容；

　　　$C_{ij}(i \neq j)$——导线间的电容。

输电线路电容如图 3-23 所示。

通过以上分析可知，在求通电线路附近 p 点处物体的感应电压时，可先根据式（3-63）求得每根通电导线上所带的单位长度电荷，然后根据式（3-59）求出 p 点处的感应电压。

由于电力系统中三相导线的相位互差 120°，因此三相导线在空间某一点处产生的感应电大小将小于任意一相单独存在时产生的。而对于多回路线路，则需根据实际情况进行计算后才能判断。

7. 导线排列对电场产生的感应电压的影响

导线的排列方式对附近物体中的感应电也有影响，比如说对于图 3-24 中所示的两种排列情况，图 3-24（a）中的导线是水平排列的，图 3-24（b）中的是等边三角形排列的，如果点 p 距离 a 相导线的距离 d_{pa} 远大于导线间距 d，那么图 3-24（b）中 p 点处的感应电要比图 3-24（a）中 p 点处的小。

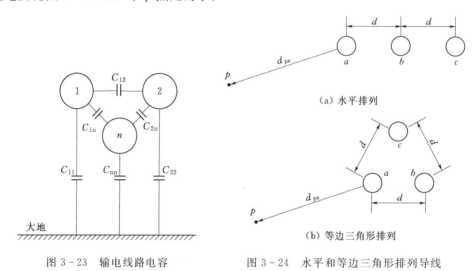

图 3-23　输电线路电容　　　　　图 3-24　水平和等边三角形排列导线

显然，造成两种排列方式下感应电大小不同的原因在于 p 点及其镜像点 p' 距离 b、c 相的距离不同，导致利用式（3-59）计算得到的结果不同。

3.3.2　磁场产生的感应电压及其影响因素

IEEE 524a—1993《架空输电线路安装接地导则》对由磁场引起的感应电压介绍如下：处于通电线路附近的一个部分接地的不通电线路会因磁场感应产生一个危险的开路电压。在额定负载下，这个电压可高达 300V/英里（1 英里≈1.6km），而在短路情况下可能高达 5000V/英里。此外，接地回路中达到危险等级的电流会导致跨步电压、接地极及其附近的触电电压达到一个危险的程度。

磁场会使处于其中的不通电线路或与周围绝缘的金属体产生感应电。对于输电线路来说，磁场产生的感应电通常小于电场产生的，有时可以忽略线路正常运行时因磁场产生的感应电。但是在如下情况下不能忽略：

（1）通电导线处于故障或暂态情况，冲击电流很大，足以产生很高的感应电。

（2）配网中，电压较低，电流较高。

（3）工业设备承载的电流较大时。

（4）长距离的同塔双/多回线路。

1. 磁通和磁链

输电线路中流过的电流会在导线周围产生磁通，如图 3-25 所示。理想情况下磁通与导线同

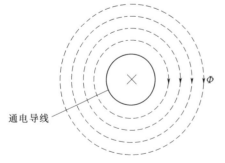

图 3-25　通电导线产生的磁通

轴，呈环状。

磁通是导线中流过的电流产生的，磁链是围绕某物的磁通总量。显然，磁链的大小还与物体所处的位置有关。

对于图3-25中单根通电导线，其产生的磁链和磁通有

$$\Lambda = \Phi \tag{3-66}$$

单位长度导线产生的磁链为

$$\lambda = \frac{\Phi}{l} \tag{3-67}$$

假设空间中有一通电导线，其附近有一不通电导线，如图3-26所示。那么，一部分磁通将围绕着不通电导线（图中虚线所示），这些磁通就是不通电导线的磁链，其范围为不通电导线处至无穷远处。

为了计算不通电导线中的感应电，在图3-26中加上一个大地作为参考面，如图3-27所示。这样不通电导线的最大磁链为由不通电导线与其正下方大地上位置n处（0电位参考处）构成的矩形所包含的磁通总量，这个矩形的长为不通电导线的长度，宽为不通电导线距地面的垂直高度。

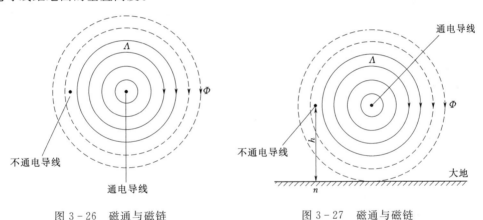

图3-26　磁通与磁链　　　　　图3-27　磁通与磁链

与电场不同的是，磁场可以无损或仅有少量衰减地穿过大地。不通电导线的磁链与其距通电导线的距离和通电导线中的电流大小密切相关，距离越近、电流越大，则磁链越大；反之越小。

2. 单根通电导线产生的感应电压

单根通电导线在其附近物体中产生的感应电压大小为该物体磁链对时间的变化率，因此我们需要先求磁链。应用安培环路定理可得

$$\oint_s H\mathrm{d}s = i \tag{3-68}$$

可求得距离通电导线x远处的磁场强度与电流的关系，即

$$H_x \times 2\pi x = i \tag{3-69}$$

根据磁通量密度及其与磁场强度的关系，引入单位长度导线磁链的概念，于是有

$$B_x = \frac{d\lambda_x}{dx} = \frac{\mu_0 i}{2\pi x} = 2 \times 10^{-7} \frac{i}{x} \qquad (3-70)$$

式（3-70）可以用于计算距电流为 i 的通电导线 x 远处不通电导线的磁链。

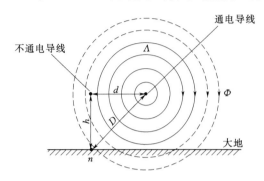

图 3-28　处于通电导线磁场中的不通电导线的感应电压计算示意图

下面求相对于大地的感应电压，图 3-28 中不通电导线距离通电导线的平行距离为 d，距大地的垂直距离为 h，垂足 n 距离通电导线的平行距离为 D。

利用式（3-70）积分得

$$\lambda_p = 2 \times 10^{-7} \int_d^D \frac{1}{x} dx = 2 \times 10^{-7} i \ln \frac{D}{d} \qquad (3-71)$$

则不通电导线单位长度的感应电压为

$$e_p = \frac{d\lambda_p}{dt} = 2 \times 10^{-7} i \left(\ln \frac{D}{d} \right) \frac{di}{dt} \qquad (3-72)$$

可见式（3-72）中的电流 i 只有是非恒定时，e_p 才不为 0，对于以正弦函数表示的交流电，则有

$$e_p = 2 \times 10^{-7} i \left(\ln \frac{D}{d} \right) \frac{dI_{\max} \sin \omega t}{dt} = 2 \times 10^{-7} i \left(\ln \frac{D}{d} \right) I_{\max} \omega \cos \omega t \qquad (3-73)$$

式中　$I_{\max}$——正弦交流电流的峰值。

3. 多根通电导线产生的感应电压

对于如图 3-29 所示的多导线系统，每一根通电导线都会在不通电导线上产生感应电压，如果这些通电导线中电流不是同相位的，那么就需要用到相量分析法来计算 p 处的感应电压。

利用叠加定理可以求得 p 处不通电导线的总磁链为

$$\overline{\lambda_p} = \overline{\lambda_1} + \overline{\lambda_2} + \cdots + \overline{\lambda_n} = \sum_{j=1}^{n} \overline{\lambda_j} \qquad (3-74)$$

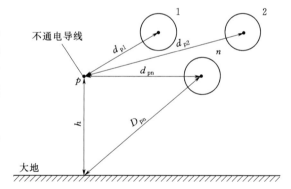

图 3-29　多根通电导线与某不通电导线

将式（3-71）代入式（3-74）得

$$\overline{\lambda_p} = \sum_{j=1}^{n} \overline{\lambda_j} = 2 \times 10^{-7} \sum_{j=1}^{n} \overline{i_j} \ln \frac{D_{pj}}{d_{pj}} \qquad (3-75)$$

单位长度的感应电压为

$$e_p = \frac{d\lambda_p}{dt} = 2 \times 10^{-7} \sum_{j=1}^{n} \left(\ln \frac{D_{pj}}{d_{pj}} \right) \frac{d\overline{i_j}}{dt} \qquad (3-76)$$

4. 影响磁场产生的感应电压大小的主要因素

与分析影响电场产生的感应电压大小的主要因素类似，我们也可以分析影响磁场产生的感应电压大小的主要因素，这里不详细展开，仅结合磁场产生的感应电压计算式给出结论。

从单位长度感应电压的计算式（3-76）可以得知，线路长度、电流的大小和变化频率、导线间距是影响磁场产生的感应电压大小的主要因素，线路越长、电流越大、电流频率越高、导线间距越小，则感应电压越大；反之越小。

表3-1中列出了影响输电线路电场和磁场产生的感应电压大小的因素对比。

表3-1　　　　　　影响输电线路电场和磁场产生的感应电压大小的因素对比

主要影响因素	对电场感应电压的影响	对磁场感应电压的影响
线路长度	线路长度较短时，线路越长，电场感应电压越大；线路较长时几乎无影响	很大，线路越长，磁场感应电压越大
线路距离大地高度	距地越高，电场感应电压越大	几乎无影响
导线间距	很大，间距越小，电场感应电压越大	很大，间距越小，磁场感应电压越大
导线半径	影响很小	影响很小
导线分裂数	影响很小	影响很小
导线排列	影响很小	影响很小
电压等级	很大，电压等级越高，电场感应电压越大	无影响
电流大小	无影响	很大，电流越大，磁场感应电压越大
频率	无影响	很大，频率越高，磁场感应电压越大
所带电性质	直流时为静电感应；工频时电场感应电压存在	直流时磁场感应电压不存在，交流时磁场感应电压存在

3.4　工程中输电线路感应电的计算方法

输电线路产生的感应电，而物体在电磁场中引起的畸变、多基塔地线接地、检修线路接地、导线换位等情况，传统解析法难以考虑，甚至没有解析解，给实际工程中的感应电计算带来了挑战。随着计算机技术和数值计算方法的不断发展以及仿真分析软件的出现，这些问题在很大程度上得到了解决。

输电线路附近的物体大致可分为两类：一类是人畜、建筑等尺寸相较于通电导线长度小很多的物体；另一类是同塔架设的输电线路、平行架设的电缆等长度与通电输电线路长度具有可比性的物体。对于前者，常关注的是这些物体所处位置的电场强度、电位、感应电流等，通常采用"场"方法，如有限元法，对场域进行剖分，设置激励和边界条件进行求解，属于场计算，常用的分析软件有 Ansys、Comsol、Infolytica 等。对于后者，关注点常在于平行架设线路的感应电压和电流、线损等，可用电阻、电感、电容、单相或多相 π 形线路、分布参数线路等元件互相连接组成的电网络来描述，属于路计算，常用的分析软件有 ATP-EMTP、PSCAD、PSASP 等。

限于篇幅，本节仅简要介绍基于有限元法和电磁暂态计算程序的输电线路感应电数值计算流程。

3.4.1　应用场方法计算输电线路附近物体的感应电

3.2.3 节对应用有限元法求解电磁场问题进行了简要介绍，它是一种近似求解方法，其思想的数学形式可描述如下：

（1）通过 n 个有限参数 u_j（$j=1$，2，3，$\cdots$，n）近似描述整个求解域的物理性质。

（2）将这个求解域分成 n 个子域并用 n 个方程表达，即

$$F_i(u_j)=0 \quad (j=1,2,\cdots,n) \tag{3-77}$$

（3）这 n 个方程中的每一个方程均是由 n 个有限个子区域（单元）的贡献项叠加起来得到的，即

$$F_i = \sum_{i=1}^{n} F_i^e \quad (i=1,2,\cdots,n) \tag{3-78}$$

式中 F_i^e——各个子区域（单元）的贡献项。

在具体应用有限元法求解电磁场问题时，有两种引入方法：一种是基于变分原理的有限元法，其基本原理是从电磁场偏微分方程出发，根据变分原理，找到一个泛函，使它的极值与求解的偏微分方程的边值问题等价，然后利用剖分插值方法将变分极值问题离散化为多元函数的极值问题，即转化为线性代数方程组，求得数值解；另一种方法是伽辽金有限元法，它令场方程余量的加权积分在平均的意义上为 0，然后基于伽辽金准则，利用子区域上的插值基函数作为权函数，继而导出离散化的代数方程组求解。

输电线路电磁场属于准静态电磁场，其周围小尺寸物体（人、兽、房屋等）的磁场感应电非常小，可以忽略，因此这是一个三维工频电场计算问题，可采用三维静电场计算方法求解，标量电位 φ 为待求量（注意，求解时，φ 虽然视为标量，但导线带交流电时为一个工频量）。

根据 Maxwell 方程组可得出三维电场的泊松方程，即

$$\nabla \cdot \varepsilon \nabla \varphi = -\rho \tag{3-79}$$

假设 V 为整个求解域，场域边界由 S_1 和 S_2 组成，在大多数情况下，边界条件为

$$\left. \begin{array}{l} S_1 : \varphi = \varphi_0 \\ S_2 : \dfrac{\partial \varphi}{\partial n} = 0 \end{array} \right\} \tag{3-80}$$

式中 φ_0——边界 S_1 上给定的电位分布。

采用基于变分原理的有限元法时，泊松方程的边值问题等价为泛函，即

$$J(\varphi) = \int_V \frac{1}{2}\varepsilon(\nabla\varphi)^2 dV - \int_V \rho\varphi dV = \min \tag{3-81}$$

$$\varphi|_{S_1} = \varphi_0 \tag{3-82}$$

然后利用剖分插值方法将该问题离散化为线性代数方程组。

假设求解域的子域均为四面体单元构成，且不存在边节点，如图 3-30

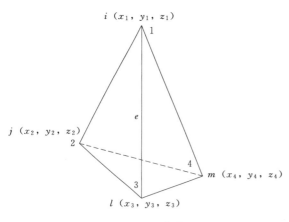

图 3-30 四面体单元 e

所示，单元的局部节点编号为 1、2、3、4，对应整个求解域的编号为 i、j、l、m。

对求解域中的每一个四面体单元，赋予一个插值函数，即

$$\widetilde{\varphi} = \sum_{k=1}^{4} N_k \varphi_k = [N]_e [\varphi]_e \tag{3-83}$$

式中　φ_k——节点的电位值；

N_k——四面体单元上的插值的基函数。

这个插值函数的梯度为

$$\nabla \widetilde{\varphi} = \begin{bmatrix} \dfrac{\partial \widetilde{\varphi}}{\partial x} \\[2mm] \dfrac{\partial \widetilde{\varphi}}{\partial y} \\[2mm] \dfrac{\partial \widetilde{\varphi}}{\partial z} \end{bmatrix} = \begin{bmatrix} \dfrac{\partial}{\partial x} \\[2mm] \dfrac{\partial}{\partial y} \\[2mm] \dfrac{\partial}{\partial z} \end{bmatrix} [N]_e^T [\varphi]_e \tag{3-84}$$

引入中间量 $[B]_e$，其表达式为

$$[B]_e = [\nabla][N]_e^T = \begin{bmatrix} \dfrac{\partial N_1}{\partial x} & \dfrac{\partial N_2}{\partial x} & \dfrac{\partial N_3}{\partial x} & \dfrac{\partial N_4}{\partial x} \\[2mm] \dfrac{\partial N_1}{\partial y} & \dfrac{\partial N_2}{\partial y} & \dfrac{\partial N_3}{\partial y} & \dfrac{\partial N_4}{\partial y} \\[2mm] \dfrac{\partial N_1}{\partial z} & \dfrac{\partial N_2}{\partial z} & \dfrac{\partial N_3}{\partial z} & \dfrac{\partial N_4}{\partial z} \end{bmatrix} \tag{3-85}$$

则式（3-84）可写为

$$\nabla \widetilde{\varphi} = [B]_e [\varphi]_e \tag{3-86}$$

若整个求解域由 n 个四面体单元构成，则每个单元的泛函与求解域的泛函有如下关系：

$$J(\varphi) = \sum_{e=1}^{n} J_e(\varphi) \tag{3-87}$$

引入单元电场能系数矩阵 $[K]_e$ 和中间量 $[\rho]_e$，其表达式为

$$[K]_e = \int_{V_e} \varepsilon [B]_e^T [B]_e \mathrm{d}x \mathrm{d}y \mathrm{d}z \tag{3-88}$$

$$[\rho]_e = \int_{V_e} \rho \, \widetilde{\varphi} \, \mathrm{d}x \mathrm{d}y \mathrm{d}z \tag{3-89}$$

则单元的泛函可表示为

$$\begin{aligned} J_e(\varphi) \approx J_e(\widetilde{\varphi}) &= \int_{V_e} \frac{1}{2} \varepsilon (\nabla \widetilde{\varphi})^2 \mathrm{d}V_e - \int_{V_e} \rho \, \widetilde{\varphi} \mathrm{d}V_e \\ &= \frac{1}{2} \int_{V_e} \varepsilon [\nabla \widetilde{\varphi}]^T [\nabla \widetilde{\varphi}] \mathrm{d}x \mathrm{d}y \mathrm{d}z - \int_{V_e} \rho \, \widetilde{\varphi} \mathrm{d}x \mathrm{d}y \mathrm{d}z \\ &= \frac{1}{2} [\varphi]_e^T [K]_e [\varphi]_e - [\rho]_e \end{aligned} \tag{3-90}$$

于是，变分问题被离散化成了以单元节点电位 φ 为自变量的多元函数。

对于整个求解域有

$$J(\varphi) \approx J(\widetilde{\varphi}) = \sum_{e=1}^{n} J_e(\widetilde{\varphi}) = \frac{1}{2} [\varphi]^T \left(\sum_{e=1}^{n} [K']_e \right) [\varphi] - \sum_{e=1}^{n} [\rho]_e \tag{3-91}$$

式中　　$[\boldsymbol{K}']_e$——$[\boldsymbol{K}]_e$ 的扩展矩阵。

于是变分问题离散化成了二次函数的极值问题，即

$$J(\varphi_1,\varphi_2,\cdots,\varphi_m)=\min \tag{3-92}$$

式中　　m——整个求解域共有 m 个节点。

根据函数的极值理论，有

$$\frac{\partial J(\varphi)}{\partial \varphi_i} = \sum_{j=1}^{n} \varphi_j \int_V \varepsilon \ \nabla N_i \cdot \nabla N_j \mathrm{d}V - \int_V \rho N_i \mathrm{d}V = 0 \tag{3-93}$$

引入中间量 S_{ij} 和 F_i，其表达式为

$$S_{ij} = \int_V \varepsilon \ \nabla N_i \cdot \nabla N_j \mathrm{d}V \tag{3-94}$$

$$F_i = \int_V \rho N_i \mathrm{d}V \tag{3-95}$$

于是得到如下 n 阶代数方程组：

$$\begin{bmatrix} S_{11} & S_{12} & \cdots & S_{1n} \\ S_{21} & S_{22} & \cdots & S_{2n} \\ \vdots & \vdots & \vdots & \vdots \\ S_{n1} & S_{n2} & \cdots & S_{nn} \end{bmatrix} \begin{bmatrix} \varphi_1 \\ \varphi_2 \\ \vdots \\ \varphi_n \end{bmatrix} = \begin{bmatrix} F_1 \\ F_2 \\ \vdots \\ F_n \end{bmatrix} \tag{3-96}$$

再结合边界条件即可求得各个节点的电位。

3.4.2　应用路分析方法计算邻近线路上的感应电

以电路方法分析通电导线附近线路上的感应电时，电源、输电线路、架空地线、绝缘子、避雷器等设备都以等效模型（元件）的形式在电路中体现，大致可分为发电、变电、输电和负荷几类，模型的计算原理和处理方法可参看有关文献。本节以电磁暂态程序 ATP-EMTP 为例，简要介绍其计算方法。

ATP-EMTP 可以求解由电阻、电感、电容、单相或多相 π 形电路、分布参数输电线路或其他元件相互连接组成的任意复杂网络。它包含很多系统元件的模型，这些模型通过不断完善和现场测试而被证实。在应用 ATP-EMTP 进行计算的过程中，电力系统的各种元件在 t 时刻的等值计算电路都由等值电阻和电流源组成，电力网则简化成由等值电阻和电流源组成的网络，简称等值计算网络。

利用 ATP-EMTP 计算时，其形式是基于梯形积分规则，用伴随模型作为动态元件，等值计算网络用节点方程，即 $\boldsymbol{Yu}=\boldsymbol{i}$ 来表示。对于时刻 t，节点方程中的 $\boldsymbol{u}$ 为由该时刻各节点电压所组成的列向量，$\boldsymbol{i}$ 为由各节点注入电流组成的列向量（每一节点的注入电流为 t 时刻等值计算网络中与该节点相连的各等值电流源以及外施电流源的代数和），$\boldsymbol{Y}$ 为等值计算网络的节点电导矩阵（它由各元件的等值电阻构成，其形成方法与电力系统潮流计算中形成网络节点导纳矩阵 $\boldsymbol{Y}$ 相仿）。

每一个电力网都由外施电源提供电能，ATP-EMTP 处理外施电源的一般的方法是将式 $\boldsymbol{Yu}=\boldsymbol{i}$ 按已知和未知电压节点进行分块，使之变为

$$\begin{bmatrix} \boldsymbol{Y}_{AA} & \boldsymbol{Y}_{AB} \\ \boldsymbol{Y}_{BA} & \boldsymbol{Y}_{BB} \end{bmatrix} \begin{bmatrix} \boldsymbol{u}_A \\ \boldsymbol{u}_B \end{bmatrix} = \begin{bmatrix} \boldsymbol{i}_A \\ \boldsymbol{i}_B \end{bmatrix} \tag{3-97}$$

式中 u_A、u_B——未知、已知电压节点的电压列向量；

i_A、i_B——未知、已知电压节点的电流列向量。

由式（3-97）可以导出

$$Y_{AA}u_A = i_A - Y_{AB}u_B \qquad (3-98)$$

用式（3-98）来求解各未知电压节点的电压 u_A。

显然，矩阵 Y_{AA} 是对称的稀疏矩阵，因此，式（3-98）可以用稀疏三角分解后，再用倒推法进行求解。将包括分布参数线路在内的全部元件用等值的电流源和电阻代替，然后求解等值回路的节点电压方程。不论多么复杂的电网络，都能用对应的节点导纳矩阵表示。ATP-EMTP 计算流程图如图 3-31 所示。

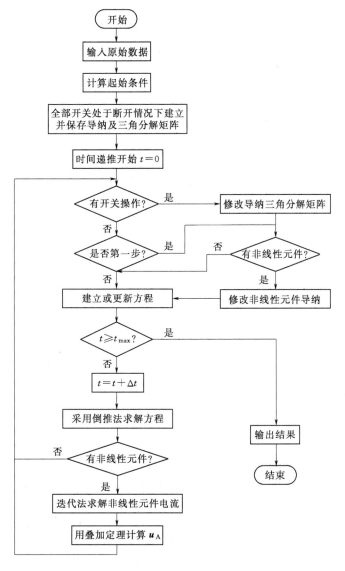

图 3-31　ATP-EMTP 计算流程图

3.5 输电线路感应电计算实例及分析

3.3 和 3.4 节介绍了输电线路感应电的计算方法，本节将利用 3.3 节中的方法对简单理想情况下的输电线路感应电进行计算。后续章节中将结合工程实际，利用计算机和仿真分析软件，对一些实际情况下的输电线路感应电进行分析。

3.5.1 单根输电线路下方的感应电

考虑一条与大地平行的带正电 500kV 交流输电线路，导线 4 分裂，半径为 1.08cm，分裂间距 450mm，距离地面高度为 14m，计算其正下方 12.2m 处 p 点的感应电压、电场强度和电流密度。如果 p 点处放置一个物体，进一步计算物体内的电场和感应电流。

解：本例中线路下方某点所受磁场产生的感应电压极小，可以忽略，只需计算电场产生的感应电压。根据题意做出题解示意图如图 3-18 所示。

根据式（3-57）求得导线的等效半径为

$$r_{eq} = \sqrt[n]{r \prod_{i=2}^{n} d_{1i}} = \sqrt[4]{10.8 \times 450 \times \sqrt{2} \times 450 \times 450}(\text{mm}) \approx 0.2(\text{m})$$

根据式（3-51），通电导线与大地间的电压为

$$U_{kn} = \frac{q}{2\pi\varepsilon_0} \ln \frac{2h}{r_{eq}}$$

即

$$\frac{500 \times 10^3}{\sqrt{3}} = \frac{q}{2\pi\varepsilon_0} \ln\left(\frac{2 \times 14}{0.2}\right)$$

然后再根据式（3-54）求出 p 点的感应电压：

$$U_{pn} = \frac{q}{2\pi\varepsilon_0} \ln \frac{d'}{d} = \frac{500 \times 10^3}{\sqrt{3}\ln 140} \ln \frac{d'}{d}$$

其中 d 和 d' 分别为

$$d = 12.2\text{m}, d' = 15.8\text{m}$$

于是求得

$$U_{pn} = \frac{500 \times 10^3}{\sqrt{3}\ln 140} \ln \frac{15.8}{12.2} = 14.93(\text{kV})$$

即 p 点处相对于大地的感应电压为 14.93kV。

根据式（3-30）可求得 p 点处的电场强度，即

$$E_p = \frac{D_p}{\varepsilon_0} = \frac{q_1}{2\pi\varepsilon_0 d} = \frac{500 \times 10^3}{\sqrt{3}\ln 140 \times 12.2} = 4.788(\text{kV/m})$$

方向垂直地面向下。

GB 50545—2010《110kV～750kV 架空输电线路设计规范》13.0.6 中规定：500kV 及以上输电线路跨越非长期住人的建筑物或邻近民房时，房屋所在位置离地面 1.5m 处未畸变电场不得超过 4kV/m；13.0.2 规定居民区 500kV 线路对地面的最小距离为 14m。由本例可知，此时离地 1.5m 处场强的理论计算值为 4.788kV/m，在 500kV 输电线路设计时应引起注意。

美国电气研究学会（EPRI）曾对处于场强大小为 9kV/m 处的汽车进行过感应电压测量，其计算值达 2.765kV，实测值达 2.38kV，说明当考虑物体体积时，其整体所受感应电将比空间某点处的值低（因为物体存在电容效应）。

根据式（3-26）和式（3-51），以 p 点距大地距离为变量，可作出 p 点电场强度和感应电压大小的曲线图，如图 3-32 所示。可以看到，随着 p 点距线路距离越来越远，其电场强度和感应电压大小均呈衰减趋势，但电场强度衰减的更快。

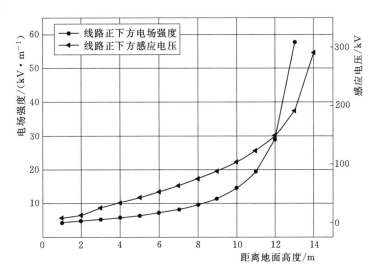

图 3-32　线路正下方 p 点电场强度及感应电压曲线

根据电磁场理论，点 p 处的电场强度与电荷密度有如下关系：

$$\sigma_p = \varepsilon_0 E_p \tag{3-99}$$

在交变电场中，点 p 处的交变电荷密度与其电流具有对应关系，即

$$J_p = j\omega\sigma_p = j2\pi f \varepsilon_0 E_p \tag{3-100}$$

式中　j——电流密度滞后电场强度 90°；

ω——电流密度的角频率；

f——电流密度的频率，此处为 50Hz。

代入数值得

$$J_p = j2\pi \times 50 \times 8.85 \times 10^{-12} \times 4788 = j13.312(\mu A/m^2)$$

进一步地，假设我们将一个物体（如一个具有生物体材质的长方形模拟人）放在 p 点，计算通过模拟人的电流。由图 3-32 可知，距离地面高度 0～1.8m 范围内电场强度

变化很小，为了计算方便，可认为该模拟人处于一个均匀电场中，强度为 4788V/m，方向垂直地面向下。

根据电磁场理论可分别计算出模拟人的表面电荷和内部电场为

$$\sigma_{\mathrm{man}} = \frac{\varepsilon_0 E_{\mathrm{p}}}{1 + \dfrac{\mathrm{j}\varepsilon_0 \varepsilon_{\mathrm{man}} \omega}{\gamma_{\mathrm{man}}}} \tag{3-101}$$

$$E_{\mathrm{man}} = \frac{E_{\mathrm{p}}}{\varepsilon_{\mathrm{man}} \left(1 + \dfrac{\gamma_{\mathrm{man}}}{\mathrm{j}\omega\varepsilon_0\varepsilon_{\mathrm{man}}}\right)} \tag{3-102}$$

式中　σ_{man}——模拟人表面电荷；

$\varepsilon_{\mathrm{man}}$——模拟人的相对介电常数，取 10^6；

γ_{man}——模拟人的电导率，取 $0.1\mathrm{S/m}$。

代入数值得

$$\sigma_{\mathrm{man}} = \frac{8.85 \times 10^{-12} \times 4788}{1 + \dfrac{\mathrm{j}8.85 \times 10^{-12} \times 10^6 \times 2\pi \times 50}{0.1}} \approx 0.041 \angle -1.59° \, (\mu\mathrm{C/m^2})$$

$$E_{\mathrm{man}} = \frac{4788}{10^6 \times \left[1 + \dfrac{0.1}{(\mathrm{j}100\pi 8.85 \times 10^{-12} \times 10^6)}\right]} \approx 129.45 \angle 88.41° \, (\mu\mathrm{V/m})$$

则

$$J_{\mathrm{man}} = \mathrm{j}\omega\sigma_{\mathrm{man}} = \mathrm{j}100\pi 0.041 \angle -1.59° = 12.88 \angle 88.41° \, (\mu\mathrm{A/m^2})$$

可见

$$E_{\mathrm{man}} \approx \frac{J_{\mathrm{man}}}{\gamma_{\mathrm{man}}}$$

这说明生物体在工频电磁中近似于一个导体，3.1.4 节中已提到。

然后可求得模拟人中的电流为

$$i_{\mathrm{man}} = \mathrm{j}\omega\varepsilon_{\mathrm{man}} \int_s E_{\mathrm{man}} \mathrm{d}s \tag{3-103}$$

对于长方形，其等效面积为

$$S_{\mathrm{man}} = AB + 2H(A+B) + \pi H^2 \tag{3-104}$$

式中　A、B——长方体模拟人的长、宽，分别取 $0.5\mathrm{m}$、$0.2\mathrm{m}$；

H——模拟人的高度，取 $1.8\mathrm{m}$。

代入数值得

$$i_{\mathrm{man}} = \mathrm{j}\omega\varepsilon_0\varepsilon_{\mathrm{man}} E_{\mathrm{man}} S_{\mathrm{man}} = 4.72 \angle 178.41° \, (\mu\mathrm{A})$$

显然，用一个长方体代替人体是不准确的，但是人体结构和组成复杂，解析计算时很难考虑，一般利用计算机采用数值方法求解。另外，本例没有考虑物体放入空间后对原有电场产生的畸变影响，事实上，处于导线下方的人会改变人体周围的电场和电位分布，使人体周围的电位降低（工频电场中人体近似为导体，具有法拉第笼屏蔽效应）而电场强度增强（电荷的集聚）。目前常采用有限元等数值计算方法对工频电场下的人体感应电流进行计算。

对于直流线路，物体仅因静电感应影响导致电荷分布改变而产生电场，电荷分布达到新的平衡后没有电流。此外，直流输电线路往往会因电晕产生离子流场，这是交流线路所没有的，在计算时需特别考虑。

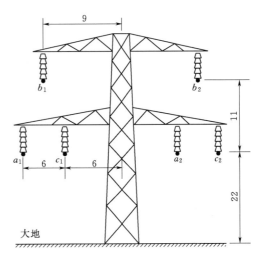

图 3-33 同塔双回线路一回带电一回停电线路感应电计算（单位：m）

3.5.2 同塔双回线路一回运行一回停电时的感应电

考虑如图 3-33 所示的某同塔双回线路，左回线路通电，右回线路不通电，平行架设长度为 100km，电压为交流 500kV，电流为 1kA，功率因数为 0.9，分裂导线等效半径为 0.3m，求右回线路 a_2 相导线上的感应电压。

解：本例所求的感应电压由电场和磁场引起，需分别计算电场和磁场在 a_2 导线处产生的感应电压，然后利用叠加定理求出总感应电压。

1. 计算由电场引起的感应电压

根据式（3-63）可求出左回各相导线单位长度所带电荷量为

$$\begin{bmatrix} \overline{q_{a1}} \\ \overline{q_{a2}} \\ \overline{q_{c1}} \end{bmatrix} = 2\pi\varepsilon_0 \begin{bmatrix} \ln\dfrac{2h_{a1}}{r_{a1}} & \ln\dfrac{d'_{a1b1}}{d_{a1b1}} & \ln\dfrac{d'_{a1c1}}{d_{a1c1}} \\ \ln\dfrac{d'_{a1b1}}{d_{a1b1}} & \ln\dfrac{2h_{b1}}{r_{b1}} & \ln\dfrac{d'_{b1c1}}{d_{b1c1}} \\ \ln\dfrac{d'_{a1c1}}{d_{a1c1}} & \ln\dfrac{d'_{b1c1}}{d_{b1c1}} & \ln\dfrac{2h_{c1}}{r_{c1}} \end{bmatrix}^{-1} \begin{bmatrix} \overline{U_1} \\ \overline{U_2} \\ \vdots \\ \overline{U_n} \end{bmatrix}$$

其中各几何参数为

$$d_{a1b1} = \sqrt{(0-3)^2 + (22-33)^2} = 11.4 \, (\text{m})$$

$$d'_{a1b1} = \sqrt{(0-3)^2 + (22+33)^2} = 55.08 \, (\text{m})$$

$$d_{a1c1} = \sqrt{(0-6)^2 + (22-22)^2} = 6 \, (\text{m})$$

$$d'_{a1c1} = \sqrt{(0-6)^2 + (22+22)^2} = 44.41 \, (\text{m})$$

$$d_{b1c1} = \sqrt{(3-6)^2 + (22-33)^2} = 11.4 \, (\text{m})$$

$$d'_{b1c1} = \sqrt{(3-6)^2 + (22+33)^2} = 55.08 \, (\text{m})$$

可得

$$\begin{bmatrix} \overline{q_{a1}} \\ \overline{q_{a2}} \\ \overline{q_{c1}} \end{bmatrix} = 2\pi\varepsilon_0 \begin{bmatrix} \ln\dfrac{44}{0.3} & \ln\dfrac{55.08}{11.4} & \ln\dfrac{44.41}{6} \\[2mm] \ln\dfrac{55.08}{11.4} & \ln\dfrac{66}{0.3} & \ln\dfrac{55.08}{11.4} \\[2mm] \ln\dfrac{44.41}{6} & \ln\dfrac{55.08}{11.4} & \ln\dfrac{44}{0.3} \end{bmatrix}^{-1} \begin{bmatrix} \dfrac{500000\angle 0°}{\sqrt{3}} \\[2mm] \dfrac{500000\angle -120°}{\sqrt{3}} \\[2mm] \dfrac{500000\angle 120°}{\sqrt{3}} \end{bmatrix}$$

$$= \begin{bmatrix} 5.1\angle 5.77° \\ 4.2\angle -120° \\ 5.1\angle 125.77° \end{bmatrix} (\mu C/m)$$

然后根据式（3-59）求出 a_2 相导线处因电场引起的感应电压为

$$\overline{U_{a2E}} = \frac{1}{2\pi\varepsilon_0}\left(\overline{q_{a1}}\ln\frac{d'_{a1a2}}{d_{a1a2}} + \overline{q_{b1}}\ln\frac{d'_{b1a2}}{d_{b1a2}} + \overline{q_{c1}}\ln\frac{d'_{c1a2}}{d_{c1a2}} \right)$$

其中各几何参数为

$$d_{a1a2} = 18(m)$$
$$d'_{a1a2} = \sqrt{(0-18)^2 + (22+22)^2} = 47.54(m)$$
$$d_{b1a2} = \sqrt{(15)^2 + (11)^2} = 18.6(m)$$
$$d'_{b1a2} = \sqrt{(3-18)^2 + (33+22)^2} = 57(m)$$
$$d_{c1a2} = 12(m)$$
$$d'_{c1a2} = \sqrt{(6-18)^2 + (22+22)^2} = 45.6(m)$$

可得

$$\overline{U_{a2E}} = 30.55\angle 145.7°(kV)$$

2. 计算由磁场引起的感应电压

已知功率因数为 0.9，那么电流滞后电压的角度为 arccos0.9 = 25.84°。

根据式（3-76）可求出左回三相导线在 a_2 相导线处引起的单位长度感应电压为

$$e_{a2} = 2\times 10^{-7}\times 2\pi f\left(\ln\frac{D_{a2-a1}}{d_{a2-a1}}\times i\angle -25.84° + \ln\frac{D_{a2-b1}}{d_{a2-b1}}\times i\angle -145.84° \right.$$
$$\left. + \ln\frac{D_{a2-c1}}{d_{a2-c1}}\times i\angle 94.16° \right)$$

其中各几何参数为

$$d_{a2-a1} = 18(m)$$
$$D_{a2-a1} = \sqrt{(18)^2 + (22)^2} = 28.43(m)$$
$$d_{a2-b1} = \sqrt{(15)^2 + (11)^2} = 18.6(m)$$
$$D_{a2-b1} = \sqrt{(15)^2 + (33)^2} = 36.25(m)$$
$$d_{a2-c1} = 12(m)$$
$$D_{a2-c1} = \sqrt{(12)^2 + (22)^2} = 25.06(m)$$

可得

$$e_{a2} = 2 \times 10^{-7} \times 314 \times \left(\ln \frac{28.43}{18} \times 1000 \angle -25.84° + \ln \frac{36.25}{18.6} \times 1000 \angle -145.84° \right.$$

$$\left. + \ln \frac{25.06}{12} \times 1000 \angle 94.16° \right)$$

$$= 0.0158 \angle -39.454°(V/m)$$

两平行线路长度为 100km，则 a_2 相导线上因磁场引起的感应电压为

$$\overline{U_{a2M}} = e_{a2} \times l = 0.0158 \angle -39.454° \times 100000 = 1.58 \angle -39.454°(kV)$$

3. 利用叠加定理计算由电场和磁场共同在 a_2 相导线上引起的感应电压

$$\overline{U_{a2}} = \overline{U_{a2E}} + \overline{U_{a2M}} = 30.55 \angle 145.7° + 1.58 \angle -39.454° = 28.997 \angle -34.019°(kV)$$

在本例中，磁场引起的感应电压约为电场引起的感应电压的 5%，即使平行导线的长度由 100km 增加到 850km，也不到 50%。可见线路在稳态运行时，电场产生的感应电占主要成分。从前文分析可知，影响磁场产生的感应电的最为主要因素有：电流变化的频率及大小、导线间距和平行架设长度。稳态时的频率、导线间距几乎不变，电流最大为额定值，因此只有平行长度对 U_M 产生大的影响，这也是 3.5.1 中计算 p 点的感应电时不考虑磁场产生的感应电的原因。但是故障时，如线路遭受雷电或短路，则瞬时电流将比稳态输送的电流大很多，频率也远大于工频频率，此时由磁场产生的瞬时感应电压将变得很大。

第4章 输电线路电磁场及感应电的测量

根据 IEEE 524a—1993《架空输电线路安装接地导则》可知，实际中输电线路产生的电感应电压最高可达通电线路所带电压的 30%，磁感应电压可达 300V/英里。因此，输电线路所带的感应电范围大约为 0 到上百 kV，感应电流的范围为 0 到上百 A（稳态时）。较高的感应电压一般为静电感应电压，即停电线路不接地时，由邻近通电线路电场引起的感应电压；较高的感应电流一般为电磁感应电流，即停电线路两端变电站接地闸刀合上时，由邻近通电线路磁场引起的感应电流。对于输电线路两端的电压值和电流值，一般可以直接通过变电站内的电压互感器和电流互感器测量得到；对于线路其他地方的感应电值，则需要用到阻容分压器和钳形电流表等测量仪器。此外，输电线路产生的电磁场也是关系到工作人员健康及周边环境安全的重要影响因素，因此本章还简要介绍了输电线路电场和磁场的测量。

4.1 输电线路电磁场的测量

输电线路所带的电分为交流和直流两种，交流电产生工频电磁场，直流电产生静态电磁场。在直流带电导体不出现电晕时，其产生的电磁场为恒定电磁场。出现电晕时，直流带电导体上电荷产生的电场会使导体电晕引起的空间电荷做定向运动，这些运动的电荷形成离子流，产生离子流场，因此直流输电线路产生的电磁场是一个合成场。

4.1.1 工频电场的测量原理

工频电场的测量一直受到人们的广泛关注，已出现了多种形式的电场测量仪。早期的测试原理主要是电学原理，自 20 世纪 70 年代中期以来，随着光学技术、材料和检测仪器的发展，基于光学原理的电场测试仪也逐渐增加。

4.1.1.1 电学式测量法

基于电学原理的电场测量方法由来已久，20 世纪 50 年代即有相关测试仪表问世。其基本原理是，利用处于电场中导体表面会产生感应电荷这一现象，根据电场的频率，设计相应的传感系统和取样电路，将感应电荷转换为与被测电场强度呈一定对应关系的电压或电流信号，最后通过指针或数字等方式显示出来，最终实现对工频电场的测量。

工频电场测量装置的传感器有几种型式，但大多采用悬浮体型场强，如图 4-1 所示。

1. 球型传感器

两个半球组成偶极子并且相互绝缘，通过一个低电阻相互连接在一起。当这一球型偶极子放入工频电场中时，在电感应的作用下，两个半球壳外表面上会出现交变的感应电荷，从而有感应电流流过电阻，使电阻两端产生一个低电压，将这一低电压通过测量回路

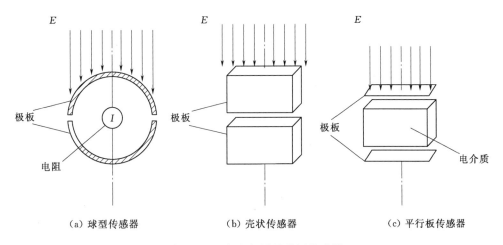

（a）球型传感器　　　　　（b）壳状传感器　　　　　（c）平行板传感器

图 4-1　工频电场测量装置传感器

测得，再经过换算即可得到该处的电场强度大小。

显然，在电场中由于偶极子的存在，将导致原有电场出现畸变，但是如果两个半球足够薄并且彼此分开的赤道面正好和未受畸变的待测电场 E_0 的等位面重合时，半球顶部处的电场强度将为 $3E_0$。

根据电磁学理论，电场强度 E 与电荷密度 σ 关系为

$$\sigma = \varepsilon_0 E \tag{4-1}$$

在交变电场中，物体内的交变电荷密度 σ 与其电流密度 J 关系为

$$J = j\omega\sigma = j\omega\varepsilon_0 E \tag{4-2}$$

式中　ω——电流交变角频率。

于是可以求出流过球偶极子内部电阻的感应电流为

$$i = 3\pi r^2 \times E_0 \varepsilon_0 \omega \tag{4-3}$$

式中　E_0——待测点的电场强度；

　　　r——球的半径。

通过测量 i，然后经过换算即可得到 E_0。

2. 壳状传感器

对于长方体形的极板，其作用等效为两个半球，此时电场强度和感应电流也存在一个类似于式（4-3）的关系，即

$$i = k \times E_0 \varepsilon_0 \omega \tag{4-4}$$

式中　k——与长方体极板形状有关的系数，通常可根据校准方法求得。

3. 平行板传感器

这种类型的仪表电极为两个平行的金属板，板间通过一个大电阻连接。若极板间分开的距离为 d，则测得的极板间电压为

$$U = E_0 d \tag{4-5}$$

这种传感器不易估算其对被测电场的影响，更适合于测量两极板间的电压。

4.1.1.2　光学式测量法

光学式电场测量法利用光学晶体对外加电场的电致伸缩效应产生长度或应力的变化来

测量电场。目前，光学式电场测量法主要运用逆压电效应或电光效应测量电场。

当压电晶体材料处于电场中，受到电场作用时，晶体会发生变形（伸长或缩短），这一现象称为逆压电效应。将这一变形转化为光信号，并检测这个光信号，就能实现电场的光学测量。常用的晶体材料有压电陶瓷、压电石英等。

进行电场测量的电光效应主要包括泡克耳斯（Pockels）效应和克尔（Kerr）效应。

泡克耳斯效应是指某些晶体在外加电场作用下会产生一个附加的双折射，这一双折射与外加电场强度成正比，电场强度越大，折射率改变的也就越大。可表示为

$$\Delta n = K_p E \tag{4-6}$$

式中　n——入射光的折射率；

　　　E——外加电场强度；

　　　K_p——与晶体材料有关的常数。

折射率的变化会使沿某一方向入射晶体的偏振光产生电光相位延迟，延迟量与外加电场强度成正比。具有这一效应的材料主要有铌酸锂（$LiNbO_3$）、锗酸铋（$Bi_4Ge_3O_{12}$）。一种具有高电场强度测量范围的系统——基于泡克耳斯效应的工频电场测量系统如图4-2所示，该系统包括输出恒定的激光源、电场传感器（电场测量探头）、光转换模块、电信号检测以及光纤。

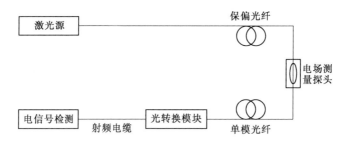

图4-2　基于泡克耳斯效应的工频电场测量系统

激光源输出稳定的偏振光束，通过保偏光纤传输到电场传感器，晶体在电场作用下使光束产生相位延迟，输出光束通过单模光纤送至光电转换器进行信号转换，最后通过对电信号测量和换算即可得到被测电场强度的大小。

克尔效应指一种与电场强度的二次方成正比的电感应双折射现象，具有此种效应的物质放在电场中时，其分子将受到电力的作用而发生偏转，呈现各向异性，结果产生双折射，可表示为

$$\Delta n = K_k E^2 \tag{4-7}$$

式中　K_k——克尔常数，与材料有关。

与具有泡克耳斯效应的物质相比，具有克尔效应的物质范围更广，除一些晶体外，某些液体也具有克尔效应。但克尔效应很弱，仅为$10^{-16} \sim 10^{-14} \mathrm{m/V^2}$数量级，故基于克尔效应制作的电场强度传感器通常灵敏度较低而测量误差较大。

4.1.2　直流电场的测量原理

直流输电线路的电场由导线上的电荷和电晕产生的空间带电离子共同产生，直流电荷

产生的标称场为静电场，离子具有一定的随机运动特性，但变化较慢，其产生的电场一般也可以视为直流电场。

直流电场本身提供的能量很小，如果要获得充分的电压或电流信号，就需要传感器来供给能量。1950 年，Malan 和 Schonland 提出了现代大气静电场仪——一种基于场磨结构和原理的电场强度测试仪。其原理是利用导体在电场中做周期性的运动，产生周期性变化的电荷，再通过测量交变电荷所形成的电流即可换算出所测的电场强度。1990 年，IEEE 发布了高压直流输电线路电场测量的标准 IEEE 1227—1990《直流电场强度和离子相关量测量指南》，对直流电场的测量给出了指导性意见。

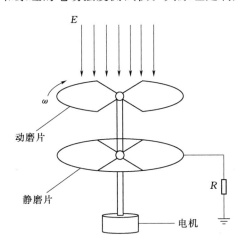

图 4-3　旋转场磨结构示意图

4.1.2.1　旋转式测量法

旋转式测量法是应用较多的一种直流电场测试方法，旋转场磨结构示意图如图 4-3 所示。

场磨测量仪处于直流电场 E 中时，电机带动动磨片做匀速旋转运动，静磨片暴露于电场的面积呈周期性变化，暴露的部分会因电场作用而产生感应电荷。当产生感应电荷的部位被动磨片遮挡时，这些感应电荷将通过电阻 R 流入大地中。通过测量 R 上的电流并通过换算即可得到被测电场的强度。

静磨片上产生的感应电荷为

$$q(t) = \varepsilon_0 E A(t) \tag{4-8}$$

式中　$A(t)$——静磨片暴露在电场作用下的面积。

电荷随时间的变化即为电流，即

$$i(t) = \frac{\mathrm{d}q(t)}{\mathrm{d}t} = \varepsilon_0 E \frac{\mathrm{d}A(t)}{\mathrm{d}t} \tag{4-9}$$

当没有空间电荷时，上述分析是简单适用的，但高压直流输电线路附近大多存在一定的空间电荷。研究表明，如果将静磨片的结构加以改进，使其与转速具有某些对应关系，则空间电荷对测量带来的影响则可忽略不计。改进的原则可用下式表示：

$$A(t) = A_0 \sin 2n\omega t \tag{4-10}$$

式中　A_0——静磨片的总面积；

　　　n——磨片的对数；

　　　ω——动磨片的转速。

将式（4-10）代入式（4-9）得

$$i(t) = \varepsilon_0 E \frac{\mathrm{d}A(t)}{\mathrm{d}t} = \varepsilon_0 E A_0 2n\omega \cos 2\omega t \tag{4-11}$$

当磨片转速一定时，即可通过测量 $i(t)$ 得到对应的电场强度值 E。

4.1.2.2　基于微机电系统的测量法

近年来，有学者机构将微机电系统（Micro - Electro - Mechanical System，MEMS）

技术应用于电场测量。基于 MEMS 的芯片具有体积小（μm 级），测量精度高（数百 V/m）等优点。芯片主要包括激励电极、屏蔽电极和感应电极三部分，采用静电激励等方式使得激励电极带动屏蔽电极以频率 ω 水平振动，周期性遮挡感应电极，在被测电场 E 作用下，感应电极的感应电荷量发生变化，产生感应电流，此电流幅值与被测电场幅值成正比，通过测量该电流即可计算出被测电场大小。结构原理图和功能框图分别如图 4-4 和图 4-5 所示。

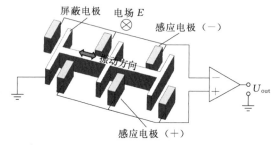

（a）MEMS 工作原理

（b）基于 MEMS 芯片的
扫描电镜照片（μm 级）

（c）基于 MEMS 芯片的实物照片

图 4-4　MEMS 工作原理与芯片

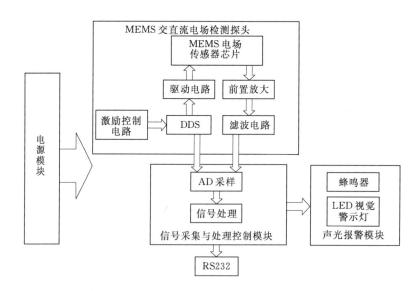

图 4-5　基于 MEMS 的直流电场测量仪功能框图

4.1.3　工频磁场的测量原理

工频磁场的测量方法很多，这里仅介绍基于电磁感应原理的测量法。应用该方法的传感器结构示意图如图 4-6 所示。

电磁感应法以电磁感应定律为理论基础：处于空间磁场中的线圈中的磁通变化时，将在线圈中产生感应电动势，即

$$e = -\frac{\mathrm{d}BA}{\mathrm{d}t} \qquad (4-12)$$

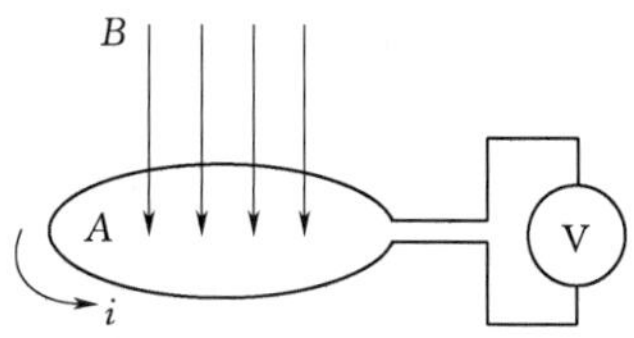

为了避免周围电场在线圈中引起感应电流，线圈一般是电屏蔽的。线圈通过连接电压表来测量感应电动势 e，再经过换算便可测得高压输电线路下面的工频磁场 B。

图 4-6　工频磁场传感器示意图

对于工频磁场，其磁通量密度可表示为

$$B = B_0 \sin\omega t \qquad (4-13)$$

式中　B_0——磁通量密度的峰值。

于是感应电动势与被测磁场的最大磁通量密度关系为

$$e = -B_0 A\omega\cos\omega t \qquad (4-14)$$

再将磁场强度与磁通量密度的关系 $B = \mu H$ 代入式（4-14），即可求被测磁场的磁场强度为

$$H = \frac{e}{-A\omega\mu\cos\omega t} \qquad (4-15)$$

对于多匝线圈，电动势将出现在每一匝线圈中，产生的总电压 U 与匝数成正比。测量时应尽量地使线圈中通过的感应电流小，这样它产生的磁场对被测磁场的影响才能忽略不计。另外，电动势的大小还正比于磁场的变化频率，需要特别考虑这个磁场产生的感应电流所含的谐波量。

4.1.4　直流磁场的测量原理

当测量的磁场是直流产生的时，基于电磁感应原理的方法仍然适用，只是测量线圈需要在磁场中做某种规律的运动。如线圈平移或翻转，线圈中将产生脉冲感应电势；线圈匀速旋转或振动，线圈中会出现正弦波电势。本节介绍另一种测量输电线路直流磁场的方法——霍尔（Hall）效应法。

1879 年，德国科学家霍尔在研究金属导电机构时发现，当某物体通过电流时，若同时存在垂直于电流方向的磁场，则会产生一个与电流和磁通量密度方向均垂直的电场，而在物体垂直于磁场和电流方向的两个端面之间会出现一个电势差，这个现象称为霍尔效应。不同物质之间的霍尔效应差别很大，比较明显的材料有 N-锗（Ge）、N-硅（Si）、锑化铟（InSb）、砷化铟（InAs）、磷砷化铟（InAsP）及砷化镓（GaAs）等。霍尔效应的方程为

$$\rho J = E + K_{\mathrm{H}} J B \qquad (4-16)$$

式中　ρ——电阻率，$\Omega \cdot m$；

　　　　K_H——霍尔系数，m^3/C。

应用霍尔效应测量磁场时，其传感器一般为半导体材料的薄片。使薄片在电场作用下并放置于被测磁场中，电荷会在电场的作用下以速度 v 做定向运动，又会因磁场作用发生偏转，如图 4-7 所示。

从图 4-8 中可以看到，在磁场垂直通过的半导体薄片上通入电流 I 时，由于洛伦兹力的作用，电荷向一侧偏转（图中虚线所示），并使该侧形成电荷积累。于是，元件的横向平面上便形成了电场。电场和磁场使随后运动的电荷受到洛伦兹力和电场力的双重作用，最终达到一个平衡状态。此时，两端横面之间将建立一个稳定的电场，称为霍尔电场 E_H，相应的电势称为霍尔电势 U_H。

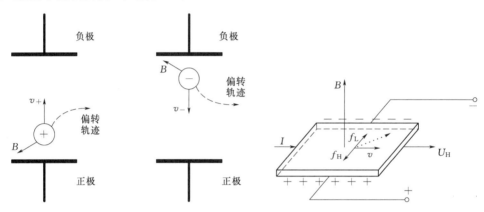

图 4-7　电荷在电场和磁场共同作用下的偏转特性　　　　图 4-8　霍尔效应原理图

洛伦兹力表示为

$$f_L = qvB\sin\varphi \tag{4-17}$$

式中　f_L——洛伦兹力，N；

　　　　v——电荷的运动速度，m/s；

　　　　φ——磁场方向与电荷运动方向之间的夹角。

薄片两端电荷的积累产生的霍尔电场与电场力的关系为

$$f_H = qE_H \tag{4-18}$$

电场力与洛伦兹力的方向相反，当两者平衡时，达到稳定状态，此时有

$$E_H = vB\sin\varphi \tag{4-19}$$

当电荷的运动方向与磁场方向垂直时，$\varphi = 90°$，于是有

$$E_H = vB \tag{4-20}$$

设流过薄板的电流密度 $J = nqv$，电流强度 $I_x = bdJ$，代入式（4-20）得

$$E_H = \frac{1}{nq} \cdot \frac{1}{bd} I_x B \tag{4-21}$$

式中　n——电荷的浓度；

　　　　b——半导体薄板的宽度；

　　　　d——半导体薄板的厚度。

再将霍尔系数代入，即可求得霍尔电压与被测磁场磁通量密度的关系为

$$U_H = \frac{K_H}{d} I_x B \tag{4-22}$$

其中 $$R_H = 1/nq$$

式中 K_H——霍尔系数。

当霍尔系数 K_H、薄板厚度 d、电流 I_x 为定值时，霍尔电压 U_H 与被测磁通量密度 B 成正比，再通过换算关系 $B = \mu H$ 即可求得被测的磁场强度 H 的大小。

4.1.5 测量方法和注意事项

4.1.5.1 一般要求

电场和磁场的测量应使用专用的探头或电场和磁场测量仪器。电场测量仪器和磁场测量仪器可以是单独的探头，也可以是将两者结合起来的仪器。但无论哪种型式的仪器，都必须经计量部门的检定合格，并在有效期内使用。

测量正常运行的架空输电线路产生的电磁场时，测量地点应选在地势平坦、远离树木、没有其他电力线路、通信线路及广播线路的空地上。测量仪表应架设在地面上 1～2m 的位置，一般情况下选 1.5m，也可根据需要在其他高度测量，测量报告应清楚地标明。为避免通过测量仪表的支架泄漏电流，测量时的环境湿度应在 80% 以下。一般情况下，电场可只测量其垂直于地面的分量，即垂直分量；但磁场既要测量垂直分量，也要测量其水平分量。

对于直流合成场，地面合成场的测量应在风速小于 2m/s、无雨、无雾、无雪的好天气下进行，测量的时间段不少于 30min。测量合成场强时，测量仪表应直接放置在地面上且保持探头与地面间距小于 200mm，接地板应良好接地。测量报告应清楚地标明具体位置。每个测点测量的数据不少于 100 个。测量仪与人体至少保持 2.5m 的距离，与固定物体至少保持 1m 的距离。

4.1.5.2 电场和磁场强度的测量要求

测量电场强度时，测量人员应离测量仪表的探头足够远，一般情况下至少要 2.5m，避免在仪表处产生较大的电场畸变。测量仪表的尺寸应满足当仪表介入到电场中测量时，产生电场的边界面（带电或接地表面）上的电荷分布没有明显畸变。测量探头放入区域的电场应均匀或近似均匀。场强仪和固定物体的距离应该不小于 1m，将固定物体对测量值的影响限制到可以接受的水平之内。

测量磁场强度时，引起磁场畸变或测量误差的可能性相对于电场而言要小一些，可忽略电介质和弱磁性、非磁性导体的邻近效应，测量探头可以用一个小的电介质手柄支撑，并可由测量人员手持。采用单轴磁场探头测量磁场时，应调整探头使其位置在测量最大值的方向。

4.1.5.3 架空输电线路电场和磁场的测量

1. 线路下方电磁场的测量

送电线路电场和磁场测量点应选择在导线弧垂最低位置的横截面方向上，如图 4-9 所示。单回送电线路应以弧垂最低位置中相导线对地投影点为起点，同塔多回送电线路应以弧垂最低位置档距对应两铁塔中央连线对地投影点为起点，测量点应均匀分布在边相导

线两侧的横截面方向上。对于以铁塔对称排列的送电线路，测量点只需在铁塔一侧的横截面方向上布置。测量时两相邻测量点间的距离可以任意选定，但在测量最大值时，两相邻测量点间的距离应不大于1m。送电线路下电场和磁场一般测至距离边导线对地投影外50m处即可。送电线路最大电场强度一般出现在边相外，而最大磁场强度一般应在中相导线的正下方附近。测量直流合成场时，两相相邻测量点间的距离可以任意选定，但在测量最大值时，两相邻测量点间的距离应不大于5m。

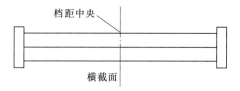

图4-9 输电线路下方电场和磁场测量布点图（俯视图）

除在线路横截面方向上测量外，也可在线下其他感兴趣的位置进行测量，但测量条件必须满足一般要求中所规定的，同时也要详细记录测量点以及周围的环境情况。

2. 线路附近民房电磁场的测量

（1）民房内场强测量：应在距离墙壁和其他固定物体1.5m外（合成场为1m）的区域内测量所在房间的电场和磁场，并测出最大值作为评价依据。如不能满足上述与墙面距离的要求，则取房屋空间平面中心作为测量点，但测量点与周围固定物体（如墙壁）间的距离至少1m。

（2）民房阳台上场强测量：当阳台的几何尺寸满足民房内场强测量点布置要求时，阳台上的场强测量方法与民房内场强测量方法相同；若阳台的几何尺寸不满足民房内场强测量点布置要求，则应在阳台中央位置测量。

（3）民房楼顶平台上场强测量：应在距离周围墙壁和其他固定物体（如护栏）1.5m外的区域内测量电场和磁场，并得出测量最大值。若民房楼顶平台的几何尺寸不满足这个条件，则应在平台中央位置进行测量。

4.1.5.4 变电站内电场和磁场的测量

1. 变电站内电磁场的测量

变电站内电场和磁场测点应选择在变电站巡视走道、控制楼以及其他电磁敏感位置。测量高压设备附近的电场时，测量探头应距离该设备外壳边界2.5m，并测量出高压设备附近场强的最大值；测量高压设备附近的磁场时，测量探头距离设备外壳边界1m即可。

2. 变电站围墙外电磁场的测量

（1）变电站围墙外的电场和磁场测量：电场和磁场测量点应选在无进出线或远离进出线的围墙外且距离围墙5m的地方布置，测量工频电场强度和磁感应强度的最大值。变电站围墙外工频电场和磁场测至围墙外50m处即可。

（2）变电站围墙外工频电场和磁场衰减测量：电场衰减测量点以变电站围墙周围的电场测量最大值点为起点，在垂直于围墙的方向上分布。磁场衰减测量点以变电站围墙周围的磁场测量最大值点为起点，在垂直于围墙的方向上分布。在测量场强衰减时，相邻两测点间的距离一般为2m或5m，但也可选其他的距离，所有这些参数均应记录在测量报告中。

4.1.5.5 畸变场的测量

由于畸变场测量的复杂性，采用一般的测量仪器测量会使结果有较大的分散性，所以在畸变场中测量，应详细描述测量现场情况和探头的放置位置及方向，其测量读数仅作参考，不宜与非畸变场强相比较。

4.1.5.6　测量读数

在特定的时间、地点和气象条件下，若仪表读数是稳定的，则测量读数为稳定时的仪表读数；若仪表读数是波动的，应每 1min 读一个数，取 5min 的平均值为测量读数。

除测量数据外，对于线路应记录导线排列情况、导线高度、相间距离、导线型号以及导线分裂数、线路电压、电流等线路参数；对于变电站应记录测量位置处的设备布置、设备名称以及母线电压和电流等。

除线路和变电站的以上参数外，还应记录测量时间、环境温度、湿度、仪器型号等。

4.2　输电线路感应电压的测量

测量输电线路导地线感应电压时，导地线两端可接地也可不接地。当两端均不接地时，测量出的感应电压主要由通电线路与不通电导地线间的电容耦合作用产生，静电感应电压占主要成分。当仅一端接地时，对于交流线路，感应电压主要由通电线路与不通电导地线间的电感耦合作用产生，电磁感应电压占主要成分；对于直流线路，不会产生电磁感应电压。两端均接地时，对应于接地部位，电压为 0，仅流过感应电流；对于导地线中间或非端点部位，存在一定的感应电压，且一般在线路中间部位的感应电压最大。尽管现在已广泛使用交直流通用的阻容型电压测试仪，但为了清晰简便地从原理上进行说明，本节还是将直流和交流感应电压的测量分开叙述。

4.2.1　静电电压的测量原理

最简单形式的静电电压测量原理如图 4-10 所示，通过将电阻与磁电式仪表串联，测出流过电阻的电流 I，被测电压由欧姆定律 $U=RI$ 即可求得。

电阻 R 通常由大量的单个线绕小电阻串联组成，并通过一定的方法使其保持良好的散热。由于直流输电线路产生的感应电压可达 0 至上百 kV，因此要求电阻 R 的值很大，这将使绕线小电阻的线径很小，从而电阻 R 对机械应力很敏感。在测量高电压时，可采用图 4-11 所示的电阻分压器和静电电压表组成的一种形式。

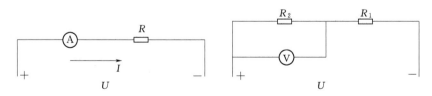

图 4-10　静电电压测量原理图　　　图 4-11　用电阻分压器和静电
电压表测高电压的原理图

此时静电电压表承受的电压将变小，影响电压测量准确度的温度因素可以在很大程度上消除，电压的大小可按分压比和静电电压表上测出的电压值来计算，此外还避免了单个大电阻对机械应力敏感的问题，提高了测量仪器的稳定性。

4.2.2 感应电压的测量原理

感应电压分为电场引起的静电感应电压和磁场引起的电磁感应电压。虽然理想情况下直流线路没有电磁感应电压，但实际中，由于离子流的存在以及其他方面（如邻近交流线路等）的影响，会出现电磁感应电压。因此，直流输电线路也需要进行电磁感应电压的测量。

从原理上来说，对于感应电压，也可以像测量静电电压那样用电流表和一个高阻值的电容串联来测量。但是由于测量系统固有的对地杂散电容的影响，测量感应电压时大多采用串联电容器，如图 4-12 所示。被测电压使感应电流流过测量电容 C，电流表测得的电流值为 $I=\mathrm{j}\omega C U$，于是被测电压值即可求出。

当线路中含有谐波时，将引起测量误差，如含有 10% 的五次谐波时，测得电压值将增大 12%。用电容分压器和电压表并联的方式可以克服这一困难，如图 4-13 所示。

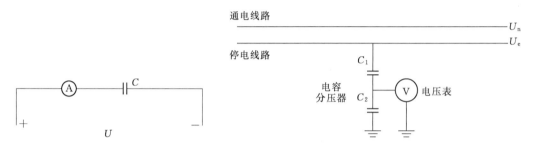

图 4-12 交流感应电压测量原理图　　　　图 4-13 电容器和电压表并联测感应电压示意图

此时被测电压按照电压表的指示电压 U_e 和电容分压比计算，即

$$U_\mathrm{e}=\frac{C_1+C_2+C_\mathrm{m}}{C_1}U_\mathrm{J} \tag{4-23}$$

式中　U_e——停电交流线路上的感应电压；

　　　U_J——交流电压表两端的电压；

　　　C_m——交流电压表的系统电容，它随被测电压的大小变化，但变化量通常很小，可以忽略。

输电线路静电感应电压的测量示意图如图 4-14 所示。测量前，首先将被试线路两端接地，充分放电，以释放因线路电容积累的静电荷。被试线路两端接地解除后，用静电电压表或 pF 级分压器等高阻抗表计测量各相对地静电感应电压 [图 4-14（a）]。对直流线路，用静电电压表等高阻抗表计测量每极对地静电感应电压 [图 4-14（b）]。

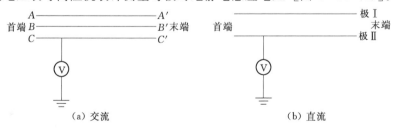

图 4-14 交直流输电线路静电感应电压测量示意图

输电线路电磁感应电压的测量示意图如图4-15所示。对交流线路,被试线路末端三相接地,用电压表通过分压器测量各相对地电磁感应电压[图4-15(a)]。对直流线路,被试线路末端两极接地,用电压表通过分压器测量每极对地电磁感应电压[图4-15(b)]。

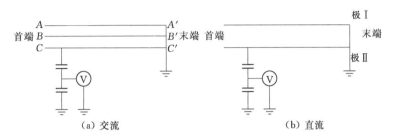

图4-15 交直流输电线路电磁感应电压测量示意图

此外,在变电站内测量感应电压时,还可借助电压互感器。它由一个特殊结构的高压变压器组成,其高压绕组接到被测电压上,低压绕组通常只接一只交流电压表,如图4-16所示。在测量时按照匝数比进行计算,一次侧和二次侧的电压比等于一次侧和二次的绕组匝数比,即

$$\frac{U_1}{U_2}=\frac{N_1}{N_2} \qquad (4-24)$$

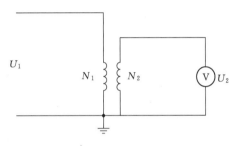

图4-16 电压互感器原理示意图

4.2.3 输电线路感应电压的测量方法和注意事项

测量架空输电线路感应电压时,除变电站内部分可以通过电压互感器测量外,其他地方往往需要在杆塔上进行测量,属于高处作业,测量人员应使用在有效期内的合格安全带。安全带应遵循高挂低用的使用原则,测量时,测量人员应检查安全带是否挂牢。

目前通常采用阻容式分压器测量输电线路感应电压,如交直流两用FRC系列阻容分压器,仪器外形类似圆柱体,长度达0.52~0.73m,重量达9.5~18.5kg,如图4-17所

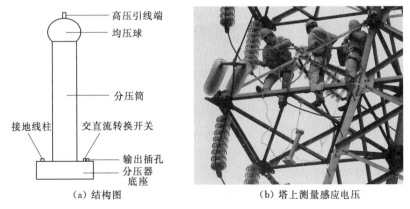

（a）结构图　　　（b）塔上测量感应电压

图4-17 FRC交直流两用型阻容分压器

示，整个设备由分压器和测量仪表两部分组成。分压器采用平衡式等电位屏蔽结构，在完全密封的绝缘筒内部采用电子元件，使整个装置具有即时测量和显示数值的功能。

测量方法和注意事项如下：

（1）测量前，打开铝合金箱上盖，握住均压球逆时针旋转，拧下均压球、取出分压筒、专用数字测量仪表及专用电缆线。再将均压球拧在分压筒上，放在所需位置。

（2）在分压器底座"地线"接线柱上牢固地接上地线（在杆塔上时，地线与塔材可靠连接）。

（3）将被测高压引线与分压器顶端均压球牢固连接（在杆塔上时，可通过接地线连接高压导线）。

（4）将专用电缆线的一端插入分压器的输出孔中，另一端插入测量仪表的电压测量孔中，注意插紧接牢。

（5）根据所需测量的高压，选择测量仪表所掷位置。将底板上交直流转换开关根据需要打在 AC 或 DC 挡。

（6）打开仪器，加载高压并记录数据。

（7）测试完毕后，切断高压，降压一段时间后，直到测量仪表显示为零时，方可拆除实验线路。

4.3　输电线路感应电流的测量

测量输电线路导地线感应电流时，导地线两端可能接地或仅一端接地。对于交流输电线路来说，两端均接地时，电磁感应电流占主要成分；当仅一端接地时，静电感应电流占主要成分。不同于感应电压的分布与距离接地点的远近有关，整条线路中两相邻接地点间线路上的感应电流是一样的。对于直流输电线路，当不存在离子流时，由于电压和电流的频率为 0，所以邻近物体上不会产生感应电流，只会出现因静电电荷放电产生的时间极短暂的放电电流；当存在离子流时，不通电线路上会出现一定大小的感应电流。

输电线路的感应电流一般在 0 到数百安之间，除变电站内接地闸刀流过的感应电流可通过电流互感器测量外，对于接地线连接的地方，通常采用手持式或操作杆延长式钳形电流表进行测量。此外，本节还对直流电流的测量原理进行了简单介绍。

4.3.1　直流电流的测量原理

最简单形式的直流电流测量原理如图 4-18 所示，通过将电阻与磁电式仪表并联，测出流过仪表的电流 I_c，再通过并联电路的分流原理即可求得所测的电流大小。

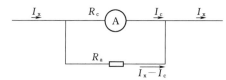

图 4-18　直流电流测量原理图

$$I_x = \frac{R_c + R_a}{R_a} I_c \qquad (4-25)$$

通过选取足够小的并联电阻就可以测出足够大的电流。

4.3.2 感应电流的测量原理

对于输电线路感应电流来说，采用分流电阻来扩大仪表量程十分困难。例如，一个内阻为 0.1Ω 的电流表串入回路来测量 500A 的感应电流时，电流表自身的压降为 50V，产生的热功率为 25kW。此时电流表不仅要为散热增大体积，而且串入回路后还会影响电力系统的运行状态。对于变电站内感应电流的测量，可以通过电流互感器将被测电流变换成小电流进行测量。对于通过接地线、导地线的感应电流，可以通过钳形电流表或加装绝缘操作杆的钳形电流表进行测量。

输电线路静电感应电流的测量示意图如图 4-19 所示。对交流线路，首端测量相接地，用电流表分别测量各相接地电流〔图 4-19（a）〕。对直流线路，首端测量极接地，用电流表分别测量各极电流和总电流〔图 4-19（b）〕。此外，如果线路上装设了接地线，可通过用钳形电流表测量该接地点处流过接地线的静电感应电流。

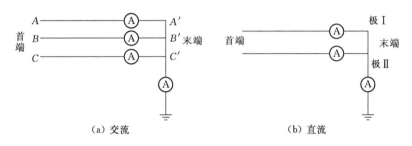

图 4-19　输电线路静电感应电流测量示意图

输电线路电磁感应电流的测量示意图如图 4-20 所示。对交流线路，被试线路首末两端均三相接地，用电流表测出各相电磁感应电流及总电流〔图 4-20（a）〕。对直流线路，被试线路首末端两极均接地，用电流表测量各极电磁感应电流及总电流〔图 4-20（b）〕。对于线路上其他点装设了接地线的情况，可通过用钳形电流表进行测量。

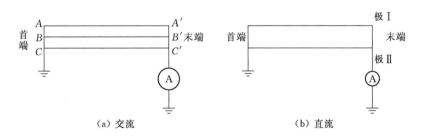

图 4-20　输电线路电磁感应电流测量示意图

1. 电流互感器

电流互感器实际上是一个利用电磁感应定律将一次侧大电流变换成二次侧小电流（额定值为 5A 或 1A）的一种"变压器"。电流互感器由闭合的铁芯和绕组组成，其一次侧绕组匝数较少，直接串联在被测电流的回路中，二次侧绕组匝数较多，始终呈闭合状态，串联在测量仪表和保护回路中。

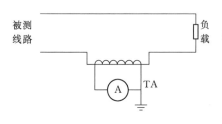

图 4-21 电流互感器原理图

电流互感器一、二次侧电流之比为一、二次侧绕组匝数的反比。原理图如图 4-21 所示。

$$\frac{I_1}{I_2} = \frac{N_2}{N_1} \qquad (4-26)$$

通过测量二次侧绕组中流过的电流，即可换算出一次侧大电流的数值。

2. 钳形电流表

当需要测量导地线或接地线中流过的感应电流时，可采用钳形电流表。钳形电流表由电流互感器和电流表组合而成。通过卡住导线，使导线穿过铁芯，从而使二次侧产生感应电流，此时电流互感器的一次侧即为穿过的导线。钳形电流表的原理图如图 4-22 所示。通过读数可以直接读出或自动记录被测电流的大小。

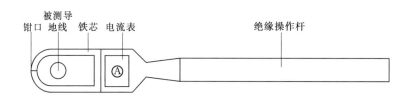

图 4-22 钳形电流表原理图

4.3.3 输电线路感应电流的测量方法和注意事项

测量架空输电线路感应电流时，除变电站内部分可以通过电流互感器测量外，其他地方往往需要在杆塔上或直接对接地线进行测量，大多采用钳形电流表（塔上测量导地线感应电流时还需加装绝缘操作杆）进行。高处作业时，测量人员应使用在有效期内的合格安全带。安全带应遵循高挂低用的使用原则，测量时，测量人员应检查安全带是否拴牢。

钳形电流表体积小，重量轻，方便携带。如 HCL-1000D 型钳形电流表尺寸为 247mm×70mm×32mm，重量为 350g，量程为 20/600A，使用电压为 7000V 以下，如图 4-23 和图 4-24 所示。对于线路档中处未装设接地线的情况，可以选取使用电压更高的钳形电流表来测量感应电流。

测量方法和注意事项如下：

（1）使用钳形电流表时，应注意钳形电流表的等级和电流表的挡位。特别是测量导地线上的感应电流时，需先测量该处导地线上的感应电压，然后选取对应电压等级的钳形电流表并配备相应长度的绝缘操作杆。被测导地线的电压和电流不能超过钳形电流表允许的最大值。

（2）测量应在无雷雨、天气良好的情况下进行，潮湿或雷雨天时，禁止在室外测量。测量应尽量避免在夜间进行，夜间测量应有足够的照明。

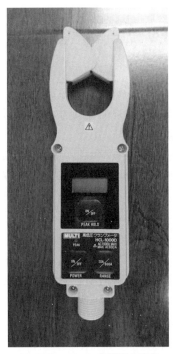

(a) HCL-1000D型钳形电流表　　(b) 加装绝缘操作杆

图 4-23　钳形电流表实物图

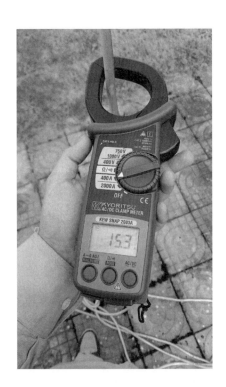

图 4-24　使用钳形电流表测量变电站内
输电线路末端接地线处流过的感应电流

（3）测量时最少由 2 人进行，其中 1 人测量，1 人监护。

（4）测量人员应戴安全帽，使用绝缘手套。对于导地线感应电流的测量，应使用加装绝缘操作杆的钳形电流表，并且操作人员的手持部位不能超过绝缘操作杆的手持部位。

（5）使用钳形电流表前，应先检查其绝缘是否完好，钳口应清洁、无锈迹，钳口闭合情况应良好。

（6）测量前应先选取较大的量程进行测量，然后再逐渐减小选择适宜的量程获得测量结果。所测的结果应以测量结果为量程的 1/3~1/2 为佳。

（7）切换钳形电流表量程时，应先将钳形电流表与导地线脱离，不得在钳口中有导地线、接地线时切换挡位。在测量时切换挡位会使电流互感器二次侧开路，造成钳形电流表损坏甚至伤害测量人员。

（8）被测导地线、接地线应处在钳口中央，钳口应紧闭，否则会因漏磁严重导致测量结果不准。

（9）测量大电流后如果需要继续测试小电流，应开合钳口数次，消除铁芯中的剩磁，减小测量误差。

（10）测量结束后应将钳形电流表的挡位切换至最大挡，以防下次使用时未调整挡位测量时造成的意外。

4.4 感应电对输电线路工频参数测量的干扰及消除

输电线路投运前需要对其电气参数进行测量核准，为电力调度等部门计算系统短路电流、继电保护整定、计算潮流分布和选择合适运行方式等提供参考。测量的参数主要包括：绝缘测试、核对相位、直流电阻、正序阻抗、零序阻抗、正序电容、零序电容；对于同塔多回线路，还需要测量线路之间的互感阻抗及耦合电容。

目前，工程上多采用工频法进行这些参数的测量，其原理是在被测线路上施加工频电源，由电流表、电压表、功率表计量数据，通过人工读取各表计刻度，再经相应的运算后求得实际的工频参数值。但实际工程中，感应电对工参的测量存在着干扰，使测量结果出现偏差。

4.4.1 感应电对工频参数测量的干扰

测量线路参数时，如果被测线路周围存在着运行线路或其他影响较大的电源，则通过电磁感应，被测线路上将得到一定的感应电压，在测试回路中会形成一定的感应电流，施加的测试信号的频率与干扰的频率相同，叠加在一起且很难分离，从而形成了干扰。为了获得准确的工参值，必须采取一些措施消除感应电带来的干扰。

4.4.2 干扰的消除

为了消除感应电对工参测试的影响，现已提出了许多抗干扰测试方法，如：

（1）在测量零序参数时，常采用试验电源倒相法，理论上两次施加的试验电流大小完全相同可以达到抗干扰的效果。

（2）为了消除工频干扰电压对正序参数测试的影响，提出了移相法，改变三相试验电源的相序，即依次施加 ABC、BCA、CAB 正序试验电源和 ACB 负序电源，测得各次试验的电流、电压，再用计算公式求出正序阻抗。

采用上述 2 种方法时，往往需进行多次试验，并需换位改变接线，测量方法复杂，测试数据多，测试工作量大。

如果改变测试信号的频率，向被测线路中施加接近工频频率但不同于工频频率的变频测试信号，通过软件算法将施加到被测线路中的电压、电流、相位等信号信息从变频信号及工频干扰信号的混合信号中提取出来，进行简单运算即可得到被测线路的相关参数。这种干扰消除方法称为移频抗干扰测量法。

使用移频测量仪测量线路工频参数时，装置产生的变频功率信号施加在测量线路上，通过装置检测线路中变频信号的电压、电流及其相位关系即可计算出相关的线路参数。现场测试人员根据试验测量内容通过旋钮选中测试项目，在自动测量方式下，经测试人员确定测量电路正确后（在手动测量方式下，需测试人员确定测量电路和电源的频率、电压值），按下确认按钮，装置即将测量电路接通，自动选择合适的测量量程，将装置发出的变频功率信号注入测量回路中，并采样计算回路中相关的电压电流数据，经软件计算后将测量结果显示在液晶屏上。

装置根据旋钮及程序的响应，确定需测量的线路参数项目，按照程序的设定，由CPU发送指令，控制相应的继电器闭合或断开以搭建测量回路，控制电源模块，产生45Hz（或55Hz）的变频功率信号，由测量回路注入到线路中，通过继电器及信号采样电路板中的变换，将电压及电流采样信号送至信号采样电路板，经过采样电路变换为电压信号，送给高精度的芯片采样，经过滤波及傅立叶变换等算法处理，得到电压电流测量相关数据，送给按照设计的程序计算线路的参数，并将测量结果显示、保存。工作原理图如图4-25所示。

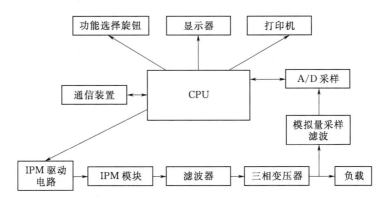

图4-25　移频测量仪工作原理图

第5章 带电作业感应电防护

目前，110～500kV 输电线路带电作业已经普遍开展，而随着我国交直流特高压输电线路相继投运，更高电压等级的输电线路带电作业也陆续在各网省电力公司开展。因带电作业中安全防护直接关系到作业人员的生命安全，故对输电线路带电作业过程中电磁和电场的感应安全防护研究十分必要。

5.1 带电作业感应电分析

带电作业人员在带电作业过程中的体表场强（指电场强度，下同）大小受较多因素的影响，其中最主要的影响因素是作业人员距离各带电体的距离及人体的各部位特征。一般来说，当人体的某一部位在空间形成一尖端面时，电场畸变更明显，如果这一尖端部位又距带电体较近时，该部位的体表场强达到较大值。

经过研究和实测，沿杆塔攀登面作业人员体表场强的分布规律一般是：随着对地高度的增加，作业人员与带电导线的空间距离逐渐减小，体表场强逐渐增大，当作业人员攀登到与带电体等高处，作业人员与带电体的空间垂直距离最小，体表场强达到最大值。此处人体体表的头部、肩部、脚尖等部位都可能形成尖端点，主要与人在该处的形体位置和外伸突出部位有关，即最大体表场强不一定出现在头部位置。另外，在各横担绝缘子串悬挂点处的作业人员的体表场强较大。

带电作业人员进入等电位过程中体表场强的分布规律一般是：最高体表场强随着与带电体距离的减小而增大，当作业人员沿水平方向从塔体接近带电体时，身体各部位的体表场强中头顶和脚尖最高，胸、腹部场强较低。在到达等电位作业位置时，人体体表场强最高。

为进一步分析带电作业人员作业过程中的体表场强分布情况，以 1000kV 和 ±800kV 两个电压等级为例进行系统研究。

5.1.1 1000kV 交流输电线路体表场强分析

本部分结合华东 1000kV 交流同塔双回输电线路的塔型、导线布置、人在塔上的作业位置等开展带电作业人员感应场强分析研究。

5.1.1.1 线路基本情况

1. 塔型结构

华东 1000kV 交流同塔双回输电线路直线塔典型塔型如图 5-1（a）所示，还有部分线段直线塔采用图 5-1（b）所示塔型。

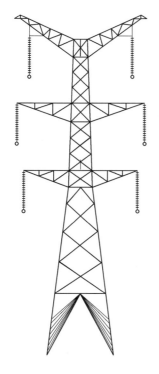 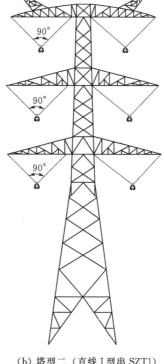

（a）塔型一（直线 V 型串 SZT2）　　　　（b）塔型二（直线 I 型串 SZT1）

图 5-1　华东 1000kV 交流同塔双回输电线路直线塔塔型

2. 运行方式和线路参数

华东 1000kV 交流输电示范工程由淮南—皖南、皖南—浙北和浙北—上海 3 段组成。

三段线路均为同塔双回，伞形垂直排列，逆相序，导线型号为 8×LGJ-630/45。一根地线型号为 LBGJ-240-20AC，另一根为 OPGW-240。

由于采用 V 型串和 I 型串的线路参数差异很小，过电压计算中采用 I 型串的线路参数，见表 5-1。

表 5-1　　　　　　　　　　　线 路 参 数

线　路	正　序			零　序		
	电阻 /($\Omega \cdot km^{-1}$)	感抗 /($\Omega \cdot km^{-1}$)	电容 /($\mu F \cdot km^{-1}$)	电阻 /($\Omega \cdot km^{-1}$)	感抗 /($\Omega \cdot km^{-1}$)	电容 /($\mu F \cdot km^{-1}$)
淮南—皖南	0.00689	0.2510	0.01426	0.1573	0.7354	0.00851
皖南—浙北	0.00680	0.2562	0.01426	0.1671	0.7505	0.00851
浙北—上海	0.00690	0.2561	0.01426	0.1565	0.7232	0.00851

5.1.1.2　带电线路体表场强测量

1000kV 同塔双回线路空间体表场强水平与单回线路基本相当，且最大值略低于单回线路，在特高压交流试验基地进行了体表场强试验，选择的测量对象是基地同塔双回第三基杆塔（编号 23 号）。23 号同塔双回路直线塔 SZ1-54 为三层横担鼓型铁塔，塔身方形断面，塔型如图 5-2 所示。

1. 地电位作业位置

（1）测量点的选取。测量点是根据杆塔结构、导线位置以及空间电场分布的基本规律来选取的。

地电位测量点中，从当作业人员攀登到离开地面一定高度时开始取点；由于在与导线等高的塔身处，带电体距塔体垂直距离较小，一般也是体表场强较高的地方，故在该处安排测量点；考虑到绝缘子串悬挂处是带电作业人员在塔上的经常工作位置，故选择绝缘子串悬挂点处为测量点；考虑到同塔双回杆塔两侧电场分布的对称性，测量时只对塔身一侧的电场分布进行测量；另外，对于同塔双回鼓形塔，当作业人员站立在上相导线正下方的中相横担上时，距上相导线距离最小，故该处也选择为一测量点。地电位测量点分布示意图如图 5-3 所示。

图 5-2 同塔双回直线塔型

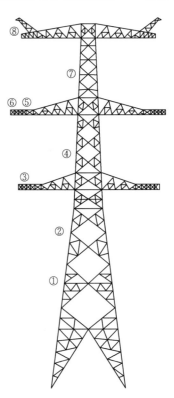

图 5-3 同塔双回地电位测量点分布示意图
①～⑧—测量点

图 5-3 中，测量点①为塔身上与下相导线垂直距离 10m 处，测量点②、④、⑦为塔身上与导线等高处，测量点③、⑥、⑧为横担上绝缘子悬挂点处，测量点⑤为中相横担上上相导线正下方。

等电位测量选取作业中常用的站立于导线内和骑跨于导线上两种姿势进行测量。

（2）测量结果及分析。作业人员在塔上测量时身穿全套为 1000kV 特高压交流带电作业开发的 1000kV 专用屏蔽服，体表场强是指屏蔽服外的电场强度，并以测量面向导线的体表部位为准，作业人员在塔上不同测量点处塔上地电位体表场强的现场实景图如图 5-4

所示，测量值见表 5-2。

图 5-4　同塔双回地电位测量现场实景图

表 5-2　　　　　　同塔双回地电位各个测量点作业人员体表场强测量值　　　　　单位：kV/m

人体部位	测　量　点							
	①	②	③	④	⑤	⑥	⑦	⑧
头顶	98.3	265	310	190	338	322	199	259
躯体	35.2~78.9	190~220	198~220	130~162	213~257	202~242	154~178	169~184
屏蔽服内	0.4~0.6	0.8~1.1	0.8~1.3	0.6~0.9	0.9~1.3	0.9~1.2	0.7~1.0	0.8~1.2
面罩内	8.6	24.3	27.1	17.6	31.3	29.3	18.2	22.4

由表 5-2 可知，在以上各作业位置，屏蔽服内的体表场强为 0.4~1.3kV/m，远小于 15kV/m 的规定值。

2. 等电位作业位置

选取同塔双回线路中相进行等电位体表场强测量。作业人员在塔上等电位测量的现场照片如图 5-5 所示，测量结果见表 5-3。

图 5-5　同塔双回等电位测量现场实景图

表 5 - 3　　　　　同塔双回等电位各个测量点作业人员体表场强测量值　　　　单位：kV/m

人体部位	作 业 姿 势		人体部位	作 业 姿 势	
	站立于导线内	骑跨于导线上		站立于导线内	骑跨于导线上
头部	1795～1915	2132～1187	脚尖	360～420	1825～1910
面部	1052～1145	1038～1113	手（平伸）	2172～2298	2308～2396
胸	395～436	424～503	屏蔽服内	2～10	3～10
膝	103～122	445～522	面罩内	112～127	110～134

从表 5 - 3 可知，在到达等电位作业位置时，人体体表场强很高，尤其是头顶、手、脚尖等突出部位，但屏蔽服内的体表场强值较低，为 2～10kV/m，小于 15kV/m 的规定值；作业人员面部场强水平远高于 GB/T 6568—2008《带电作业用屏蔽服装》规定的 240kV/m，而面罩内的体表场强不超过 134kV/m，符合标准规定。因此等电位作业人员应当加戴面罩。

5.1.2　±800kV 直流输电线路体表场强分析

鉴于 ±800kV 特高压直流输电线路工作时导线表面梯度大于临界水平，导线附近存在着大量的空间离子，带电作业过程中作业人员处于合成场中，因此防护合成场对作业人员的影响是带电作业安全防护应考虑的重点问题之一。

由于直流输电的特点，在直流输电线路下几乎不存在电容耦合作用，这时在直流输电线路导线附近的空间电荷及其定向运动所形成的离子流对空间电流起着决定性的作用。对于直流输电线路带电作业人员，通过其人体的电流主要是穿透屏蔽服通过人体的空间离子电流，这一空间离子电流也应作为带电作业安全防护的对象。

电位转移即作业人员通过导电手套或其他专用工具从中间电位转移到等电位的过程，是带电作业进入等电位过程中的重要环节。在电位转移的瞬间，作业人员与导线之间将出现电弧，并有较大的脉冲电流，因此电位转移过程中的脉冲电流也应作为带电作业安全防护需考虑的问题，研制的安全防护用具应起到对脉冲电流的防护作用。

5.1.2.1　直流线路合成场概念

对于超高压直流输电线路，在导线无电晕或不计电晕及其产生的离子时，导线周围及线下地面的电场只决定于导线电压和线路的几何尺寸，即仅存在"静电场"，或所谓的"标称场"。导线电晕时，离子在电场力的作用下，向反极性的导线和地面运动。这样在两极导线和极导线与地之间都存在离子，亦即空间电荷，它们同时也产生电场，从而改变了地面的电场强度，形成了合成电场强度，如图 5 - 6 所示。

空间离子迁移运动形成离子流，在地面处，由于空间离子运动最终入地，所以一般以地面 $1m^2$ 面积的离子量为离子流密度。由于直流线路导线会产生电晕而存在着大量的空间离子，在高压直流输电线路附近，人体所接触的均是合成场，因此合成场的强度及人体的感受是带电作业安全防护所关心的问题。

对于交流电场中的人体感受，国内外均进行了大量的研究。一般认为，人体可感知的

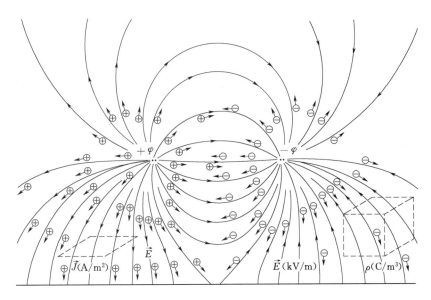

图 5-6　合成电场强度示意图

交流均匀电场强度为 10～15kV/m，感到刺痛的电场强度为 30～40kV/m。由于人体进入电场中会造成局部电场畸变，人体各部位体表场强不同，尖端部位局部电场强度增高。交流 500kV 输电线路下实测地面 1m 处电场强度 10kV/m 时，头顶局部电场强度已达 180kV/m。据试验，人体皮肤感知表面局部交流电场强度为 240kV/m，低于此值则无不适反应。我国相关标准规定，交流线路带电作业人员局部裸露部位最大交流电场强度应不大于 240kV/m，屏蔽服内不大于 15kV/m。

　　对于直流合成场的人体效应，一般认为同一电场值下直流影响效应小于交流的。美国达列斯试验中心曾对直流电场作过评价，他们认为：当直流电场为 22kV/m 时，头皮有非常轻微的刺痛感；为 27kV/m 时，头皮有刺击感，耳朵与毛发有轻微感觉；为 32kV/m 时，头皮有强烈刺痛感；为 40kV/m 时，脸与腿均有感觉；直流可感觉电场强度比交流高约 14kV/m，即人体对直流电场强度的感觉没有对交流敏感。

　　实测表明，±800kV 特高压直流输电线路下方合成电场强度约 15～25kV/m。考虑到塔上作业人员距离导线较近，且由于人员尖端部位对合成场的畸变，作业人员体表场强可能达到较高的水平，因此须对地电位、进入过程、等电位等作业工况下人员体表的合成电场强度进行分析与测量。

　　直流线路带电作业人员处在塔上不同的位置及进入等电位的过程中，其体表及周围电场不断变化，一般规律如下：

　　(1) 随着攀登高度的增加，与带电体距离逐渐减小，其体表场强值逐渐增高，在与相导线等高的位置处达到较大值，与导线等电位时体表场强最大。

　　(2) 绝缘子（I 型串）横担端部作业处体表场强值较高。

　　(3) 体表场强面向带电导线部位较背向部位高。

　　(4) 沿水平方向从塔体接近带电体时，身体各部位的体表场强成 U 形分布，即头顶和脚尖场强较高，胸腹部场强较低。

5.1.2.2 ±800kV 直流输电线路人员体表场强计算

计算采用三维有限元计算方法。在本计算中只考虑静电场，不考虑导线的电晕情况以及空间离子流电场。

选择±800kV 直流线路典型直线塔，塔型图如图 5-7 所示，电场强度的计算位置如图 5-8 所示，对应的各典型作业位置说明见表 5-4。

图 5-7　杆塔结构示意图　　　　　　　图 5-8　典型作业位置示意图（单位：mm）

表 5-4　　　　　　　　　　　典型作业位置说明

作业位置	说　　明	测量部位
作业位置 1	地电位，塔身表面与导线等高处	横担内、横担外
作业位置 2	地电位，横担表面导线正上方处	横担内、横担外
作业位置 3	中间电位，进入过程中距离导线约 3m 处，头部超出吊篮，脚尖处于吊篮边缘，其他部位处于吊篮内	头部、胸前、吊篮外、脚尖
作业位置 4	等电位，塔窗内人员站立于最下两个子导线上，头部、手部、脚尖超出分裂导线，其他部位处于分裂导线内	头部、胸前、手部、脚下
作业位置 5	等电位，塔窗外人员站立于最下两个子导线上，头部、手部、脚尖超出分裂导线，其他部位处于分裂导线内	头部、胸前、手部、脚下

1. 无人情况下直流特高压电场分布

考虑铁塔的影响，不考虑离子流及人体的影响，铁塔周围的电位分布如图 5-9 所示。铁塔周围的电场强度分布如图 5-10 所示，电场强度分布等值线如图 5-11 所示。

2. 带电作业人员体表合成场计算

（1）作业位置 1，即塔身表面与导线等高处的电场强度计算值见表 5-5。

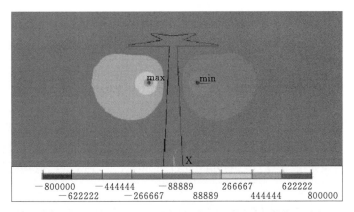

图 5-9　铁塔周围的电位分布（不考虑离子流及人体的影响）（单位：V/m）

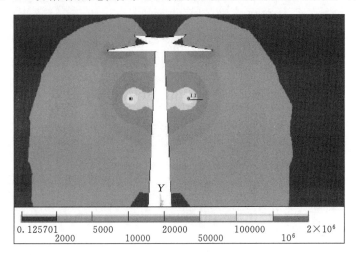

图 5-10　铁塔周围的电场强度分布（不考虑离子流及人体的影响）（单位：V/m）

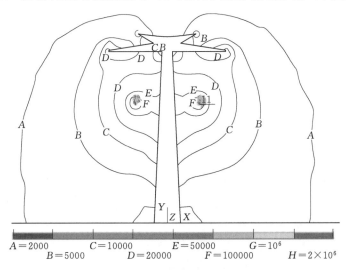

图 5-11　铁塔周围的电场强度分布等值线

（不考虑离子流和人体影响）（单位：V/m）

（2）作业位置 2，即横担表面导线正上方处的电场强度计算值见表 5-6。

表 5-5　　作业位置 1 处电场强度计算值	
作业位置	电场强度/(kV·m^{-1})
塔身内	—
塔身外	54.1

表 5-6　　作业位置 2 处电场强度计算值	
作业位置	电场强度/(kV·m^{-1})
横担内	—
横担外	27.3

（3）作业位置 3，作业人员利用塔上吊篮法进入等电位过程中，对吊篮内外人员体表典型位置的电场强度进行计算，电场强度分布图如图 5-12 所示，电场强度计算值详见表 5-7。

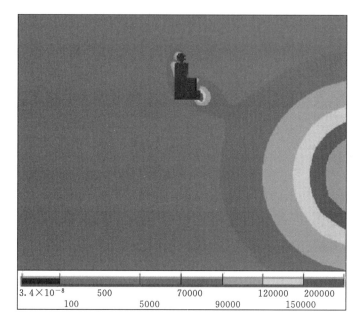

图 5-12　作业位置 3 电场强度分布图（单位：V/m）

表 5-7		作业位置 3 处电场强度计算值（距离均压环 2.5m）	
作业位置	电场强度 /(kV·m^{-1})	作业位置	电场强度 /(kV·m^{-1})
头顶	162.4	吊篮外（空间）	52.9
胸前	44.6	脚尖	184.2

（4）作业位置 4，作业人员处于杆塔构架内的等电位，站立于最下两个子导线上，头部、手部、脚尖超出分裂导线，其他部位处于分裂导线内。该作业位置电场强度分布图如图 5-13 所示，电场强度计算结果见表 5-8。

（5）作业位置 5，作业人员处于杆塔构架外的等电位（据杆塔构架范围约 15m），站立于最下两个子导线上，头部、手部、脚尖超出分裂导线，其他部位处于分裂导线内。该作业位置电场强度分布图如图 5-14 所示，电场强度计算结果见表 5-9。

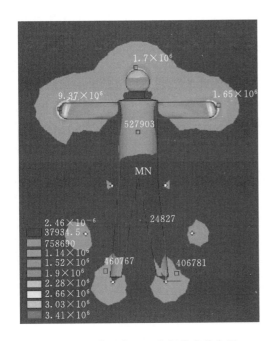

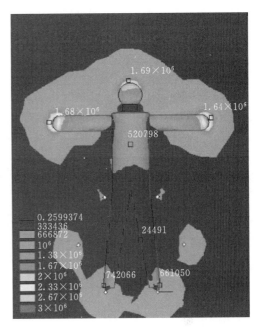

图 5-13　作业位置 4 电场强度分布图　　　　图 5-14　作业位置 5 电场强度分布图
（单位：V/m）　　　　　　　　　　　　　（单位：V/m）

表 5-8　作业位置 4 处电场强度计算值

位　置	电场强度/(kV·m^{-1})	备　注
头顶	1710	
胸前	527.9	导线外
	24.8	导线内
手部	1650	导线外
脚下	406	

表 5-9　作业位置 5 处电场强度计算值

作业位置	电场强度/(kV·m^{-1})	备　注
头顶	1690	
胸前	520.8	导线外
	24.5	导线内
手部	1640	导线外
脚下	661	

（6）小结。分析计算结果发现，在人员处于地电位及进入等电位过程中（距离等电位 2.5m）时，其体表场强一般低于 200kV/m，而当人员进入等电位后，处于分裂导线外的头顶、手部等尖端部位场强一般为 1500～1800kV/m（位置 4、5 的头顶、手部），这也是人员体表场强的最大值。

需要说明的是在进行仿真计算时未考虑电晕以及空间离子流电场的影响。而在直流电场中，直流导体的电晕作用以及空间离子流电场都将削弱导体附近的电场，且导体处电场畸变越严重，则这种削弱作用将越明显。由于在仿真计算中未考虑电晕及空间电场的影响，因此计算值相对于实际值将偏大，且在等电位作业人员头顶、手部等电场畸变严重的部位，计算值与实际值之间的误差将更大。

5.1.2.3　±800kV 直流输电线路人员体表场强现场测量

为进一步研究作业人员在各具体作业位置时其体表场强情况，进行了作业人员进入

±800kV特高压直流输电线路等电位试验，并对各典型作业位置人员体表的合成电场强度进行了测量。

（1）采用合成电场强度仪作为测量工具。该仪器基于 IEEE 1227—1990《直流电场强度和离子相关量测量指南》中的场磨（field mill）原理研发，由下位机单元、上位机单元和 PC 机三部分组成。下位机单元由合成场传感器、信号处理电路、单片机、通信模块、AD 芯片和电源模块等组成。电路框图及装置分别如图 5-15~图 5-17 所示。

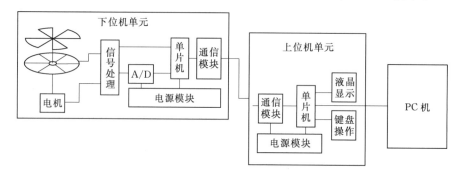

图 5-15　直流合成场测量装置的电路框图

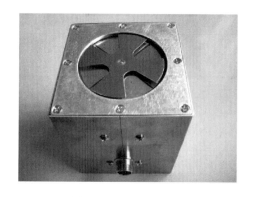

图 5-16　下位机单元

图 5-17　装置整体连接图

通过实验室测试与现场使用证明，该装置测量地面合成场时，其绝对误差小于 1kV/m。在测量空间合成场时，由于下位机单元（及传感器部分）对空间合成场的畸变作用以及空间电荷电场本身的不稳定性，其测量误差将显著增加。即使如此，现场测量结果对于空间合成场的分析仍具有重要的参考价值。

（2）进行现场体表场强测量。现场海拔 2100m，气温 23.6℃，风速 2.3m/s，相对湿度 49.5%，气压 79.3kPa。测量在试验场杆塔为 ZV1 直线塔上进行，杆塔实景图如图 5-18 所示。

测量过程中，作业人员穿戴全套屏蔽服装登塔，到达塔上各典型地电位作业位置测量横担内外的合成电场强度，然后作业人员从塔身适当位置采用吊篮法进入等电位；在进入过程中，距离绝缘子导线侧均压环约 3m 处，测量吊篮内外人体体表场强；进入等电位后，在绝缘子导线侧均压环附近，人员站立于最下面两根子导线上，测量体表场强，然后人员沿导线走出约 15m，再次测量体表场强。

对±800kV直流输电线路各典型作业位置的人员体表场强进行了现场测量。现场的测量照片如图5-19～图5-23所示，测量结果见表5-10。

图5-18　ZV1直线塔现场实景图

图5-19　作业位置1合成电场强度测量

图5-20　作业位置2合成电场强度测量

图5-21　作业位置3合成电场强度测量

图5-22　作业位置4合成电场强度测量

图5-23　作业位置5合成电场强度测量

表 5-10 人员体表场强测量结果

作 业 位 置		测量结果/(kV·m⁻¹)	说 明
作业位置 1	塔身内	4	地电位
	塔身外	26	
作业位置 2	塔身内	6	地电位
	塔身外	48.4	
作业位置 3	头顶	132	人员处于吊篮中，距离等电位约 2.5m，手部伸出吊篮外
	胸前	96.2	
	手部	241.5	
	脚尖	150	
作业位置 4	头顶	404.2	处于分裂导线外
	胸前	39.1	处于分裂导线内
	手部	529.0	处于分裂导线外
	脚下	145.3	脚踩在分裂导线上
作业位置 5	头顶	400.6	处于分裂导线外
	胸前	37.7	处于分裂导线内
	手部	560.5	处于分裂导线外
	脚下	250.4	脚踩在分裂导线上

（3）数据分析。通过对表 5-10 中的测量结果进行分析发现，地电位时电场强度最大值为 48.4kV/m；进入等电位过程中电场强度最大值为 241.5kV/m；等电位电场强度的最大值约为 560.5kV/m，出现于等电位作业人员伸出导线外的手部。通过合成场的现场测量可知，地电位作业位置在铁塔构架内的工况电场强度一般不大于 30kV/m（实测最大值为 26kV/m），人员不会感觉到电场的存在；而在铁塔构架外场强水平不大于 50kV/m（实测最大值为 48.4kV/m），远远低于 240kV/m 的电场感知水平。

需要说明的是，使用场磨原理对发生畸变的空间合成场进行测量时，其测量结果是偏小的，而且电场的畸变越严重，测量结果的误差越大。由于场磨原理的测量仪器由旋转或固定的金属片构成，当其靠近存在尖端的高压导体时，会改变导体附近的电位分布，缓解电场的畸变程度，从而使测量值相对于实际值偏小；而且导体附近的电场畸变越严重，场磨仪器对电场畸变的缓解也更加明显，因此电场畸变越严重，测量结果的误差也越大。

比较仿真计算值与现场测量值可以发现，在电场强度较低、电场畸变不明显的工况（作业位置 1、作业位置 2、作业位置 3、作业位置 4、作业位置 5 分裂导线内的部位等），计算值与测量值吻合较好。而在电场强度较大、电场畸变严重的工况（作业位置 4、作业位置 5 伸出分裂导线外的部位），计算值与测量值的差距较大，计算值明显大于测量值。造成这种情况的主要原因在于：在电场强度较低、电场畸变较小的工况下，电晕作用、空间离子电场以及场磨仪器对电场分布的影响等均不明显，因而计算值与测量值吻合较好；导线电晕在电场畸变严重的工况，由于空间电场的影响，计算值显著大于实际值，而由于场磨仪器对电场畸变的缓解，测量值小于实际值，因此这时计算值与测量值的差别较大，而实际值将处于计算值与测量值之间，通过分析计算与测量的结果可对实际合成场电场强度进行有效的估计。

5.1.2.4 仿真计算与测量结果分析

基于上述分析，通过仿真计算与测量，可确定±800kV特高压直流输电线路带电作业人员体表场强分布如下：

（1）带电作业人员处于地电位作业位置时，其体表场强较小，在塔身构架内时人员体表场强不大于10kV/m，在塔身构架外时人员体表场强最大值为50～60kV/m，均小于240kV/m的场强感知水平。

（2）使用吊篮法进入等电位时，进入过程中吊篮内的电场强度小于240kV/m的场强感知水平，而当吊篮靠近导线一定距离后（约距离等电位3m），伸出吊篮外人体的关节部位表面场强将大于240kV/m的场强感知水平。

（3）当作业人员到达等电位后，处于分裂导线内的身体部位电场强度为20～40kV/m，伸出分裂导线外的身体部位表面场强的最大值超过500kV/m，超出了240kV/m的场强感知水平。

5.1.2.5 1000kV交流、±800kV直流输电线路人员体表场强比较

测量数据显示，1000kV交流输电线路等电位作业人员头顶与手部（分裂导线外）的电场强度为1800～2500kV/m，分裂导线内的身体部位场强也可达到390～450kV/m的水平。在±800kV直流输电线路上，等电位人员分裂导线外的头顶与手部电场强度不超过1650kV/m，分裂导线内电场强度仅为20～40kV/m。相比于1000kV交流输电线路，±800kV直流输电线路等电位作业人员体表场强明显较小。而地电位与进入等电位过程中，±800kV直流输电线路作业人员体表场强水平略小于1000kV交流输电线路的。

±800kV直流输电线路等电位人员尖端部位（畸变场）电场强度较小的原因主要是由直流线路的电晕造成。与1000kV交流输电线路附近极性交变的电场不同，±800kV直流输电线路对空气的电离作用是单极性的。这种单极性的电离作用造成导线附近空间中出现大量的带电离子，并在场作用下沿电力线方向迁移形成离子流。因此±800kV直流输电线路附近空间一般可分为两个区域：游离区与极间区。其中游离区指±800kV直流输电线路周围电场强度大到使汤逊第一电离系数超过了电子复合系数的空间，在该处，电子从气体分子中释放并向着或离开它所临近的导线方向加速。而除去游离区之外的空间，包括两极导线间和导线与大地间的空间，均为极间区。直流导体附近游离区的宽度与导体表面场强有关，电场强度越大，游离区宽度越大。国外研究资料表明，极间距和导线对地距离约为15m的线路，游离区的宽度约为2cm。

由于游离区的空气中存在着大量的自由电子，游离区空气可看作为导体。而且游离区宽度与导体表面电场强度相关，电场强度越大，游离区宽度越大。因此游离区的存在等效于改变了导体的外形尺寸，改善了导体表面的电荷分布，从而降低了导体表面的电场强度，特别是对于导体的尖端部位，这种减小趋势将更加明显。当带电作业人员进入等电位后，由于其身体突出部位表面的电场强度较大，在这些部位附近的空气中将会出现游离

区。而游离区的出现改善了这些突出部位的电荷分布，降低了这些部位的电场强度，从而造成±800kV 直流输电线路等电位人员体表场强的最大值显著低于 1000kV 交流输电线路。突出部位的表面的电场强度越大，这种抑制作用就越明显。因此游离区的出现以及其对导体表面电场强度的抑制作用是造成±800kV 直流输电线路等电位作业人员部分部位电场强度较 1000kV 交流输电线路等电位作业人员显著降低的主要原因。

5.1.2.6　作业区域离子流特性

离子流是电压等级较高的直流输电线路存在的一种现象。直流导体附近的空间电荷沿电力方向进行定向迁移便形成了离子流。直流电场单是电场强度本身不能完全表征电场效应，由于直流电场中不存在电容耦合作用，长期通过人与物体的电流主要为其所截获的离子流。因此作业区域内离子流水平以及对离子流的防护能力是带电作业安全防护重点研究的问题之一。

国内外对于交、直流输电线路附近长期流过人体的安全电流均进行了研究。加拿大安大略水电局规定人体容许长期电流为 80～120μA。IEC 推荐人体感觉电流：直流为 2mA；交流为 0.5mA。对于交流带电作业，美国规定在 765kV 线路中控制人体电流小于 40μA；加拿大规定在 540kV 线路中不超过 50μA；匈牙利规定在 400kV 线路中不超过 20μA，750kV 线路中小于 50μA；IEC TC78 标准制订时，也建议定为 100μA；我国相关国家标准规定交流线路附近长期通过人体的电流应小于 50μA。

IEC 推荐，在等效电流效应的情况下，直流与交流电流的有效值之比为 2～4；在人体感觉电流时，这个比值为 4；在引起心室纤颤时，这个比值约为 3.75。为安全起见，取安全电流的比值为 2，根据交流线路经验推算，直流带电作业时应限制人体电流小于 100μA。由于在直流线路下只有电晕引起的空间离子电流，其幅值比交流线路对地容性电流低 1～2 个数量级。而且以往研究成果表明，屏蔽服能够较好地防护作业区域内离子流的穿透。从偏严偏安全的角度出发，确定±800kV 特高压直流输电线路带电作业时流经人体的电流限值小于 50μA 也是可以的。

研究表明，处于地面或塔上地电位人员所截获的离子流水平非常低，显著小于 50μA。美国 BPA 的试验场测量表明，人站在±600kV 直流线路下举手，测得的合成电场强度为 40kV/m 时，人体截获的电流仅为 3～4μA。

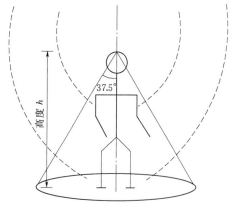

图 5 - 24　人体等量电荷累计面积的计算示意图

直流输电线路附近，人员或物体所截获的离子流可通过离子流密度与等量电荷累计面积的乘积进行估算。其中人体等量电荷累计面积可将人体等效于圆锥体进行估算，如图5 - 24 所示。

如作业人员的身高为 1.8m，其等量电荷累计面积约为 6m²，如向上伸出双手，其等量电荷累计面积约为 11m²。±800kV 直流输电线路电磁环境的研究成果表明，输电线路下方地面上的离子流密度应不超过 100nA/m²。而对于塔上地电位，由于其距离导线较近，离子流密度应高于地面，但也不会超过 $500nA/m^2$。依此估算，人员处于地面时，流过其身体的离子电流约为 $0.6\mu A$；站在导线正下方垂直向上举起双手时，流过其身体的离子电流约为 $1.1\mu A$；处于塔上地电位时，流过其身体的离子电流不超过 $5.5\mu A$。因此人员处于地面或塔上地电位时，流过其身体的离子流较低，远小于电流限值 $50\mu A$。

国内对于 $\pm500kV$ 直流输电线路带电作业过程中流进等电位作业人员的电流进行了测量，测量结果表明流经 $\pm500kV$ 直流输电线路等电位作业人员的离子流最大值为 $70\mu A$。

国内对 $\pm800kV$ 直流输电线路等电位作业人员离子流水平进行现场实际测量的结果表明，如不采取屏蔽措施，流经 $\pm800kV$ 直流输电线路等电位作业人员的总离子流最大值为 $120\mu A$。由于导线表面的离子流密度易受到风等因素的影响，变化较大。在实际测量的同时，也可采用计算的方法对 $\pm800kV$ 直流输电线路等电位作业人员所截获的离子流水平进行估算。

计算表明，$\pm800kV$ 直流输电线路在良好天气及理想状态下，导线表面的离子流密度不超过 $1\mu A/m^2$。考虑可能出现的各种工况，取作业人员的等量电荷累计面积为 $15\sim20m^2$，则此时通过人体的总电流为 $15\sim20\mu A$。说明在良好天气条件下，流经 $\pm800kV$ 直流输电线路等电位作业人员的离子流水平为几十微安。

综上所述，在良好天气条件下，流过 $\pm800kV$ 直流输电线路等电位作业人员体表的离子流一般为 $15\sim20\mu A$，而最大值将超过 $100\mu A$，目前实测约为 $120\mu A$，超过了电流限值 $50\mu A$，因此应当对流经等电位作业人员的离子流进行防护。

5.1.3 1000kV 交流与 500kV（220kV）交流同塔线路电场强度分析

特高压与超高压交流同塔并架多回线路周围的空间电场较单一电压等级线路更为复杂。下文针对交流混压同塔并架多回线路的带电作业安全防护进行了研究。

5.1.3.1 线路基本情况

以双回 1000kV 与双回 500kV（220kV）交流同塔四回输电线路典型塔型为例，其杆塔与 1000kV 交流双回输电线路相比有两个特点：一是杆塔高度增大；二是杆塔架设的线路分为上层 1000kV 双回和下层 500kV（220kV）两部分。在交流混压同塔并架线路中采用的典型塔型如图 5-25 所示。1000kV 交流与 500kV 交流同塔并架的杆塔型式相同于 1000kV 与 220kV 同塔并架，上层 1000kV 导线上、中、下双回垂直排列，下层 500kV（220kV）三相导线为三角排列。双回 1000kV 与双回 500kV（220kV）混压并架杆塔的上层 1000kV 线路与 1000kV 交流同塔双回线路的导线布置、杆塔结构、尺寸基本相同，各种作业工况下的间隙特性十分接近。因此，1000kV 交流同塔双回线路的作业方式和技术参数可直接采用。

5.1.3.2 线路杆塔空间电场强度计算

采用工频电场的三维边界元计算方法，在计算中（不考虑人体影响），按照带电作业工作人员登塔作业的实际情况，选取电场强度的计算点和计算面。电场强度计算点和面的位置示意图如图 5-26 所示，相关说明见表 5-11。

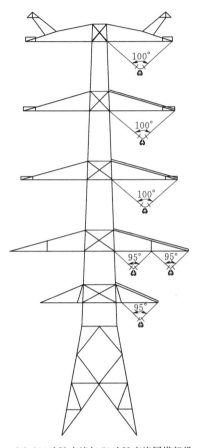

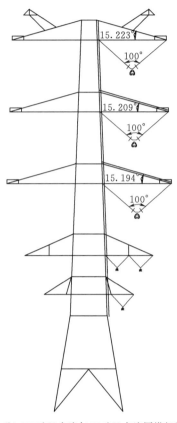

（a）1000kV 交流与 500kV 交流同塔架设　　　（b）1000kV 交流与 220kV 交流同塔架设

图 5-25　1000kV 交流与 500kV（220kV）交流同塔并架典型塔型

表 5-11　　　　　　　　　　　　电场强度计算点和计算面说明

计算点	说　　明	计算面	说　　明
1	杆塔表面，且与 500kV（220kV）下相导线等高	AB	500kV（220kV）下相导线悬挂横担下表面
2	500kV（220kV）下相分裂导线圆周		
3	杆塔表面，且与 500kV（220kV）上相导线等高	CD	500kV（220kV）上相导线悬挂横担下表面
4	500kV（220kV）上相分裂导线圆周（靠近塔身）		
5	500kV（220kV）上相导线圆周（远离塔身）	ED	500kV（220kV）上相导线悬挂横担上表面
6	杆塔表面，且与 1000kV 下相导线等高		
7	1000kV 下相分裂导线圆周	FG	1000kV 下相导线悬挂横担下表面
8	杆塔表面，且与 1000kV 中相导线等高		
9	1000kV 中相分裂导线圆周	HI	1000kV 中相导线悬挂横担下表面
10	杆塔表面，且与 1000kV 上相导线等高		
11	1000kV 上相分裂导线圆周	JK	1000kV 上相导线悬挂横担下表面
12	地线悬挂点		

通过交流混压线路杆塔空间电场强度计算，根据各作业点和作业面电场强度的特点，可以将 1000kV 交流与 500kV（220kV）交流同塔四回输电线路杆塔作业环境分为 3 个区

域，如图 5 - 27 所示。其中，区域 I 的电场强度主要考虑 1000kV 交流输电线路的作用，区域 II 的电场强度需要考虑 1000kV 交流与 500kV（220kV）交流输电线路的共同作用，区域 III 的电场强度主要考虑 500kV（220kV）交流输电线路的作用。

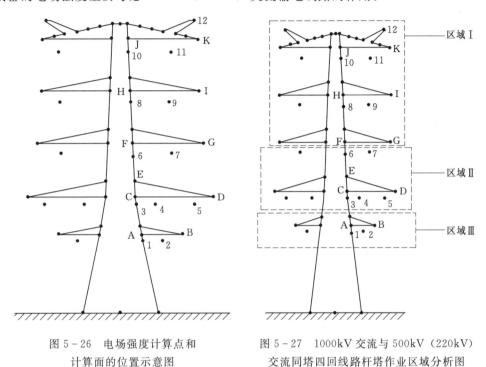

图 5 - 26　电场强度计算点和　　　　图 5 - 27　1000kV 交流与 500kV（220kV）
　　计算面的位置示意图　　　　　　交流同塔四回线路杆塔作业区域分析图

5.1.3.3　作业人员在区域 II 等电位作业时体表场强

通过对杆塔电场分布的分析，在图 5 - 27 中的作业区域 II，会同时受到两个电压等级线路的影响，应该重点分析作业人员在该区域等电位作业的体表场强分布。计算分别选取人体位于 1000kV 下相导线和 500kV（220kV）上相内侧导线等电位作业工况，分别仿真人体在不同电压等级线路作用下体表的电位分布。表 5 - 12～表 5 - 15 分别为 1000kV 交流与 500kV（220kV）交流同塔时人体位于不同等电位位置的体表不同部位电场强度。

表 5 - 12　　1000kV 交流与 500kV 交流同塔、人体位于 1000kV 下相导线
等电位时体表不同部位电场强度

人体部位	电场强度/(kV·m⁻¹)		
	1000kV 交流与 500kV 交流共同作用	1000kV 交流单独作用	500kV 交流单独作用
头部	1740	1484	378
面部	1187	1001	230
胸部	454	397	102
背部	454	397	102
手部	2617	2034	963
脚部	740	638	180

表 5-13　　1000kV 交流与 500kV 交流同塔、人体位于 500kV 上相内侧导线
等电位时体表不同部位电场强度

人体部位	电场强度/(kV·m⁻¹)		
	1000kV 交流与 500kV 交流共同作用	1000kV 交流单独作用	500kV 交流单独作用
头部	1463	300	1173
面部	966	214	766
胸部	364	79	301
背部	364	79	301
手部	2373	912	1469
脚部	457	102	362

表 5-14　　1000kV 交流与 220kV 交流同塔、人体位于 1000kV 下相导线
等电位时体表不同部位电场强度

人体部位	电场强度/(kV·m⁻¹)		
	1000kV 交流与 220kV 交流共同作用	1000kV 交流单独作用	220kV 交流单独作用
头部	1630	1464	211
面部	1135	967	180
胸部	435	387	58
背部	435	387	58
手部	2447	1876	724
脚部	724	615	114

表 5-15　　1000kV 交流与 220kV 交流同塔、人体位于 220kV 上相内侧导线
等电位时体表不同部位电场强度

人体部位	电场强度/(kV·m⁻¹)		
	1000kV 交流与 220kV 交流共同作用	1000kV 交流单独作用	220kV 交流单独作用
头部	1280	320	1050
面部	874	232	724
胸部	326	87	257
背部	326	87	257
手部	2020	836	1383
脚部	450	112	335

5.1.3.4　作业人员在区域Ⅱ地电位作业时体表电场强度

计算选取人体位于区域Ⅱ、两相 500kV（220kV）线路横担中间地电位作业工况，人体平面与线路垂直。杆塔横担上体表电场分布模型（人体平面与线路垂直）如图 5-28 所示，表 5-16 和表 5-17 分别为 1000kV 与 500kV（220kV）同塔时体表不同部位电场强度。

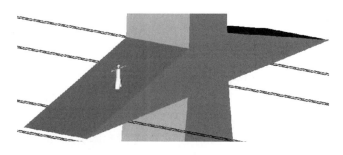

图 5-28 杆塔横担上体表场强分布模型（人体平面与线路垂直）

表 5-16   **1000kV 交流与 500kV 交流同塔时体表不同部位电场强度**

人体部位	电场强度/(kV·m⁻¹)		
	1000kV 交流与 500kV 交流共同作用	1000kV 交流单独作用	500kV 交流单独作用
头部	328	263	100
面部	146	112	55.4
胸部	25	16.7	8.74
左手（靠近铁塔）	919	852	68.8
右手（远离铁塔）	625	560	133
脚部	7.1	5.5	1.84

表 5-17   **1000kV 交流与 220kV 交流同塔时体表不同部位电场强度**

人体部位	电场强度/(kV·m⁻¹)		
	1000kV 交流与 220kV 交流共同作用	1000kV 交流单独作用	220kV 交流单独作用
头部	204	190	17.3
面部	105	96	11.1
胸部	18.5	14.8	4
左手（靠近铁塔）	748	690	75
右手（远离铁塔）	590	565	35
脚部	4.6	4.1	0.7

5.1.3.5 作业人员位于区域Ⅰ中等电位作业时体表场强

  通过杆塔电场计算分析，交流混压同塔多回线路区域Ⅰ中线路具有较高电场强度，计算选取人体位于 1000kV 中相导线的工况时的体表场强分布。此时，人体双脚站立在八分裂导线的两根下子导线上。表 5-18 反映了体表不同部位的电场强度。

表 5-18   **体表不同部位的电场强度**

部位	电场强度/(kV·m⁻¹)	部位	电场强度/(kV·m⁻¹)
头顶	1584	手部	2372
面部	1151	胸部	638
胸部	472		

5.1.3.6 结论

通过计算分析，1000kV 交流与 500kV（220kV）交流同塔多回输电线路带电作业时，电场强度有以下特点和规律：

（1）可以将混压交流同塔四回输电线路杆塔作业环境分为 3 个作业区域（图 5-27）。区域Ⅰ的电场强度主要考虑高电压等级输电线路的影响，区域Ⅱ的电场强度为两种电压等级输电线路共同影响，区域Ⅲ的电场强度主要考虑低电压等级输电线路的影响。

（2）表 5-18 显示作业人员位于等电位作业时，人体头部和手部的电场强度较大，胸部和脚部的电场强度较小。其中人体手部的电场强度最大，人体的头顶和面部的稍弱。

（3）作业人员位于悬挂两相低电压等级输电线路横担上作业时，头部、手部附近具有较大的电场强度。

（4）作业人员位于高电压等级输电线路下相导线上作业时，体表的电场强度同时受到两种电压等级输电线路的影响，是两种电压等级线路分别作用时的相量之和，其中高电压等级输电线路影响较大。

（5）作业人员位于低电压等级输电线路上相内侧导线上等电位作业时，体表的电场强度同时受到两种电压等级交流输电线路的影响，是两种电压等级线路分别作用时的相量之和，其中低电压等级输电线路影响较大。

（6）作业人员站在悬挂两相低电压等级输电线路横担上作业时，体表的电场强度同时受到两种电压等级交流输电线路的影响，是两种电压等级线路分别作用时的相量之和，其中高电压等级输电线路影响较大。

5.1.4 输电线路在不同情况下的工频电场分析

5.1.4.1 不同导线排列方式下的电场强度分析

图 5-29 给出了带避雷线单回路 500kV 交流输电线路的 4 种不同的排列方式，导线型号 $4 \times$ LGJ-400/35，避雷线型号 GJ-70；水平、三角形排列时，边相导线间距 10m；避雷线间距 8m，导线对地高度如图 5-29 所示。

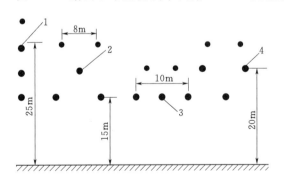

图 5-29 单回路 500kV 交流输电线路的 4 种排列方式
1—导线垂直排列；2—导线正三角排列；
3—导线水平排列；4—导线倒三角排列

结合标准 HJ 24—2014《环境影响评价技术导则 输变电工程》中提出的送电线路测量方式，考察导线下方离地 1.5m 处、两边相导线向外延伸 50m 之间的水平范围的电场强度。图 5-30 是 4 种不同排列方式下的电场强度分布曲线。

由图 5-30 可得：4 种排列方式下的电场强度曲线均为对称分布。导线垂直排列时，电场强度极大值分布在中心导线下方，如曲线 1 所示；导线呈正三角形、水平和倒三角排列时，电场强度极大值分布在两边相导线下方附近，分别如曲线 2、曲线 3 和曲线 4 所示。

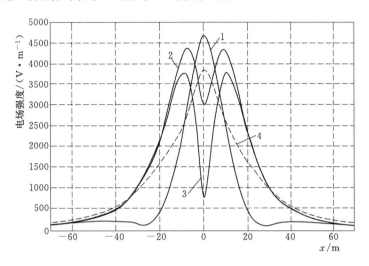

图 5-30 4 种不同导线排列方式下的电场强度分布曲线

垂直排列时，电场强度的极值最大；正三角形、水平排列方式的高电场强度区覆盖范围最大；倒三角排列的高电场强度区覆盖范围最小，电场强度的极大值最小。

应指出的是：倒三角排列方式中三相导线置于同一塔窗内，在空间上按等边倒三角形布置，使得三相导线的几何均距等于相间距离。这是三相导线最紧凑的布置形式。倒三角排列线路与常规线路相比是一种紧凑型输电。可以看出：导线采用倒三角排列，可以减小线路下方电场并且高场强区覆盖范围最小。

5.1.4.2 不同导线对地高度下的电场强度分析

以 220kV 带避雷线同塔双回并架正相序排列为例，参数：$H_1 = 2.0\text{m}$，$H_2 = 6.0\text{m}$，$d_1 = 5.0\text{m}$，$d_2 = 8.0\text{m}$，$d_3 = 9.0\text{m}$，$d_4 = 10.0\text{m}$，导线型号 $4 \times$ LGJ - 400/35，避雷线型号 GJ - 70。回路 1、回路 2 导线相序从上到下均为 ABC 正相序排列，如图 5-31 所示。

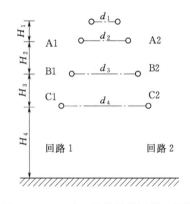

图 5-31 220kV 带避雷线同塔双回输电线路导线正相序排列

图 5-32 是 H_4 分别取 12.5m、13.5m、14.5m 时的电场强度分布曲线。图中，导线对地高度每升高 1m，电场强度降低约 500V/m。

DL/T 5092—1999《110～500kV 架空送电线路设计技术规程》给出了 110～500kV 高压输电线路导线对地安全距离（表 5-19）。

如果该 220kV 线路穿过居民区，依据图 5-32，导线弧垂最低点至少应对地面保持 13.5m 高度才能满足 HJ 24—2014《环境影响评价技术导则　输变电工程》的要求，它明显大于 DL/T 5092—1999《110～500kV 架空送电线路设计技术规程》对跨越居民区时的要求（7.5m）。这说明设计规程要求必须以 HJ 24—2014《环境影响评价技术导则　输变电工程》来校验。

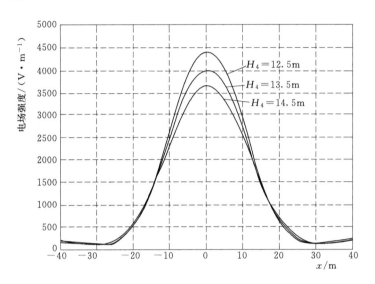

图 5-32 不同高度（H_4 取不同值）下的电场强度分布曲线

表 5-19 110～500kV 高压输电线路导线对地安全距离

线路经过区域	标称电压/kV			
	110	220	330	500
居民区/m	7.0	7.5	8.5	14
非居民区/m	6.0	6.5	7.5	11（10.5）
交通困难区/m	5.0	5.5	6.5	8.5

注 500kV 线路非居民区 11m 用于导线水平排列，10.5m 用于导线三角排列。

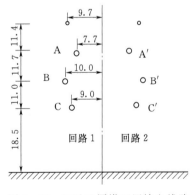

图 5-33 500kV 同塔双回输电线路
导线相序排列（单位：m）

5.1.4.3 导线相序改变时的电场强度分析

现以川渝电网某 500kV 同塔双回线路为例，研究导线的相序不同排列时对线路下方电场强度的影响。导线型号 4×LGJ-400/35，避雷线型号 GJ-70。分裂导线几何半径 0.450m。回路 1 与回路 2 中关于中心线对称的导线相序排列相同，为同相序 ABCA′B′C′ 排列，如图 5-33 所示。

如果将图 5-33 回路 1 中导线相序排列固定，改变回路 2 的相序，可以得到不同的相序排列。图 5-34 为不同相序排列时的电场强度分布图。

由图 5-34 看出：同塔双回输电线路在不同相序布置下，电场强度分布规律完全不同。因此，不仅输电线排列影响电场强度，而且线路的相序也会影响电场强度。从电场强度的大小来看，该双回架空线以正相序布置（即 ABC-A′B′C′），线路下方电场强度值最大，以逆相序排列时（ABC-C′B′A′），线路下方电场强度最小，即逆相序时的电场强度小于正相序时的电场强度。

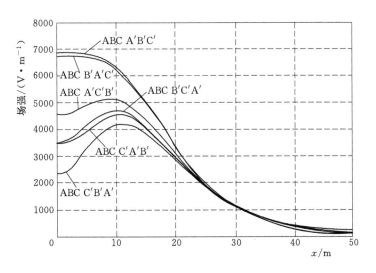

图 5-34　不同相序排列时的电场强度分布

5.1.4.4　多回不同电压等级线路同塔排列情况下的电场强度分析

图 5-35 是 500kV/220kV 同塔并架双回排列线路，图 5-35（a）中：500kV 导线型号 4×LGJ-400/35，自左向右相序排列为 ABC；220kV 导线型号 4×LGJ-300/25，自左向右相序排列为 cab；避雷线型号 GJ-70；图 5-35（b）为 500kV 单回水平线路，参数与图 5-35（a）中 500kV 线路相同。

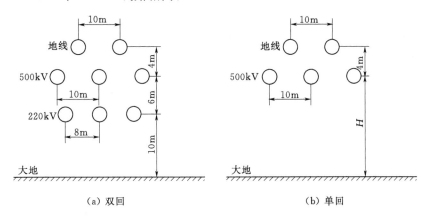

（a）双回　　　　　　　　　　（b）单回

图 5-35　500kV/220kV 同塔并架双回排列线路（单位：m）

图 5-36 给出了该线路离地 1.5m 的电场强度分布。图 5-36 中曲线 1、曲线 2 分别是仅 500kV 单回水平线路和仅 220kV 单回水平线路的电场强度分布曲线，边相导线附近下方的电场强度都超过 4kV/m。曲线 3 是 500kV/220kV 同塔并架双回排列时的电场强度分布，各处电场强度值均小于 4kV/m。曲线 4 是 500kV/220kV 线路相序为 ABC-CBA 排列时的电场强度分布，该相序排列时电场强度值也小于 4kV/m。

仿真结果表明，当在 500kV 线路下方增设 220kV 线路同塔并架时，可以达到减小线路下方电场强度的目的。

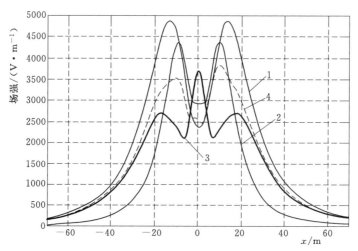

图 5-36　500kV/220kV 同塔并架双回排列场强分布曲线

对于多回线路，以 220kV/110kV 同塔并架 4 回线路为例，如图 5-37 所示。线路参

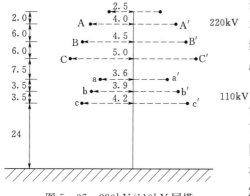

图 5-37　220kV/110kV 同塔
并架 4 回线路（单位：m）

数：220kV 导线型号 4×LGJ-300/25，导线相序为正相序排列 ABC-A′B′C′；110kV 导线型号 4×LGJ-2403/5，相序为正相序排列 abc-a′b′c′，避雷线型号 GJ-70。

如果图 5-37 中 220kV 线路相序不变，仅改变 110kV 线路右侧回路导线相序排列，可以得到 220kV/110kV 同塔并架 4 回线路不同相序排列时的电场强度分布。经过比较分析选取了两种有代表性的曲线，与仅有 220kV 双回线路下的电场强度进行比较，如图5-38所示。

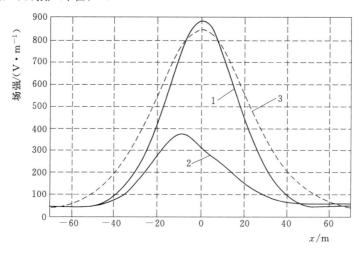

图 5-38　电场强度分布比较

110

图 5-38 中曲线 1、曲线 2 分别表示 220kV/110kV 同塔并架线路中 abc-a′b′c′ 和 abc-c′b′a′ 排列时的电场强度分布，其余相序排列时的电场强度值介于两者之间。曲线 3 表示仅有 220kV 双回线路时的电场强度分布。

由以上分析可得，高、低压线路无论是双回还是多回线路同塔并架排列，只要排列成合适的相序，低压线路可以起到类似屏蔽线的作用，减小线路下方的电场强度。

5.1.4.5 不同地面情况的电场强度分析

图 5-39 （a）为地面倾斜的情况（$\theta=15°$），与地面平行方向建立 x 坐标，垂直地面方向建立 y 坐标，则图 5-39 （a）的排列方式等效为右图的排列。采用 4 分裂导线，分裂导线半径 0.323m，次分裂导线半径 0.0148m，其他参数如图 5-39 （b）所示。

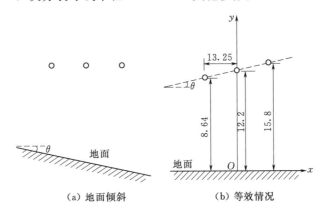

（a）地面倾斜 （b）等效情况

图 5-39 500kV 单回线路地面倾斜情况（单位：m）

计算对地高度 1.5m 的电场强度，地面倾斜情况电场强度分布比较如图 5-40 所示。图中曲线 1 为地面倾斜 15° 的电场强度分布情况；曲线 2、曲线 3 分别为地面无坡度（即水平）且导线水平排列时导线离地高度分别为 8.64m、15.8m 的电场强度。可得：地面

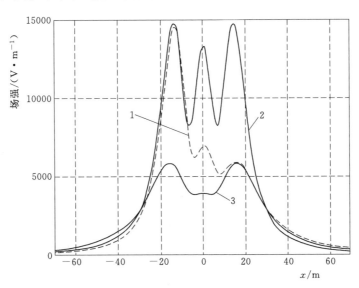

图 5-40 地面倾斜情况电场强度分布比较

倾斜时，导线下方的电场强度分布曲线不再对称，地面倾斜情况下的电场强度值介于两种水平高度下的电场强度值。这是因为，地面的倾斜，相当于：增加了右边相导线对地高度，因此右边相导线水平位置以右的电场强度减小，与曲线 3 重合；降低了左边相导线对地高度，左边相导线水平位置以左的电场强度增加，与曲线 2 重合。由此例可以得知，地形地势会影响到线路下方电场强度的分布。

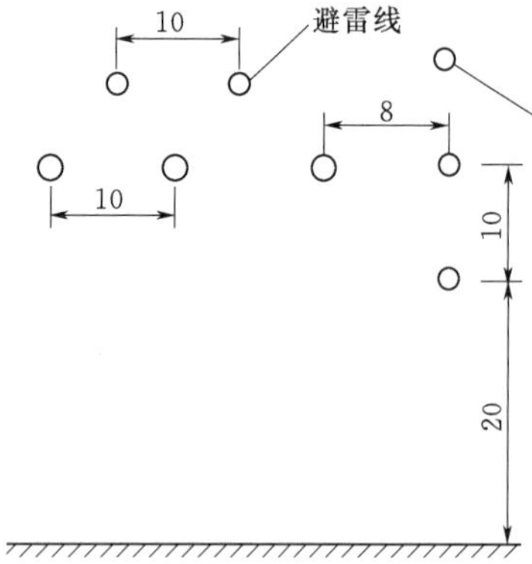

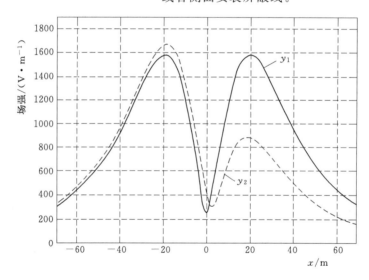

图 5-41　侧面带屏蔽线的
单回路水平排列（单位：m）

5.1.4.6　屏蔽线影响下的电场强度分析

当超高压输电线路穿过人口稠密区或人员活动频繁的地方时，可以在输电线下方或侧面安装屏蔽线，减少超高压输电线路对环境的影响，如图 5-41 所示。

图 5-42 中，曲线 y_1、y_2 分别代表无屏蔽线、侧面带竖直屏蔽线情况下的电场强度分布。可见在输电线右侧面安装竖直屏蔽线可以大大减小中心导线下方右侧的电场强度。因此，为了减小输电线路对其他线路的影响，可以在线路下方或者侧面安装屏蔽线。

图 5-42　带屏蔽线时的电场强度分布曲线

5.1.4.7　不同气象条件下的电场强度分析

以单回 500kV 超高压输电线水平排列为例，线路参数：导线型号 4×LGJ-4003/5，导线悬挂点对地高度 $H=20$m，导线间距 $D=8$m。导线呈悬链线分布，档距 $L=400$m，$\sigma_p=29.6$kg/mm²，$K=2.5$，分别计算电场分布：①仅考虑自重比载 $g=3.577\times10^{-3}$ kg/(m·mm²)；②考虑导线覆冰（5mm）以及风速（15m/s）的影响，综合比载 $g_{7(5,15)}=4.801\times10^{-3}$kg/(m·mm²)。

两种气象条件下的电场强度分布曲线如图 5-43 所示。图中曲线 y_2 仅考虑了导线自重的影响，曲线 y_1 考虑了导线自重、覆冰和风的影响。由于综合比载变大，引起导线弧垂增加，导线对地距离缩小，因此电场强度值增大。可以看出在外界气象条件（覆冰、风）的影响下，电场强度的大小也会受到变化。

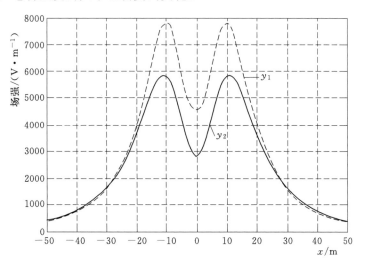

图 5-43　两种气象条件下的电场强度分布曲线

5.2　带电作业感应电防护措施

在带电作业过程中，电对人体的作用主要有两种：一种是在人体的不同部位同时接触了有电位差的带电体而产生的电流伤害；另一种是人在带电体附近工作时，尽管人体没有接触带电体，但人体仍然会由于空间电场的静电感应而产生的风吹、针刺等不舒适之感。经测试证明，为了保证带电作业人员不致受到触电伤害的危害，并且在作业中没有任何不舒服的感觉，必须对带电作业过程中电场和磁场的防护进行深入研究。

5.2.1　强电场的防护

5.2.1.1　带电作业时电场基本特征及对人体的影响

人员在带电作业过程中，构成了各种各样的电极结构。其中主要的电极结构有：导线—人与构架、导线—人与横担、导线与人—构架、导线与人—横担、导线与人—导线等。由于带电作业的现场环境和带电设备布局的不同、带电作业工具和作业方式的多样性、人在作业过程中有较大的流动性等因素，使带电作业中遇到的高压电场变化多端，一般可按电场的均匀程度将静场分为均匀电场、稍不均匀电场和极不均匀电场三类。

在带电作业中，当外界电场达到一定强度时，人体裸露的皮肤上就有"微风吹拂"的感觉发生，此时测量到的体表场强为 2.4kV/cm，相当于人体体表有 $0.08\mu\text{A/cm}^2$ 的电流流入肌体。风吹感其实是电场中导体的尖端因电场强度引起气体游离和移动的现象。在等电位作业电工常有一种面部沾上蜘蛛网样的感觉，这是强电场引起电荷在汗毛上集聚，使之竖起牵动皮肤形成的一种感觉。有的等电位电工把手中的扳手伸向远处，耳边会听到"嗡嗡"声，扳手晃动越快声音就越明显。在高压输电线路的强电场下，穿塑料凉鞋在草地上行走，裸露的脚面碰到地上的草时有时会有很强的针刺感。打金属伞架的雨伞在强电场下走动时，握着绝缘把手的手如果与金属杆形成一个小间隙，就会看到大火花放电并对肌体产生电击感。

人体皮肤对表面局部电场强度的电场感知水平为240kV/m，据试验研究，人站在地面时头顶部的局部最高电场强度为周围电场强度的13.5倍。一个中等身材的人站在地面电场强度为10kV/m的均匀电场中，头顶最高处体表场强为135kV/m，小于人体皮肤的电场感知水平。所以，国际大电网会议认为高压输电线路下地面电场强度为10kV/m时是安全的。苏联规定在地面电场强度为5kV/m以下时，工作时间不受限制，超过20kV/m的地方，则需采取防护措施。GB/T 6568—2008《带电作业用屏蔽服装》标准中规定，人体面部裸露处的局部电场强度容许值为240kV/m。

因此，要做到带电作业时不仅保证人身没有触电受伤的危险，而且也能保证作业人员没有任何不舒服的感觉，就必须满足以下要求：

（1）流经人体的电流不超过人体的感知水平（1mA）。

（2）人体体表局部电场强度不超过人体的感知水平（240kV/m）。

（3）人体与带电体（等电位时与接地体）保持规定的安全距离。

5.2.1.2 人体在带电作业时的体表场强

1. 单根带电导线的空间电位分布

（1）导线表面的电场强度。在带电作业过程中，人体需直接接触带电导线进行工作，因此，很有必要了解正常运行时的导线表面电场强度水平。表5-20是根据公式计算的导线表面最大电场强度值。计算中，导线对地高度一律按10m计算。

表5-20　　　　　　　　66～500kV 导线表面最大电场强度计算值

电压等级/kV	导线对地最高电压/kV	导线半径/cm	导线型号及排列	导线表面最高电场强度有效值/(kV·m⁻¹)	导线表面最高电场强度峰值/(kV·m⁻¹)
66	43.8	0.76	LGJ-120×1	720	1020
110	70.3	0.95	LGJ-185×1	990	1400
220	140.0	1.05	LGJ-240×1	1825	2580
330	209.6	1.20	LGJ-300×2	1630	2310
500	317.5	1.20	LGJ-300×4	1590	2250

从表5-20的数据中可知，最低电压等级（66kV）的导线表面电场强度也高达720kV/m，远超过"人体体表局部电场强度不超过人体的感知水平（240kV/m）"的要求，所以等电位时必须加屏蔽措施进行防护。

（2）导线与地面间的空间电位分布。图5-44为单根导线下空间电位分布图。从图中可以看出，自导线至地面的空间电场分布是极不均匀的。由于电场强度与对地高度间存在指数函数关系，因此在靠近导线附近3%～9%的区域内是高电位区，其相应的电场强度分布规律是相同的。根据统计分析，当导线对地电压 U 为127kV、导线对地距离为10m、导线半径为0.01m时，地面上1.5m处的电场强度只有3.4kV/m，而距导线1.5m处的电场强度却为 1200kV/m，距导线 0.2m 处电场强度高达 8400kV/m。

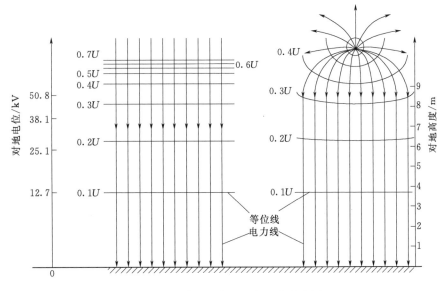

图 5-44 单根导线下空间电位分布图

2.带电作业人员在电场中的三种工作状态

（1）人体在地面或杆塔上通过绝缘工具接触带电体，人的双手及其他部分经常碰触接地体，在满足安全距离的条件下，人所处场的强度通常较低。

（2）人体与带电体等电位，与接地体有足够的安全距离，此时人体处于最高电场强度区，操作中只允许人体接触与导线电位相同的部件。

（3）人体处于导线与杆塔间的绝缘装置上，此时人体处于某一特定电场强度中〔高于情况（1），低于情况（2）〕，正常操作只允许人接触与人体电位基本相同的部件。

3.人在地电位（地面上）的电位分布

图 5-45 是人在地电位（地面上）的体表场强及周围电位分布图。该图形是用静电场中作图法的基本法则按一定比例绘制而成的。通过图中可以看出，人体进入图中所示的外界电场后，电场发生了畸变：一部分电力线射向人体；另一部分在人体表面稍远的地方发生弯曲，但最终还是射向地面。

电力线的变化，反映到等位线上，也会发生相应地变形。在人体上方，电位线密度明显增加，而电位线密度增加意味着电场强度增高。通过图中可以看出，导线距地面 10m 高，人体进入前，1.8m 高度处的电场强度 $E_{1.8} = 3.54kV/m$，人体进入后，头顶的电场强度可达 63~77kV/m。头顶对整个身体而言是突出的尖端，落在头顶的电力线多，密度大，电场强度当然会变高。所以，地电位作业时，凡人体沿电场纵向突出部位的体表场强一定最高，而接触地面的部位体表场强最低。

4.人在中间电位（导线与地面间）的电位分布

图 5-46 是人体处于导线与地面间的电位分布图（为简化起见，支持人体重量的绝缘物已省略）。此时，人体上部接受来自导线的电力线，而下部脚跟等末端却向地面发出电力线。等位线发生两种弯曲：头顶上部向上凸出，脚跟下部向下凸出。其电力线的密度头顶和脚跟

115

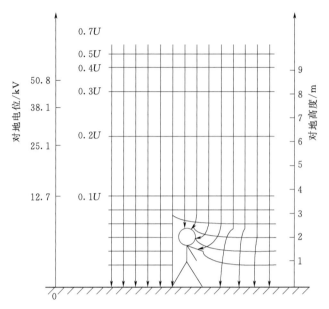

图 5-45　人在地电位（地面上）的体表场强及周围电位分布图

较大，其他部位也有少量电力线射向人体或发出，但密度很低。所以，中间电位法作业时，沿着电场纵向的人体凸出部位，其体表场强一定较高，其他部位体表场强不会太高。

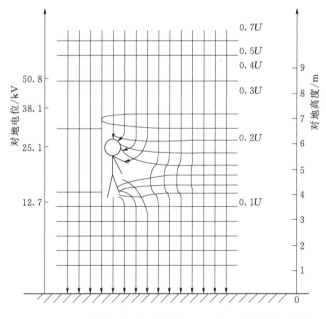

图 5-46　人在中间电位（导线与地面间）的电位分布图

5. 人体等电位的电位分布图

图 5-47 是指给人体已接近导线附近等电位前一瞬间及等电位后的电位分布图。从图中可以看出，转移电位前的瞬间，由于导线附近电场强度本来就很高，人体所引起的畸变使上举手指尖与导线间的空气间隙的平均电场强度进一步加强，并随手的不断上移而快速

升高。当其强度达到空气的临界击穿强度 [$E_c = 25 \sim 30 \text{kV/cm}$(幅值)] 时，气隙就会放电击穿。放电前的最后一瞬间，手指尖端的体表场强达到最高值。发生放电前一瞬间的气隙长度称为火花放电距离，发生放电后随着人体不断逼近导线，放电也持续不断，直到手已握住导线后，放电才会停止。人体一旦与导线电位相等，电场图形将从图5-47（a）变到图5-47（b）。原先许多由导线表面发出的电力线，马上改到由人体的足尖发出。此时足尖的电力线密度最高，标志着此处的体表场强最高。人体头部只要不超过导线，其体表场强是较低的，甚至人体接触的那段导线的表面电场强度也会降低，这是人体的屏蔽作用产生的后果。

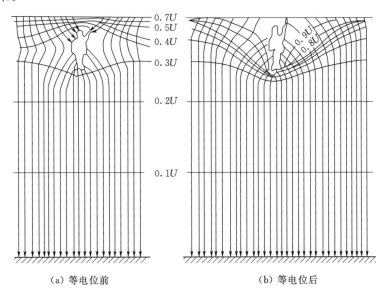

（a）等电位前 　　　　　　　　　（b）等电位后

图5-47　人体等电位前后的电位分布图

6. 电位转移过程中的最高体表场强

图5-44～图5-47是从理论上推断人体体表场强的强弱趋势。在等电位前后，人体体表场强可以实测获得，表5-21是在500kV线路上等电位前后，实测到的体表场强值（屏蔽服外）。其中头顶场强在未等电位时达到400kV/m，脚尖部位等电位后达到700kV/m。

表5-21　　　　　　　　　　　500kV线路等电位前后体表场强实测值

等电位电工的位置	体表场强/(kV·m⁻¹)						
	头顶	右肩	左肩	前胸	后背	面部	脚尖
距四分裂导线下1m，未等电位	400	130	80	40	12	125	92
已等电位，人头突出导线0.5m	480	300	350	60	190	—	—
已等电位，头部未超过导线	220	200	200	20	200	20	700

尽管目前还很难用仪器测到电位转移前一瞬间手指尖的体表场强的确切数值，但可根据理论推算来估计。就手指尖—导线这对电极而言，手指尖的体表场强会比导线表面高（尖端电荷密度高），估计手指尖的体表场强将达到 $E_{max} = 18 \sim 21 \text{kV/cm}$（有效值），因为

只有这种电场强度才会发生火花放电现象。这个推断也告诉我们，等电位作业必须采用防护措施。

5.2.1.3 带电作业时人体体表场强防护措施

屏蔽服是带电作业时人体体表场强防护措施的最重要的一环。用均匀分布的导电材料和阻燃纤维制成的屏蔽服，穿着后使处在强电场中的人体表面形成一个等电位屏蔽面，防护人体免遭高压电场的影响。

中国电科院等国内外多家研究机构均曾对屏蔽服对电场强度的防护作用进行实测，典型电压等级线路人员等电位后的电场强度实测表见表5-22～表5-26。

表5-22　　　　　±500kV直流线路屏蔽服内外体表场强实测表

人体部位	头顶		脚尖		肩膀		前胸	
	屏蔽服外	屏蔽服内	屏蔽服外	屏蔽服内	屏蔽服外	屏蔽服内	屏蔽服外	屏蔽服内
体表场强/(kV·m^{-1})	194	<1	156	<1	149	<1	132	<1

注　屏蔽服屏蔽效率为40dB。

表5-23　　　　　500kV交流线路屏蔽服内外体表场强实测表

人体部位	头顶		脚尖		肩膀		前胸	
	屏蔽服外	屏蔽服内	屏蔽服外	屏蔽服内	屏蔽服外	屏蔽服内	屏蔽服外	屏蔽服内
体表场强/(kV·m^{-1})	585.6	5.24	928.3	5.24	303.8	5.24	247.4	5.24

注　屏蔽服屏蔽效率为40dB。

表5-24　　　　　750kV交流线路屏蔽服内外体表场强实测表

人体部位	头顶		脚尖		面部		前胸	
	屏蔽服外	屏蔽服内	屏蔽服外	屏蔽服内	屏蔽服外	屏蔽服内	屏蔽服外	屏蔽服内
体表场强/(kV·m^{-1})	1318～1338	3～8	—	—	710～714	157～164	280～320	2～4

注　屏蔽服屏蔽效率为40dB，面罩屏蔽效率为20dB。

表5-25　　　　　±800kV直流线路屏蔽服内外体表场强实测表

人体部位	头顶		脚尖		面部		前胸	
	屏蔽服外	屏蔽服内	屏蔽服外	屏蔽服内	屏蔽服外	屏蔽服内	屏蔽服外	屏蔽服内
体表场强/(kV·m^{-1})	400.6	1～4	250.4	1～4	382	46	37.7	1～4

注　屏蔽服屏蔽效率为40dB，面罩屏蔽效率为20dB。

表5-26　　　　　1000kV交流线路屏蔽服内外体表场强实测表

人体部位	头顶		脚尖		面部		前胸	
	屏蔽服外	屏蔽服内	屏蔽服外	屏蔽服内	屏蔽服外	屏蔽服内	屏蔽服外	屏蔽服内
体表场强/(kV·m^{-1})	2132～2287	3～10	1825～1910	3～10	1038～1113	110～134	424～503	3～10

注　屏蔽服屏蔽效率为60dB，面罩屏蔽效率为20dB。

从表5-22～表5-26可知，在等电位作业过程中，只要合理穿好全套屏蔽服，完全可以实现体表场强的有效防护。对于750kV交流和±800kV直流及以上电压等级的等电位作业，作业人员还需配戴屏蔽效率为20dB的面罩。

5.2.2 电流的防护

带电作业过程中，存在着电流对人体造成伤害的危险，电流对人体伤害的严重程度决定于通过人体的电流大小、触电时间的长短、电流流过人体的途径、电流频率的高低及人的健康状况和精神、心理状态等众多因素。

电流一般分为稳态电流和暂态电流，稳态电流流经人体造成的伤害称为稳态电击，暂态电流造成的伤害称为暂态电击。

在带电作业过程中，可能出现的稳态电击主要包括绝缘工具的泄漏电流、绝缘子串的泄漏电流、在载流（即有负荷电流）的设备上工作的旁路电流等造成的电击。

带电作业过程中的暂态电击是作业人员接触不同导体的瞬间，积累在导体上的电荷以火花放电的方式对人体放电而造成的伤害，通常用火花放电的能量来衡量其危害程度。如在等电位过程中出现的电位转移脉冲电流造成的电击就是暂态电击。

5.2.2.1 绝缘工具的泄漏电流

因绝缘工具的绝缘电阻均为 $10^{13}\Omega \cdot cm$ 左右，所以正常工作时，只要工具的有效长度满足带电作业相关规程的要求（表5-27），流过绝缘工具的泄漏电流通常只有几微安。但绝缘工具一旦严重受潮，电流将上升几个数量级，达到毫安级电流，就会危及人身安全。

表5-27 输电线路带电作业绝缘工具最小有效绝缘长度

电压等级/kV	最小有效绝缘长度/m		电压等级/kV	最小有效绝缘长度/m	
	绝缘操作杆	绝缘承力工具、绝缘绳索		绝缘操作杆	绝缘承力工具、绝缘绳索
63（66）	1.0	0.7	1000	6.8	6.8
110	1.3	1.0	±400	3.75	3.75
220	2.1	1.8	±500	3.7	3.7
330	3.1	2.8	±660	5.3	5.3
500	4.0	3.7	±800	6.8	6.8
750	5.3	5.3			

注 ±400kV 电压等级的数据按海拔 3000m 校正，其余数据按海拔 1000m 校正。

因此，普通绝缘工具在雨天是禁止使用的。采用防雨罩等特殊设计的雨天作业工具在下雨条件下可限制泄漏电流过高增长，一般均控制在几百微安水平。在潮湿天气中，采用泄漏报警器并联在绝缘工具的尾部，并与大地相连，可实现泄漏电流实时监测和报警。

随着带电作业技术的发展，近几年来防潮型绝缘绳索得到了快速发展。与普通绝缘绳索相比，防潮型绝缘绳索在高湿度下的工频泄漏电流显著减小，淋雨闪络电压大幅度提高，在浸水后仍可保持良好的绝缘性能。但需要指出的是，这并不意味着防潮型绝缘绳可直接用于雨天作业。防潮型绝缘绳索主要是为了解决普通绝缘绳索遇潮状态下绝缘性能急速下降的缺点，增强绝缘绳索在现场作业时遇潮、突然降雨等状况下的绝缘能力，从而提高带电作业的安全性。

因此，带电作业相关规程中规定：带电作业应在良好天气下进行，如遇雷电（听见雷声、看见闪电）、雪、雹、雨、雾时禁止带电作业。风力大于 5 级，或湿度大于 80％时，不宜进行带电作业。若因抢修等原因必须进行作业，应采用具备防潮性能的绝缘工具。

5.2.2.2 绝缘子串的泄漏电流

干燥洁净的绝缘子串因其绝缘电阻高达 $500M\Omega$ 以上，电容量又很小（约 50pF），所以其阻抗值是很高的，流过绝缘子串的泄漏电流只有几十微安。但受一定程度污秽程度的绝缘子串在潮湿的气候条件下，其泄漏电流就会剧增到毫安级。当塔上人员因摘除绝缘子挂点使人体接入泄漏电流回路中时，泄漏电流就会通过人体，从而影响作业人员安全。

绝缘子串的泄漏电流的防护的办法是先用短接线将泄漏电流接通入地，再去摘挂点。或者作业人员穿全套屏蔽服装，让其旁路绝缘子的泄漏电流，也能有效保护人身免受其害。

因此，带电作业相关规程中规定：在绝缘子串未脱离导线前，拆、装靠近横担的第一片绝缘子时，应采用专用短接线或穿屏蔽服，方可直接进行操作。

5.2.2.3 在载流的设备上工作的旁路电流

正常等电位作业时，由于导线通过较大负荷电流，导线上某两点（例如与左右手尺寸相似的两点）间将会有电压降，由于导线两点间电阻很小，因此，电压也很低，工作人员同时接触这两点时，仅有一个很小的电流流经过人体。如果作业人员穿屏蔽服接触两点，流过屏蔽服的电流很小，流过人体的电流将更小，故一般不需要加以防护。

5.2.2.4 电位转移脉冲电流

1. 电位转移脉冲电流实测

在交、直流高压线路带电作业等电位进入过程中，电位转移脉冲电流是安全防护的重点对象之一。目前，国内外研究机构对交、直流线路带电作业过程中的电位转移电流已进行了较多的研究。近几年来，随着我国特高压技术的快速发展，中国电科院对 $\pm800kV$ 直流线路和 1000kV 交流线路电位转移脉冲电流进行了实测，通过实测发现，1000kV 交流线路电位转移脉冲电流峰值超过 1000A，脉冲电流幅值较高，并伴随电弧现象；$\pm800kV$ 直流线路电位转移脉冲电流峰值可达 150A。

以 $\pm800kV$ 直流线路电位转移脉冲电流检测情况为例进行说明。表 5－28 为中国电科院对 $\pm800kV$ 直流线路电位转移脉冲电流实测数据。图 5－48 为 $\pm800kV$ 直流线路电位转移脉冲电流波形，表 5－29 为 $\pm800kV$ 直流线路等电位电位转移过程中的比能量。

从表 5－28 和图 5－48 可发现，$\pm800kV$ 直流线路等电位作业过程中，等电位人员电位转移并进入等电位的过程是由 30 次脉冲放电组成的，整个放电过程持续约 650ms，脉冲电流幅值最大为 149.98A（第 3 次），单个脉冲脉宽最大值为 $80\mu s$（第 15 次），转移的电荷量最大为 $4430\mu C$（第 1 次）。从表 5－29 可以看出，实际人员试验的 650ms 中共有 30 个脉冲波形，其中最大的比能量为 $539.35\times10^{-3}A^2s$（第 1 次），最小的为 $0.43\times10^{-3}A^2s$，平均为 $106.76\times10^{-3}A^2s$，整个电位转移过程的 650ms 中总比能量为 $3.27A^2s$。

表 5 - 28   ±800kV 直流线路电位转移脉冲电流实测数据

脉冲序号	峰值电流/A	脉宽/μs	转移电荷/μC	脉冲序号	峰值电流/A	脉宽/μs	转移电荷/μC
1	−128.68	41	−4430	16	−146.88	40	−1090
2	68.02	19	708	17	68.02	20	704
3	−149.98	30	−2580	18	68.02	40	705
4	−84.48	50	−3410	19	70.82	20	1180
5	68.02	20	697	20	67.02	30	1010
6	76.62	27	1340	21	−29.98	40	−909
7	−144.88	50	−1810	22	17.12	20	180
8	30.72	60	1030	23	−141.58	30	−2180
9	−115.88	70	−1620	24	−122.78	20	−1330
10	68.02	40	1740	25	5.82	24	91.4
					−8.276	−16	−72.9
11	−24.38	50	−1130	26	−144.88	20	−1490
12	−144.88	20	−1070	27	60.32	20	653
13	78.02	60	2930	28	70.42	46	1780
14	−144.78	20	−1070	29	68.02	20	734
15	72.02	80	3120	30	−71.28	30	−961

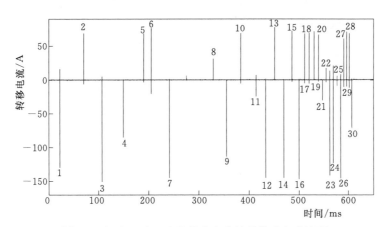

图 5 - 48   ±800kV 直流线路电位转移脉冲电流波形

通过±800kV 直流线路电位转移过程中电流波形的记录，以及后续对脉冲电流幅值、电荷量、比能量等进行分析，±800kV 直流特高压线路带电作业电位转移放电过程的主要规律如下：

（1）整个电位转移过程由若干次脉冲放电组成，每次电流脉冲持续的时间较短（约为几十毫秒），幅值较高（直流特高压线路上脉冲电流幅值超过 100A，交流特高压线路上则更高），同时发生电荷与能量的转移，并在每个电流脉冲期间均能够观察到明显的电弧。

表 5 - 29　　　　　　　　　 ±800kV 直流线路电位转移过程中的比能量

脉冲序号	比能量/($\times 10^{-3}$A^{2}s)	脉冲序号	比能量/($\times 10^{-3}$A^{2}s)
1	539.35	16	145.76
2	29.72	17	29.92
3	341.09	18	29.87
4	263.47	19	55.54
5	30.17	20	44.09
6	59.46	21	23.94
7	151.98	22	1.87
8	24.41	23	191.85
9	94.07	24	92.79
10	82.27	25	0.58 (0.43)
11	21.36	26	136.09
12	139.01	27	22.55
13	190.87	28	76.48
14	139.83	29	28.87
15	144.71	30	70.86
650ms 总比能量为 3.27A^{2}s			

（2）通过对脉冲电流波形进行分析，可知作业人员进行电位转移的整个放电过程。塔上人员乘坐吊篮（均作为导体看待）接近等电位过程中，这些中间电位导体将导线与杆塔之间的间隙分为两段，分别由中间电位导体与杆塔、中间电位导体与导线构成。中间电位导体在靠近导线的过程中，与导线接近的一面被感应出与直流导线极性相反的电荷，并在最靠近导线的尖端部位（伸出的手臂或电位转移棒）积聚，造成电场的畸变。当中间电位导体与导线接近到一定程度时（直流特高压线路上为 0.3～0.4m），由于中间电位导体与导线间隙距离的减少，以及电场的畸变作用，中间电位导体与导线间隙电场强度极高，从而造成此段间隙被击穿。在间隙被击穿的同时，中间电位导体与导线间形成稳定的电弧。通过电弧弧道，导线上的电荷与中间电位导体上的感应出来的电荷迅速中和，在极短时间内形成幅值较大的电流。由于中间电位导体与导线间形成电弧后，弧道阻抗远远小于中间导体与塔身之间空气间隙的阻抗，因此中间导体与导线间电压迅速降低，当电压下降到一定程度后，电弧通道将被阻断，电荷及能量的转移过程随即停止，电流幅值为零，从而终止一次脉冲放电。而该次放电脉冲结束后，中间电位导体与导线间的阻抗恢复，之间的空气间隙又将出现较高的电场，中间电位导体上又将被感应出电荷并积聚，造成电场畸变，在电场强度增加到一定程度后，中间导体与导线间的空气间隙又将被击穿，从而出现与前一次类似的放电过程。因此在中间电位导体接近导线的过程中，将不断出现间歇性的脉冲放电，直到中间电位导体最终与导线接触。在电位转移过程中，中间电位导体（人员及吊篮等构成）与导线的整个放电过程由一系列的放电脉冲组成。

（3）在整个放电过程中，中间电位导体与导线之间的电流是双极性的。因此在电位转移过程中，中间电位导体将出现低于导线电位、高于导线电位、与导线等电位的三种电位状态，而这期间由于电荷的反复转移，所产生的能量远大于电荷只进行单向转移所产生的能量。

（4）通过比较交、直流特高压线路带电作业电位转移脉冲结果的测量值发现，交流特高压线路电位转移时脉冲电流幅值一般超过 1000A，而直流特高压线路中脉冲电流幅值最大约为 150A，远小于交流特高压线路水平。

2. 电位转移脉冲电流防护

通过前述分析发现，在输电线路等电位带电作业进行电位转移时，会发生较强的放电现象，产生幅值较高的脉冲电流。因此在带电作业进入等电位过程中，必须对电位转移时的脉冲电流进行防护，目前主要通过屏蔽服与电位转移棒两种措施来防护电位转移过程的脉冲电流。

由于屏蔽服具有很强的旁路电流的能力，在电位转移时几乎全部的脉冲电流从屏蔽服流过。耐受电位转移过程的脉冲电流也是带电作业屏蔽服的主要功能之一。在 IEC 60895 中用载流能力（current - carrying capability）指标来表征在作业人员所处电位发生变化时，屏蔽服防护脉冲电流的能力。其中屏蔽服的载流能力定义为：当工人转移工作位置时（从杆塔的金属构件或高空作业车上），在接触带电导体的瞬间，电容电流将流经作业人员屏蔽服，而屏蔽服的载流能力可保证屏蔽服在通过电流时没有危险（出现发热、冒烟、燃烧等）。在 GB/T 6568—2008《带电作业用屏蔽服装》中用整套衣服通流容量指标来表征屏蔽服防护脉冲电流的能力，通过比较参数要求及试验方法，其要求比 IEC 标准中更加严格。在相关国家标准中定义整套衣服通流容量为屏蔽服装各部件连接成整体后，在衣服任意两个最远端之间，通过某一工频电流值并经过一定热稳定时间后，衣服上任何点局部温升为规定限制时的这一电流。

屏蔽服防护脉冲电流的实质是屏蔽服能够承受脉冲电流所产生的热效应而不发生危险，即屏蔽服承受脉冲电流的能量后，其温升在可接受范围内。与前述章节中对应，可借助比能量来分析屏蔽服对输电线路电位转移时耐受脉冲电流的能力。

以 ±800kV 直流输电线路带电作业为例，作业人员借助电位转移棒进入等电位时，整个电位转移过程共出现了 30 次较明显的脉冲电流，前后约 650ms（第一个至最后一个脉冲的时间），所产生的比能量总计为 $3.27A^2s$。根据整套屏蔽服通流容量试验结果发现，屏蔽服通入有效值为 14.5A 工频电流时温升在可接受的范围。而有效值为 14.5A 的工频电流在 650ms 内所产生的比能量约为 $126.15A^2s$，远远超过了脉冲电流所产生的比能量。而屏蔽服流经有效值为 5A 工频电流时温升仅为 5.0℃，此时电流在 650ms 内所产生的比能量约为 $15A^2s$，大于电位转移时脉冲电流在屏蔽服上产生的能量。从而可以说明，用于 ±800kV 直流特高压线路的屏蔽服完全可以承受电位转移过程中所产生的能量。由于采用电位转移棒可避免人体面部等与导线间发生电弧，在安全距离、组合间隙可充分保证的条件下，也可以采用电位转移棒进行电位转移。

但对于 750kV 交流和 1000kV 交流输电线路而言，在电位转移过程中，其脉冲电流幅值比 ±800kV 直流输电线路高十几倍，电弧放电现象异常明显，通过实测发现 1000kV 交流输电线路电位转移脉冲电流峰值超过 1000A，因此，对于交流 750kV 及以上输电线路带电作业，在电位转移时，应使用电位转移棒进行电位转移。对于500kV交流输电及以下输电线路的带电作业，在电位转移时，可以直接通过屏蔽服进行电位转移。

同时，等电位作业人员在转移电位时，人体裸露部分与带电体的距离不应小于表5-30的规定。

表5-30 　　　　　　等电位作业转移电位时人体裸露部分与带电体的最小距离

电压等级/kV	35、66	110、220	330、500	±400、±500	750、1000、±800
最小距离/m	0.2	0.3	0.4	0.4	0.5

5.2.3　静电感应的防护

当导体处于电场中，因静电感应时导体表面产生感应电荷，感应电荷形成的电场与原来的电场叠加，使原来的电场产生畸变。由电场的计算可知：导体所引起电场畸变部分的电场强度将增大，导体的曲率半径越小，其表面的电场强度增大越多。例如，在实测电场中人体表面场强时，人的鼻尖、手指尖、脚尖等部位的电场强度都比人体其他部位的电场强度高得多。

5.2.3.1　静电感应两种基本工况

带电作业人员在电场中工作时，因静电感应可能会遭受到电击。带电作业有人体对地绝缘和处于地电位两种基本工况，因此遭受的电击也有两种情况。

1. 人体对地绝缘工况

图5-49是人体对地绝缘工况下的静电感应示意图。由于人体电阻较小，在强电场中人体可视为导体。当人体对地绝缘时，因静电感应使人体处于某一电位（亦即在人体与地之间产生一定的感应电压）。此时，如果人体的暴露部位（例如人手）触及接地体时，人体上的感应电荷将通过接触点对接地体放电，通常把这个现象称为电击。当放电的能量达到一定数值时，就会使人产生刺痛感。穿绝缘鞋的作业人员攀登在线路杆塔窗口时就属于这种工况，由于离带电导线较近，人体上的感应电荷较多，如果用手触摸塔身铁梁，手上就会产生放电刺痛感。

2. 人体处于地电位工况

图5-50是人体处于地电位工况的静电感应示意图。对地绝缘的金属物体在电场中因静电感应而积累一定量的电荷，并使其处于某一电位。此时，如果处于地电位的作业人员用手去触摸，金属体上的感应电荷通过人体对地放电，同样使人遭受电击。地面作业人员在强电场中触摸悬空吊起的大件金具或停电设备上的金属部件时可能有电击感都属于这种工况。

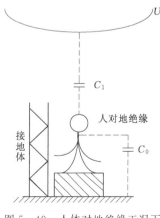

图5-49　人体对地绝缘工况下
静电感应示意图

5.2.3.2　静电感应的人体安全防护

静电感应防护可采用下列措施：

（1）在 500kV 及以上输电线路带电杆塔上作业应穿全套屏蔽服（含导电鞋）。

（2）在 220kV 线路带电杆塔上作业时，应穿导电鞋；如接近导线作业时，应穿全套屏蔽服（含导电鞋）。

（3）退出运行的电气设备，只要附近有强电场，所有绝缘体上的金属部件，无论其体积大小，在没有接地前，处于地电位的人员禁止用手直接接触。

（4）已经断开电源的空载相线，无论其长短，在邻近导线有电（或尚未脱离电源）时，空载相线有感应电压，作业人员不准触碰，并应保持足够的距离。只有当作业人员使用绝缘工具将其良好接地后，才能触及空载相线。

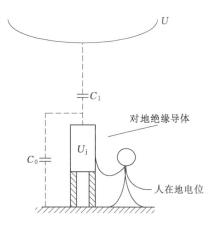

图 5-50　人体处于地电位时静电压示意图

（5）在强电场下，塔上带电作业人员接触传递绳上较长的金属物体前，应先使其接地。

（6）绝缘架空地线应视为有电，塔上带电作业人员要对其保持足够的距离，先接地后，才能触碰。

5.3　邻近带电体作业感应电防护

5.3.1　带电杆塔上作业的感应电防护

带电杆塔上作业与带电作业中人体处于地电位工况的情况是类似的。由于线路带电，杆塔上会产生感应电压和感应电流，从而对人身安全造成影响。带电杆塔上感应电压和感应电流对人体一般不会造成致命的影响，但由于感应电的影响，有可能导致出乎人体意料的麻电、触电的感觉，从而导致高处坠落等二次伤害的情况产生，因此必须对带电杆塔上作业的感应电防护进行研究和分析。

5.3.1.1　110～500kV 典型线路感应电压和电场实测

为了切实掌握带电作业人员在 110～500kV 输电线路杆塔上工作时人体的感应电压和电场强度，制订更合理、完善的线路作业安全防护措施，我国武汉高压研究院等科研院校曾对带电杆塔上作业的感应电压和电场进行实测，并取得了较为一致的数据支撑。

1989—1990 年，长沙电业局和中国电力科学研究院等单位在当时具有代表性的 330kV、500kV 交流线路塔型上进行了带电作业相关数据的实测，其结果主要包括：

（1）330kV 交流线路带电杆塔上空间电场强度最高达到 30kV/m，其最大人体感应电流为 224μA。

（2）我国第一代 500kV 交流线路带电杆塔上空间电场强度最高达到 40kV/m，其最大人体感应电流为$370\mu A$，第二代500kV交流杆塔由于塔宽尺寸小，其空间电场强度最高达到58kV/m。

2006年武汉高压研究院又对500kV交流同塔双回线路带电杆塔上多个典型作业位置进行实测，其最大体表场强高达166kV/m。

北京电力科学研究院曾通过测试，建议以$150\mu A$作为带电杆塔上作业无防护措施的极限值，它相当于10kV/m均匀电场可允许工作3h的限值。

表5-31是以广西电网较典型的输电线路为例，对人体在塔上时的电场强度、人体电流和人体感应电位的实测数据统计。

表5-31　广西电网110～500kV线路塔上实测电场强度、人体电流和人体感应电位

电压等级/kV	塔上人体电场强度 /(kV·m⁻¹)		塔上人体电流 /μA		塔上人体感应电位 /V	
	一般	最大	一般	最大	一般	最大
110	1～4	6	14～46	55	18～50	65
220	8～23	30	79～200	280	95～280	385
500	35～50	62	190～310	398	—	—

根据相关数据，我国220kV及以上输电线路大部分杆塔（特别是同塔双回线路）的塔上某些作业区，人体电流已超过$150\mu A$的限值。因此，必须对带电杆塔上作业进行感应电防护。

5.3.1.2　带电杆塔上作业感应电防护措施

1. 保证足够的安全距离

（1）在带电线路杆塔上工作与带电导线的最小安全距离。带电杆塔上进行测量、防腐、巡视检查、紧杆塔螺栓、清除杆塔上异物等工作，作业人员活动范围及其所携带的非绝缘工具、材料等与带电导线的最小距离不准小于表5-32的规定。

表5-32　　　　　　　　在带电线路杆塔上工作与带电导线最小安全距离

	电压等级/kV	安全距离/m		电压等级/kV	安全距离/m
交流	66、110	1.5	直流	±50	1.5
	220	3.0		±400	7.2
	330	4.0		±500	6.8
	500	5.0		±660	9.0
	750	8.0		±800	10.1
	1000	9.5		—	—

直流接地极线路一般长度较短，电阻小，因而接地极线路运行电压也小，但是运行电流却不容忽视，例如±800kV楚穗线接地极线路单极运行最大电流达3.438kA。所以运行中的高压直流输电系统的直流接地极线路和接地极应视为带电线路。各种工作情况下，邻近运行中的直流接地极线路导线的最小安全距离按±50kV直流电压等级

控制。

（2）绝缘架空地线应视为带电体。作业人员与绝缘架空地线之间的距离不应小于0.4m（1000kV 交流为 0.6m）。如需在绝缘架空地线上作业时，应用接地线或个人保安线将其可靠接地或采用等电位方式进行。

2. 穿导电鞋和全套屏蔽服（静电防护服）

由于输电线路检修、运行人员发放的劳动保护用品一般是同属低压电工的 5000V 绝缘胶鞋，当检修、运行人员穿着绝缘鞋在带电杆塔上作业时，由于离带电导线较近，周围空间产生电场，员工处在电场内，皮肤表面积聚的电荷将对人体产生刺激，当刺激水平较高时，感觉分散的刺痛和蠕动感。由于塔上电工穿着绝缘鞋，使处于电场中的人体上感应有一定的静电感应电压，感应电压的高低取决于带电导线的电压和人体对带电导线的距离，由于其电压高、电流小的特点，当脚穿绝缘鞋的人体裸手触及塔材（接地体）时，感应电压会产生脉冲放电电流，瞬间给人一种刺痛感，从而极易导致高空坠落等意外伤害。

因此，在 220kV 交流线路杆塔上作业时必须穿导电鞋，以保证在任何情况下作业人员和杆塔同电位，避免作业时因人体和杆塔电位不同而造成暂态电击，引起刺痛或由此造成二次事故。

同时，在 330kV 交流及以上电压等级的杆塔上作业时，凡需在高电场强度区停留工作的，为防止人体受电场及电磁波的影响，应穿相应电压等级的全套屏蔽服或静电防护服和导电鞋。

5.3.2　临近带电体施工作业

随着经济的发展，高压输电线路越来越多，新建线路接近高压运行线路的施工也随之增多。由于感应电的存在，将直接危及施工人员的安全，因此在临近带电体施工时，必须特别注意感应电防护。

5.3.2.1　临近带电线路施工的感应电计算分析

在一般情况下，施工线路邻近带电线路将产生静电感应和电磁感应，当带电线路单相接地时，还会产生零序电流的电磁感应。所以，施工时应对上述三种情况的感应电进行计算，使其控制在危险值内，如果超过危险值就应采取有效措施。

下面以一回典型的 500kV 交流双线平行架设，一回运行、另一回施工的情况进行分析计算。

1. 线路基本情况

某 500kV 交流双线平行架设，其平行长度为 312km，一回线 500kV 交流运行时，施工二回线路工程，接近距离很近，两条线路中心线距离为 100～200m，特殊地段仅有60m。2 条线路均为水平排列，相间距离为 11.8～14.5m（不包括转角及大跨越塔），为了简化及安全起见，在计算时，两条线路线间距离均选用 15m，导线均为 4 分裂，间距450mm，其平行线路示意图如图 5-51 所示。

在架线施工时，按导线所处的空间位置进行了计算。

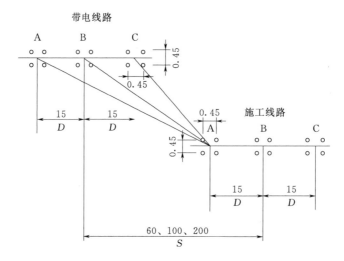

图 5-51 二回平行线路示意图（单位：m）

2. 静电感应

考虑了分段接地施工方式，故对静电感应只计算产生静电感应电流，其计算结果列于表 5-33。

表 5-33　　　　　　　　　　　静 电 感 应 计 算 结 果

计 算 项 目		接 近 距 离/m					
		60		100		200	
		放线	附件	放线	附件	放线	附件
电容 /($\times 10^{-9}$F·km^{-1})	C_{AC}	5.28	5.55	4.53	4.73	3.97	4.12
	C_{AB}	4.91	5.14	4.41	4.60	3.92	4.07
	C_{AA}	4.67	4.88	4.30	4.48	3.88	4.03
感应电流 /(mA·km^{-1})	I_{AC}	479	503	411	431	360	373
	I_{AB}	445	466	400	417	356	369
	I_{AA}	423	442	390	406	352	365
	I_A	45	53	18.2	21.7	6.28	7

3. 电磁感应

其计算结果见表 5-34。

4. 运行线路单相短路时感应电危险影响的计算

其计算结果见表 5-35。

5. 分析结论

（1）计算结果表明，施工线路距离带电线路越近，在施工线路上产生的感应电流和感应电压就越大，在距离带电线路 60m 处，感应电流达到 503mA/km，感应电压达到 206V/km。

128

计 算 项 目		接　近　距　离/m					
		60		100		200	
		一回线	二回线	一回线	二回线	一回线	二回线
三相平衡电流感应电势/(V·km⁻¹)	E_{AC}	315	206	242	171	167	132
	E_{AB}	281	191	225	162	162	128
	E_{AA}	253	177	211	155	155	124
	E_A	54.7	25.1	26.9	13.9	10.4	6.9
零序电流感应电势/(V·km⁻¹)	E_0	16	10	12	8.5	8	6.7
感应总电势/(V·km⁻¹)	E	63.4	31.2	34.0	20.3	16.4	11.8

距 A 变电站/km	接近距离/m			距 B 变电站/km	接近距离/m		
	60	100	200		60	100	200
	一回线感应电势/(V·km⁻¹)				二回线感应电势/(V·km⁻¹)		
0	2280	1900	1390	0	2252	1987	1577
	1907	1589	1165		1444	1271	1011
16	1676	1396	1021	22	1709	1503	1196
	1486	1237	907		1210	1086	864
32	1300	1082	794	43	1369	1199	954
	1198	998	732		1073	944	751
48	1038	865	634	65	1121	986	784
	987	822	603		946	832	662
64	841	701	517	86	946	827	658
	880	684	502		842	741	589
86	683	570	417	108	798	709	559
	683	569	417		729	663	527
96	518	456	335	129	681	599	677
	560	467	343		676	595	473
112	423	353	259	150	580	510	406
	444	370	272		607	534	425

（2）由于电网系统容量很大，单相接地零序电流可达几万安，所以感应电压很高，在施工时必须予以重视，做好感应电防护措施。

5.3.2.2　线路施工容易产生感应电的场所及接地线安装位置

1．线路施工容易产生感应电的场所

（1）新建线路跨越（或穿越）运行的电力线路，施工线路会产生感应电。

（2）新建线路与运行的电力线路平行走线（两线路相距 300m 范围内），施工线路会产生感应电。

（3）同塔双回线路，其中一回线路带电运行，另一回线路施工时会产生感应电。

（4）在运行的变电站附近架线施工，施工线路会产生感应电。

2. 架线施工中接地线安装的主要位置

（1）新建线路附近 300m 范围内有平行高压运行线路的，区段内平行杆位进行附件安装时，施工区段及附件安装施工点范围两侧必须安装保安接地。

（2）同塔双回线路，其中一回线路带电运行，另一回线路施工时必须安装接地线。

（3）平行以及同塔双回路线路分支塔附近线路的 2～3 基塔位进行施工时必须安装接地线。

（4）不停电穿（跨）越运行线路的架线施工，施工区段及附件安装施工点范围两侧必须安装接地线。

5.3.2.3　施工作业过程中感应电伤害防护措施

输电线路施工安装时，有可能造成感应电伤害的主要工作包括放紧线、附件安装等作业，其感应电伤害的主要防护措施是把施工的导地线接地，使施工导地线的电位与大地相同，从而避免感应电的伤害。

1. 放线时的接地应遵守的规定

（1）架线前，放线施工段内的杆塔应与接地装置连接，并确认接地装置符合设计要求。

（2）牵引设备和张力设备应可靠接地。操作人员应站在干燥的绝缘垫上并不得与未站在绝缘垫上的人员接触。

（3）牵引机及张力机出线端的牵引绳及导线上应安装接地滑车。

（4）跨越不停电线路时，跨越档两端的导线应接地。

（5）应根据平行电力线路情况，采取专项接地措施。

2. 紧线时的接地应遵守的规定

（1）紧线段内的接地装置应完整并接触良好。

（2）耐张塔挂线前，应用导体（专用短接线）将耐张绝缘子串短接。

3. 附件安装时的接地应遵守的规定

（1）附件安装作业区间两端应装设接地线。施工的线路上有高压感应电时，应在作业点两侧加装工作接地线。

（2）施工人员应在装设个人保安装地线后，方可进行附件安装。

（3）地线附件安装前，应采取接地措施。

（4）附件（包括跳线）全部安装完毕后，应保留部分接地线并做好记录，竣工验收后方可拆除。

5.3.2.4　施工作业过程中预防感应电接地装置要求

1. 预防感应电接地装置安装操作的要求

（1）装设接地线时，必须先安装接地端，后安装导线或避雷线端；拆除接地线时的顺序相反，即先拆除导线或避雷线端，后拆除接地端。

（2）挂接地线或拆接地线时必须设监护人；操作人员应使用绝缘棒（绳）、戴绝缘手套，并穿绝缘鞋。

（3）使用前应检查接地线的规格是否符合使用要求，其绝缘杆连接长度及接地铜导线是否符合要求。

（4）接地线的外观检查，检查绝缘杆表面或接地铜线的绝缘胶套是否破损。

（5）检查接地线的各部件连接是否牢固，夹头螺栓是否灵活好用，接地钎长度是否符合要求。

（6）检查接地滑车是否转动灵活，导电性能良好。

2. 预防感应电接地工具的技术要求

使用的接地线必须是有合格证的产品，在各种不同场所使用的接地装置应遵守下列技术规定：

（1）个人作业使用的保安接地线的截面不得小于 $16mm^2$。

（2）对运行线路停电施工时，工作接地线的截面不得小于 $25mm^2$。

（3）接地线应采用编织软铜线，并有绝缘皮包裹，不得采用其他导线代替。

（4）接地线两端应有专用夹具，安装连接必须可靠，不得用缠绕法连接。

（5）在地面打桩作为接地极时，接地棒宜镀锌，直径不小于 $12mm$，插入地下的深度应大于 $0.6m$。

（6）接地滑车应转动灵活，连接可靠，应能随导地线的运动而伸展，没有卡阻现象。

5.3.3 绝缘架空地线上作业

架空地线是高压、超高压和特高压输电线路最基本的防雷设施，架设架空地线可以防止雷电直击输电线路，还可通过对雷电流的分流作用来减小流入杆塔的雷电流，从而使塔顶电位下降。

输电线路架空地线逐基接地时，输电线路架空地线与导线间存在静电耦合和电磁感应，且因导线和地线空间位置排列的局限，各相导线在架空地线中的感应电势无法相互抵消。一旦架空地线出现多个接地点，形成地线—地线或者地线—大地的回路，就会产生感应电流。

在早期线路建设过程中，由于要考虑应用载波通信，在 220kV 交流线路中通常会采用双绝缘方式。近年来，随着通信技术的进步，同时考虑到双绝缘方式会导致很高的感应电压，因此双绝缘方式地线已基本被单绝缘方式取代。但是，当架空地线采用绝缘架设方式时（图 5-52），不论其是单点绝缘，还是双点绝缘，在绝缘架空地线上均会产生感应电压。

因此，作业人员在地线上或靠近地线附近进行工作时，应做好感应电防护工作。

5.3.3.1 输电线路绝缘架空地线感应电压与感应电流分析

本节以我国第一条特高压同塔双回输电线路淮南—皖南—浙北—沪西交流特高压同塔双回输电工程淮皖段的参数，对不同运行状况下的架空地线感应电压和感应电流进行相应的分析。

图 5-52 绝缘架空地线现场示意图

1. 线路基本情况

淮南—皖南—浙北—沪西 1000kV 交流同塔双回输变电工程线路总长 642.5km,其中淮南至皖南线路长 326.5km,导线采用 8×LGJ-630/45 钢芯铝绞线。地线一根为 LBGJ-240-20AC 钢包铝绞线,该地线分段一点接地;另一根为 OPGW-24B1-254 架空复合光缆,该地线多点连续接地。淮皖段不同运行方式下母线电压和线路潮流见表5-36。

表 5-36　　　　　　　　淮皖段不同运行方式下母线电压和线路潮流

运行方式	母线电压/kV		线路潮流/MW
	淮南	皖南	
大方式	1035.0	1040.9	3367.9
小方式	1043.4	1060.6	2288.8

2. 架空地线感应电压和感应电流分析

表 5-37 为淮皖段大、小方式下,土壤电阻率为 $100\Omega \cdot m$ 时,复合光缆上的感应电流和绝缘地线上的感应电压。其中绝缘地线每段长度为 5km。

表 5-37　　　　　　　淮皖段架空地线感应电压、感应电流 (有效值)

线路运行状况	运行方式	感应电流 (复合光缆)/A	感应电压 (绝缘地线)/V
正常运行	大方式	11.79	258.59
	小方式	8.06	160.90
Ⅰ回运行、Ⅱ回检修	大方式	12.13	425.16
	小方式	8.25	277.79

从表 5-37 来看,特高压同塔双回线路正常运行时,绝缘地线感应电压可达 258.59V,在Ⅰ回运行、Ⅱ回检修时可达 425.16V。复合光缆感应电流在正常运行时可达 11.79A,在Ⅰ回运行、Ⅱ回检修时可达 12.13A。Ⅰ回运行、Ⅱ回检修时的绝缘地线上的感应电压明显高于线路正常运行时的感应电压;而Ⅰ回运行、Ⅱ回检修时的复合光缆上的

感应电流略高于线路正常运行时的感应电流。

5.3.3.2 绝缘架空地线上作业的防护措施

1. 保持安全距离

绝缘架空地线应始终视为带电体，在绝缘架空地线附近作业时，作业人员与绝缘架空地线应保持足够的安全距离。根据仿真实验数据可得，在最严酷的情况下：500kV及以下电压等级线路的绝缘架空地线最大感应电压不大于10kV，安全距离参照带电作业时人员与10kV带电体不得小于0.4m考虑；特高压线路的绝缘架空地线最大感应电压不大于35kV，安全距离参照带电作业时人员与35kV带电体不得小于0.6m考虑。

2. 使用绝缘架空地线专用接地线或采用带电方式

如需在绝缘架空地线上作业，可采用以下方式进行：

（1）使用绝缘架空地线专用接地线或个人保安线进行可靠接地后再进行作业。

（2）使用绝缘操作杆地电位或按等电位方式进行作业。

使用绝缘地线专用接地线时，应注意以下方面：

（1）挂设专用接地线时，作业人员必须与其保持0.4m（1000kV线路0.6m）及以上的安全距离。

（2）挂设时，应先接接地端，再接导线端，拆除时，应使用相反程序进行。

（3）专用接地线两端必须固定在牢固的构件上，且连接可靠，防止受大风摇摆后脱落。

（4）严禁使用抛挂铝、铜线代替专用接地线对绝缘架空地线进行接地。

使用绝缘操作杆地电位或按等电位方式进行作业时，应严格按带电作业的要求进行作业。

3. 特殊情况下的防护措施

（1）当线路不停电进行地线承力金具更换等作业时，不论地线是否接地，均应按以下要求进行：

1）作业人员必须穿全套屏蔽服。

2）使用专用接地线进行可靠接地后再进行作业。

（2）变电站进线档等松弛架设的地线上工作时，应可靠接地后再进行作业。带电更换架空地线或架设耦合地线时，应通过金属滑车可靠接地后方可进行。

5.3.4 杆塔接地电阻测试作业

运行测量作业时同样要注意感应电防护。目前，线路上较常见的运行测量作业就是进行杆塔接地电阻测量工作。由于在进行杆塔接地电阻测量时，一般运行线路都是带电的，接地引下线上往往会产生较大的感应电流，而测量接地电阻需要断开接地引下线，因此有必要进行感应电防护分析。

5.3.4.1 接地引下线感应电流仿真和实测

由于导线带电的影响，将在带电杆塔和地线上产生相应的感应电压，并通过地线—杆塔—接地引下线—大地形成接地回路，从而在接地引下线上产生较大的感应电流。

下面以一回典型的220kV线路为例进行说明。

1. 线路基本情况

该220kV线路全长7km，杆塔30基，全线与另一条220kV线路同塔架设。导线采用JL/LB20A-240/30，两侧地线均采用JL/LB20A-70/40，全线两侧地线均采用直接接地方式，导线平均高度30m。

杆塔构架侧前后档相关参数见表5-38。

表5-38　　　　　　　220kV线路前后档相关参数表

序号	杆塔号	杆塔型号	呼高/m	小号侧档距	杆塔接地电阻/Ω	相位	导线高度/m
1	构架	构架	9	20		ABC	9
2	33	TSJ3-21	21	183	2.24	BAC	30
3	32	TSJ1-27	27		1.96	BAC	30

2. 仿真和实测情况

33号杆塔接地引下线感应电流实测情况见表5-39。

表5-39　　　　　　　33号杆塔接地引下线感应电流实测情况

杆塔号	左侧负荷/MW	右侧负荷/MW	接地引下线1感应电流/A	接地引下线2感应电流/A
33	0.03	12.66	6.4	5.3

仿真计算表明，33号杆塔接地引下线感应电流有效值约为3.65A，其波形如图5-53所示。

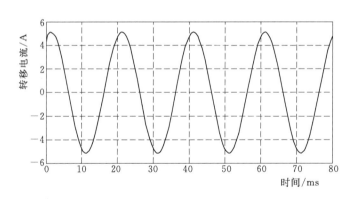

图5-53　33号杆塔接地引下线感应电流波形图

因此，无论是从仿真分析，还是实测情况来看，接地引下线上的感应电流远远超过人体的安全电流。

5.3.4.2　接地电阻测量感应电防护

在进行接地电阻测量时，必须按以下要求进行：

（1）解开或恢复杆塔接地引下线时，应戴绝缘手套，如图5-54所示。

（2）禁止直接接触与接地网断开的接地引下线。

同时，测量接地电阻时还应注意以下方面：

（1）应该选择无雷电影响、干燥晴朗的天气进行。

图 5-54　绝缘手套

（2）测量应遵守现场安全规定。雷云在杆塔上方活动时应停止测量，并撤离测量现场。

（3）使用绝缘手套时，要查看绝缘手套的试验合格证是否在有效期内，再将绝缘手套卷压，查看绝缘手套有无漏气损伤，确保使用安全。

第6章 停电工作感应电防护

随着我国电网不断发展，输电走廊日益紧张，平行架设、同塔双回乃至多回路架设在输电线路中得到越来越多的应用，尤其是近几年来，超高压、特高压输电网的快速建设和发展，导致电网结构日益复杂，电压等级及负载量的升高使得带电导线对相邻停电线路的感应电造成很大影响，在实际停电检修过程中曾发生人员感应电触电死亡以及搭接接地线过程中明显放电导致设备损伤的事故，从而对输电线路正常停电运检维护过程中人员的安全防护提出了较高的要求。

6.1 停电线路感应电计算分析

在输电线路临近、平行、交叉跨越及同杆塔架设的情况下，进行一回线路停电检修时，由于停运线路和运行线路之间存在着电磁耦合和静电耦合效应，停运线路的导线、地线上会产生感应电压和感应电流。

感应电压分为电磁感应电压和静电感应电压。根据电磁感应现象可知，在临近、平行、交叉跨越及同杆塔架设线路一回正常运行，一回停运情况下，当运行导线中流过交流电流时，在其周围将产生一个交变的电磁场，该电磁场会在停运线路上感应出一个沿导线方向分布的电势，且根据停运导线对地绝缘程度的不同而对应于不同的对地电位，该电压被称为电磁感应电压，其大小由电流产生磁场的强弱、运行导线和停运导线之间的耦合系数，以及导线的对地绝缘程度等决定。根据静电感应现象可知，由于停运线路与运行线路之间存在的电容耦合效应，依靠运行线路电压产生的电磁场，停运线路上即可感应出一定的对地电位，进而产生一定的感应电压，该电压被称为静电感应电压，其大小与线路长度、回间距离、运行线路负荷电流等有关。

根据感应原理可知，停运线路共有4种不同的感应参数：电磁感应电压、电磁感应电流、静电感应电压和静电感应电流，分别代表停电线路不同状态的感应量。在同塔双回输电系统中，若一回线路退出运行进行检修时，被检修线路不接地，将在被检修线路上产生感应电压，该感应电压的静电耦合分量起决定性作用，可近似为静电感应电压；若被检修线路一端接地，接地处将流过感应电流，该感应电流的静电耦合分量起决定性作用，近似为静电感应电流，并且线路另一侧会产生较高的感应电压，近似为电磁感应电压；若被检修线路两端接地，则接地点会产生感应电流，可近似为电磁感应电流。

6.1.1 1000kV 输电线路感应电计算

本节结合华东 1000kV 交流同塔双回输电线路的塔型、导线布置等开展相应计算分析。

6.1.1.1 基本情况

1. 线路概况

华东 1000kV 交流输电示范工程由淮南—皖南、皖南—浙北和浙北—上海 3 段组成。三段均为同塔双回输电线路，伞形垂直排列，逆相序，导线型号为 8×LGJ-630/45。一根地线型号为 LBGJ-240-20AC，另一根为 OPGW-240。其中淮南—皖南段全长 329km，皖南—浙北段全长 152km，浙北—上海段全长 162km。

2. 杆塔选择

根据统计，华东 1000kV 交流输电示范工程全线采用同塔双回架设，伞形垂直排列，逆相序。

3. 其他参数

本书中给出的感应电压值为线路相对于线路所在杆塔的电压值，由于杆塔接地电阻的存在，这个值比线路相对于地（无穷远处）的电压值略低，更接近工程实际。以淮南端为起点，即 0km 处。

6.1.1.2 淮南—皖南段一回线路停电时感应电计算

设淮南—皖南段线路一回正常运行，另一回停电检修。皖南—浙北段和浙北—上海段线路均双回正常运行。运行方式如图 6-1 所示。

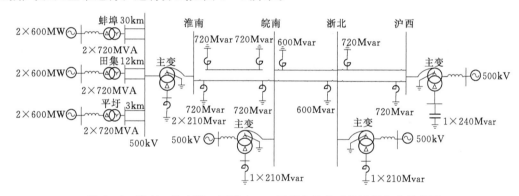

图 6-1 淮南—皖南段一回带电、一回停电检修时的运行方式示意图

1. 检修回路两端均不接地时感应电压计算

（1）检修回路感应电压。当检修回路淮南、皖南两端均不接地时，检修回路沿线感应电压分布如图 6-2 所示。A 相感应电压有效值最大为 65.24kV，B 相感应电压有效值最大为 76.30kV，C 相感应电压有效值最大为 74.75kV。

（2）地线感应电压。由于避雷线在同塔双回线路的带电回路侧时距带电回路的距离小于距停电回路的距离，在其他条件不变的情况下，避雷线在同塔双回线路的带电回路侧时的感应电压要高于在停电回路侧时的感应电压。为确保作业安全，从严考虑，本书均计算了避雷线在同塔双回线路带电回路侧时的感应电压作为检修工作的依据。

由于 OPGW 逐基杆塔接地，计算表明，OPGW 上的感应电压基本消除。

由于钢绞线分段绝缘一点接地，在一段中距离接地处最远的那一基杆塔上钢绞线的感应电压最大，将每个耐张段的最大感应电压及对应位置取出连成曲线（后文同），得到分段绝缘一点接地的地线（简称分段地线，后文同）的感应电压分布如图 6-3 所示，感应电压有效值最大为 668V。

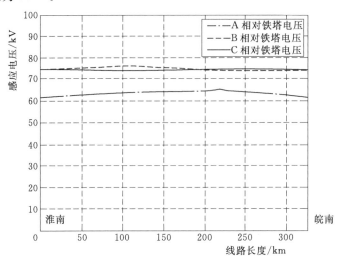

图 6-2　淮南、皖南两端均不接地时检修回路沿线感应电压分布

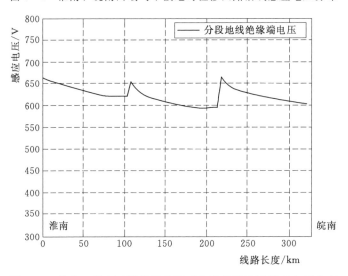

图 6-3　淮南、皖南两端均不接地时分段地线沿线感应电压分布

2. 检修回路一端接地时的感应电压

（1）淮南端接地时的感应电压。当检修回路淮南接地、皖南不接地时，检修回路沿线感应电压分布如图 6-4 所示。A 相感应电压有效值最大为 5.78kV，B 相感应电压有效值最大为 7.03kV，C 相感应电压有效值最大为 6.38kV。

分段地线沿线感应电压分布如图 6-5 所示，有效值最大为 665V。

（2）皖南段接地时的感应电压。当检修回路淮南不接地、皖南接地时，检修回路沿线感应电压分布如图 6-6 所示。A 相感应电压有效值最大为 5.79kV，B 相感应电压有效值最大为 6.91kV，C 相感应电压有效值最大为 6.39kV。

计算得到分段地线沿线感应电压分布如图 6-7 所示，其感应电压有效值最大为 666V。

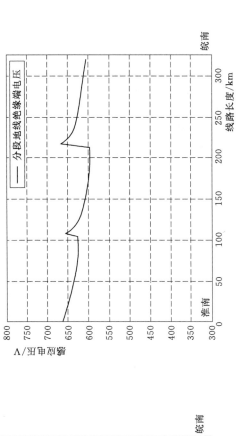

图 6-4 淮南接地、皖南不接地时检修回路沿线感应电压分布

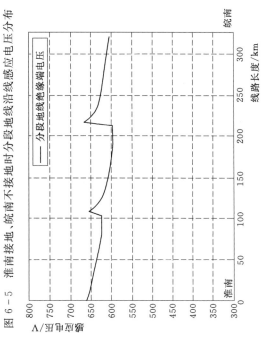

图 6-5 淮南接地、皖南不接地时分段地线沿线感应电压分布

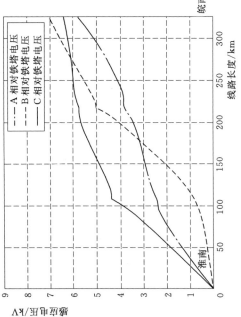

图 6-6 淮南不接地、皖南接地时检修回路沿线感应电压分布

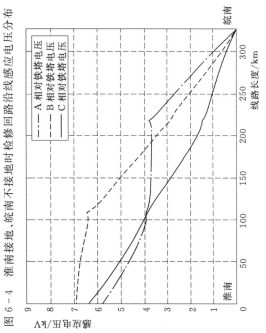

图 6-7 淮南不接地、皖南接地时分段地线沿线感应电压分布

3. 检修回路两端接地时的感应电

（1）检修回路感应电压。检修回路淮南、皖南两端均接地时，其沿线感应电压分布如图6-8所示。其中，A相感应电压有效值最大为2.39kV，B相感应电压有效值最大为1.74kV，C相感应电压有效值最大为2.23kV。

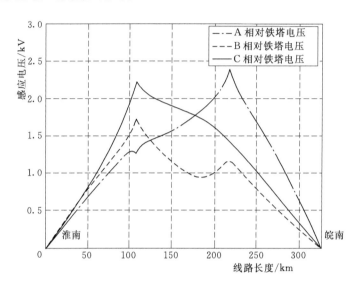

图6-8 淮南、皖南两端均接地时检修回路沿线感应电压分布

（2）地线感应电压。计算得到分段地线沿线感应电压分布如图6-9所示，感应电压有效值最大为659V。

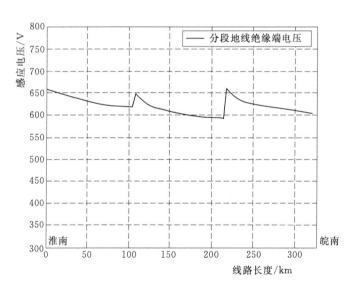

图6-9 淮南、皖南两端均接地时分段地线沿线感应电压分布

（3）加挂临时接地线时的感应电流。感应电压最大值出现在约217km处，即淮南—皖南段第二换位点附近。以在该点加挂临时接地线为例，计算得到挂接临时接地线时流过

接地线的瞬态感应电流随时间的变化曲线如图 6-10 所示。流过临时接地线的瞬态电流幅值为 123.66A，稳定后的有效值为 69.85A。

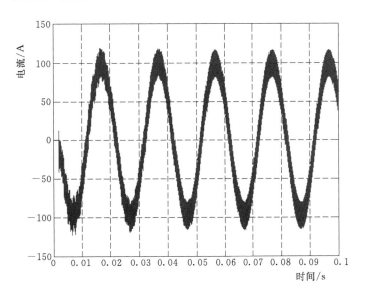

图 6-10　加挂临时接地线时流过接地线的瞬态感应电流

6.1.1.3　皖南—浙北段一回线路停电时感应电计算

设皖南—浙北段线路一回正常运行，另一回停电检修。淮南—皖南段和浙北—上海段线路均双回正常运行。运行方式如图 6-11 所示。

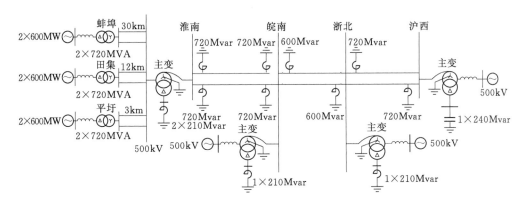

图 6-11　皖南—浙北段线路一回带电、一回停电检修时的运行方式示意图

1. 检修回路两端均不接地时感应电压计算

（1）检修回路感应电压。当检修回路皖南、浙北两端均不接地时，检修回路沿线感应电压分布如图 6-12 所示。A 相感应电压有效值最大为 55.09kV，B 相感应电压有效值最大为 59.25kV，C 相感应电压有效值最大为 58.61kV。

（2）地线感应电压。计算得到分段地线沿线感应电压分布如图 6-13 所示，感应电压有效值最大为 777V。

141

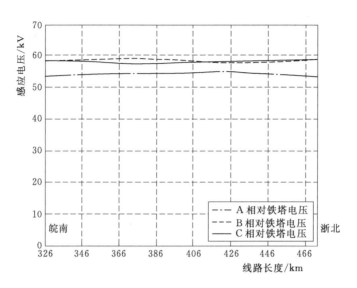

图 6-12 皖南、浙北两端均不接地时检修回路沿线感应电压分布

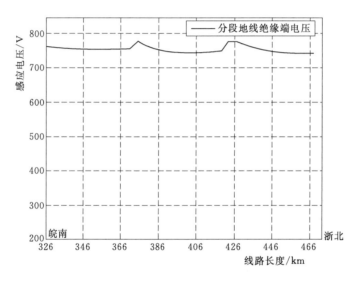

图 6-13 皖南、浙北两端均不接地时分段地线沿线感应电压分布

2. 检修回路一端接地时的感应电压

(1) 皖南端接地时的感应电压。当检修回路皖南接地、浙北不接地时,检修回路沿线感应电压分布如图 6-14 所示。A 相感应电压有效值最大为 3.76kV,B 相感应电压有效值最大为 4.05kV,C 相感应电压有效值最大为 4.01kV。

计算得到分段地线沿线感应电压分布如图 6-15 所示,感应电压有效值最大为 776V。

(2) 浙北端接地时的感应电压。当检修回路皖南不接地、浙北接地时,检修回路沿线感应电压分布如图 6-16 所示。A 相感应电压有效值最大为 3.67kV,B 相感应电压有效值最大为 3.97kV,C 相感应电压有效值最大为 3.92kV。

计算得到分段地线上的感应电压分布如图 6-17 所示,感应电压有效值最大为 776V。

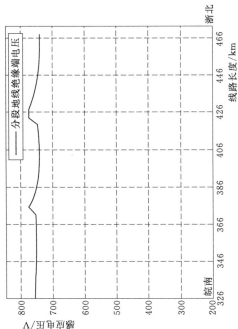

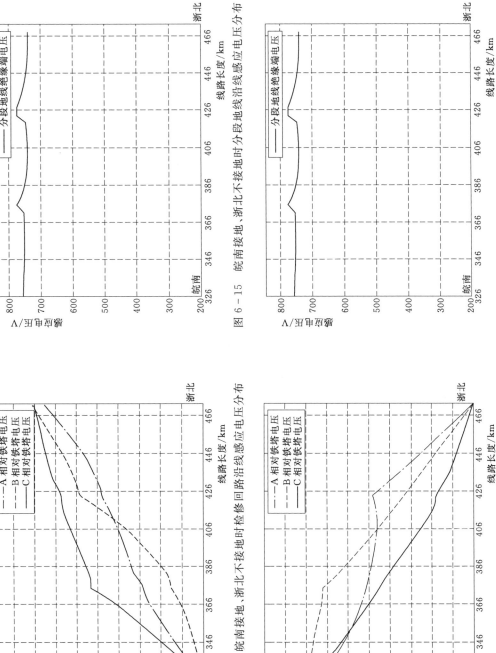

图 6-15 皖南接地、浙北不接地时分段地线沿线感应电压分布

图 6-17 皖南不接地、浙北接地时分段地线沿线感应电压分布

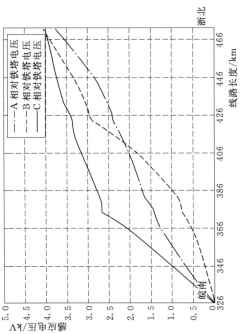

图 6-14 皖南接地、浙北不接地时检修回路沿线感应电压分布

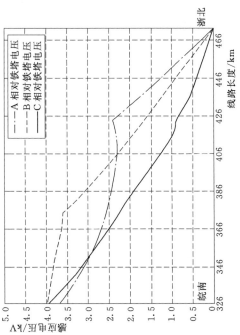

图 6-16 皖南不接地、浙北接地时检修回路沿线感应电压分布

3. 检修回路两端接地时的感应电

（1）检修回路感应电压。检修回路皖南、浙北两端均接地时，感应电压沿线分布如图6-18所示。其中，A相感应电压有效值最大为1.42kV，B相感应电压有效值最大为0.96kV，C相感应电压有效值最大为1.38kV。

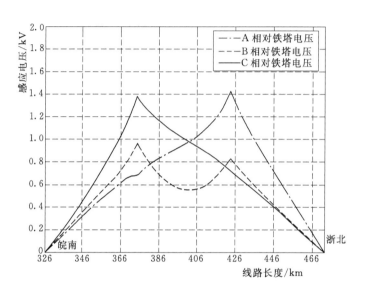

图6-18　皖南、浙北两端均接地时检修回路沿线感应电压分布

（2）地线感应电压。计算得到分段地线沿线感应电压分布如图6-19所示，感应电压有效值最大为771V。

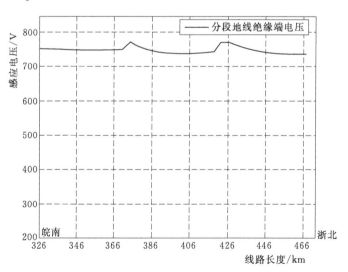

图6-19　皖南、浙北两端均接地时分段地线相对铁塔的感应电压分布

（3）加挂临时接地线时的感应电流。感应电压最大值出现在约422km处，即皖南—浙北段第二换位点附近。以在该点加挂临时接地线为例，计算得到挂接临时接地线时流过

144

接地线的瞬态感应电流随时间的变化曲线如图 6-20 所示。计算得到流过临时接地线的瞬态电流幅值为 184.56A，稳定后的有效值为 91.39A。

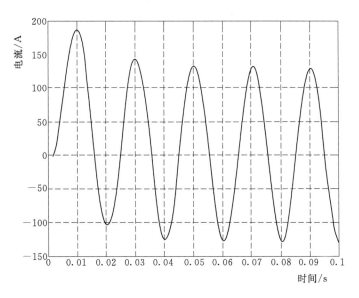

图 6-20　加挂临时接地线时流过接地线的瞬态感应电流

6.1.1.4　浙北—上海段一回线路停电时感应电计算

设浙北—上海段线路一回正常运行，另一回停电检修。淮南—皖南段和皖南—浙北段线路均双回正常运行。运行方式如图 6-21 所示。

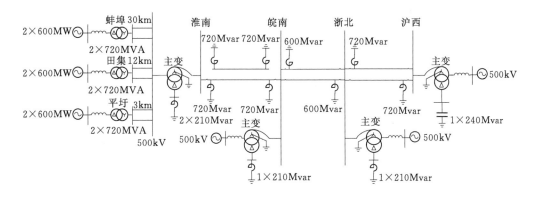

图 6-21　浙北—上海段一回带电、一回停电检修时的运行方式示意图

1. 检修回路两端均不接地时的感应电压

（1）检修回路感应电压。当检修回路浙北、上海两端均不接地时，检修回路沿线感应电压分布如图 6-22 所示。A 相感应电压有效值最大为 71.56kV，B 相感应电压有效值最大为 70.76kV，C 相感应电压有效值最大为 68.08kV。

（2）地线感应电压。计算得到分段地线沿线感应电压分布如图 6-23 所示，感应电压有效值最大为 778V。

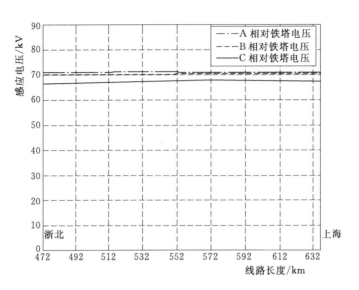

图 6-22　浙北、上海两端均不接地时检修回路沿线感应电压分布

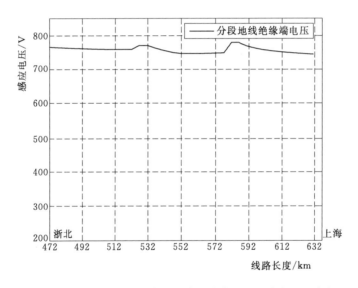

图 6-23　浙北、上海两端均不接地时分段地线感应电压分布

2. 检修回路一端接地时感应电压

（1）浙北端接地时的感应电压。当检修回路浙北接地、上海不接地时，检修回路沿线感应电压分布如图 6-24 所示。A 相有效值最大为 4.08kV，B 相有效值最大为 3.92kV，C 相有效值最大为 3.79kV。

计算得到分段地线沿线感应电压分布如图 6-25 所示，感应电压有效值最大为 777V。

（2）上海端接地时的感应电压。当检修回路浙北不接地、上海接地时，检修回路沿线感应电压分布如图 6-26 所示。A 相有效值最大为 3.96kV，B 相有效值最大为 3.81kV，C 相有效值最大为 3.67kV。

分段地线上的感应电压分布如图 6-27 所示，感应电压有效值最大为 777V。

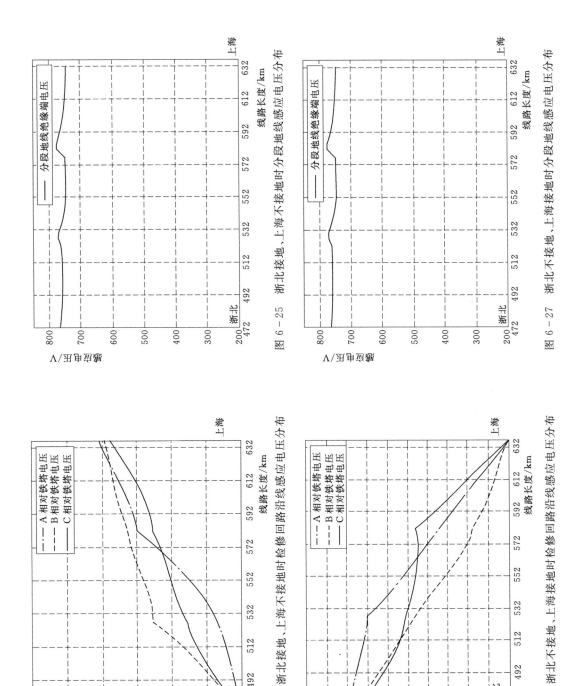

图 6-24　浙北接地、上海不接地时检修回路沿线感应电压分布

图 6-25　浙北接地、上海不接地时分段地线感应电压分布

图 6-26　浙北不接地、上海接地时检修回路沿线感应电压分布

图 6-27　浙北不接地、上海接地时分段地线感应电压分布

3．检修回路两端接地时感应电

（1）检修回路感应电压。检修回路浙北、上海两端均接地时，感应电压沿线分布如图 6-28 所示。其中，A 相感应电压有效值最大为 0.90kV，B 相感应电压有效值最大为 1.31kV，C 相感应电压有效值最大为 1.41kV。

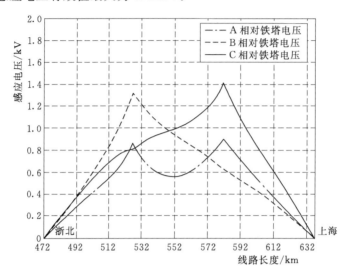

图 6-28　浙北、上海两端均接地时沿线感应电压分布

（2）地线感应电压。计算得到分段地线沿线感应电压分布如图 6-29 所示，最大感应电压值为 772V。

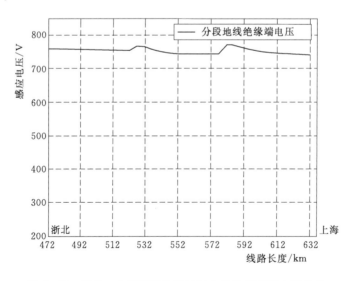

图 6-29　浙北、上海两端均接地时分段地线感应电压分布

（3）加挂临时接地线时的感应电流。感应电压最大值出现在约 580km 处，即浙北—上海段第二换位点附近。以在该点加挂临时接地线为例，计算得到挂接临时接地线时流过接地线的瞬态感应电流随时间的变化曲线如图 6-30 所示。计算得到流过临时接地线的瞬

态电流幅值为 158.43A，稳定后的有效值为 83.94A。

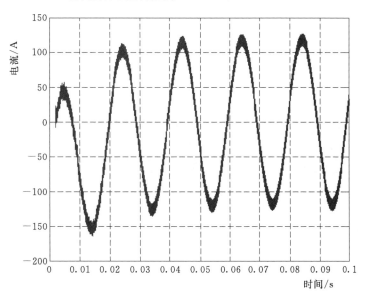

图 6-30　加挂临时接地线时流过接地线的瞬态感应电流

6.1.1.5　结论

当淮南—皖南段一回线路正常运行，另一回线路停电检修时，在不同接地方式下，检修回路沿线感应电压有效值的最大值列于表 6-1 中。检修回路两端均接地，在沿线感应电压最大处加挂临时接地线时，流过临时接地线的瞬态感应电流幅值为 123.66A，稳定后的有效值为 69.85A。

表 6-1　　　　　　　　淮南—皖南段停电回路沿线感应电压有效值的最大值

接 地 方 式		感应电压有效值的最大值/kV				最大感应电流/A
		A 相	B 相	C 相	分段地线	
两端均不接地		65.24	76.30	74.75	0.668	—
一端接地	淮南端接地	5.78	7.03	6.38	0.665	—
	皖南端接地	5.79	6.91	6.39	0.666	—
两端接地		2.39	1.74	2.23	0.659	123.66

皖南—浙北段一回线路正常运行，另一回线路停电检修时在不同接地方式下，检修回路沿线感应电压有效值的最大值列于表 6-2 中。检修回路两端均接地，在沿线感应电压最大处加挂临时接地线时，流过临时接地线的瞬态感应电流幅值为 184.56A，稳定后的有效值为 91.39A。

浙北—上海段一回线路正常运行，另一回线路停电检修时，在不同接地方式下，检修回路沿线感应电压有效值的最大值列于表 6-3 中。检修回路两端均接地，在感应电压最大处加挂临时接地线时，流过临时接地线的瞬态感应电流幅值为 158.43A，稳定后的有效值为 83.94A。

表 6-2　　　　　　　　皖南—浙北段停电回路沿线感应电压有效值的最大值

接 地 方 式		感应电压有效值的最大值/kV				最大感应电流/A
		A 相	B 相	C 相	分段地线	
两端均不接地		55.09	59.25	58.61	0.777	—
一端接地	皖南端接地	3.76	4.05	4.01	0.776	—
	浙北端接地	3.67	3.979	3.92	0.776	—
两端接地		1.42	0.96	1.38	0.771	184.56

表 6-3　　　　　　　　浙北—上海段停电回路沿线感应电压有效值的最大值

接 地 方 式		感应电压有效值的最大值/kV				最大感应电流/A
		A 相	B 相	C 相	分段地线	
两端均不接地		71.56	70.76	68.08	0.778	—
一端接地	浙北端接地	4.08	3.92	3.79	0.777	—
	上海端接地	3.96	3.81	3.67	0.777	—
两端接地		0.90	1.31	1.40	0.772	158.43

6.1.2　500kV 输电线路感应电计算

6.1.2.1　基本情况

1. 线路概况

以浙能兰溪电厂到双龙变的 500kV 龙兰线为例进行仿真计算。

龙兰线 1~31 号段与双兰线平行架设，32~127 号段与双兰线同塔架设，单回线路长度为 11.5km，双回线路长度为 38.8km，总长 50.3km。导线型号采用 $4 \times LGJ - 400/35$，分裂间距为 450mm，地线型号一侧采用 $LGJ - 95/55$，另一侧为 OPGW 光缆。

2. 杆塔选择

龙兰线主要塔型包括 SZT、SZV1A、SJT、JTS、Z2a、Z5、ZMJ 等。根据统计数据，双回线路和单回线路最多的塔型分别为 SZV1A 和 ZM1b。在仿真时选取 SZV1A 作为双回线路杆塔，ZM1b 为单回线路。综合整条线路考虑，统一设置 SZV1A 杆塔呼高为 38m，ZM1b 杆塔呼高为 35m。

3. 其他参数

仿真时设置线路两侧的电压，浙能兰溪电厂侧的电压设置为 525kV（线电压），另一侧的电压设置为 510kV（线电压）。

仿真按龙兰线停运，双兰线正常运行进行设置，双兰线线路电流值为 1500A，潮流约为 1300MW。接地电阻设置初值为 10Ω，线路土壤电阻率设置为 100Ω·m。线路 A、B、C 三相完全对称换位。

6.1.2.2　仿真计算结果

龙兰线路根据上述分析分为三种情况：两端均不接地，一端接地，两端都接地。仿真得到感应电压、感应电流数据见表 6-4。由表中数据可知，龙兰线的电磁感应电流最大值约为 39.25A，电磁感应电压最大值约为 0.96kV；静电感应电流最大值约为 2.32A，静电感应电压最大值约为 10.26kV。

表 6-4   龙兰线感应电压和感应电流仿真计算结果

仿真条件	测量信号	测量端	A 相	B 相	C 相	最大值
两端均不接地	感应电压 U_S/kV	兰溪电厂	10.26	10.16	9.97	10.26
		双龙变	9.93	9.82	9.64	9.93
兰溪电厂单端接地	感应电压 U_{L1}/kV	双龙变	0.93	0.92	0.92	0.93
	入地电流 I_{L1}/A	兰溪电厂	2.29	2.32	2.29	2.32
双龙变单端接地	感应电压 U_{S1}/kV	兰溪电厂	0.96	0.96	0.95	0.96
	入地电流 I_{S1}/A	双龙变	2.27	2.24	2.22	2.27
两端接地	入地电流 I_S/A	兰溪电厂	39.25	38.97	38.97	39.25
		双龙变	37.82	37.62	37.57	37.82

6.1.3   220kV 输电线路感应电计算

6.1.3.1   基本情况

1. 线路概况

以一条 220kV 电压等级的典型双回线路为例进行仿真计算。

该线路电压等级为 220kV，全线同塔双回架设，线路的长度取 100km，每回线路的导线采用双分裂，导线型号 JB/G1A-2×400，分裂间距为 400mm。地线一侧采用 JLB40-120，另一侧为 OPGW 光缆。

2. 杆塔选择

塔型选取比较典型的双回路伞形塔，塔架上导体的悬挂高度为：B 相 34m，A 相 27.3m，C 相 21m，导线弧垂 10m。导线水平距离为：B 相 10m，A 相 12m，C 相 10m。两根地线悬挂高度均为 40m，地线水平距离为 12m，地线弧垂为 9m。

3. 其他参数

仿真时，取带电线路输送的有功功率为 300MW。接地电阻设置初值为 10Ω，线路土壤电阻率设置取 100Ω·m。线路 A、B、C 三相完全对称换位。

6.1.3.2   仿真计算结果

仿真得到感应电压、感应电流数据见表 6-5。由表中数据可知，停电线路上的电磁感应电流最大值约为 70.38A，电磁感应电压最大值约为 3.03kV；静电感应电流最大值约为 3.21A，静电感应电压最大值约为 9.43kV。

表 6-5   220kV 同塔双回线路感应电压和感应电流仿真计算结果

测量信号	A 相	B 相	C 相	最大值
电磁感应电感压/kV	1.22	0.82	3.03	3.03
静电感应电压/kV	1.18	9.43	7.55	9.43
静电感应电流/A	0.43	3.21	2.76	3.21
电磁感应电流/A	15.26	42.34	70.38	70.38

6.1.4　110kV 输电线路感应电计算

6.1.4.1　基本情况

1. 线路概况

依据国家电网公司 110kV 输电线路通用设计，选用一条 110kV 电压等级的典型双回线路为例进行仿真计算。

该线路电压等级为 110kV，全线同塔双回架设，线路的长度取 40km，每回线路的导线采用单导线，导线型号 LGJ-300/40，地线采用 JLB-100。

2. 杆塔选择

塔型选取比较典型的双回路伞形塔，导线弧垂为 10m，绝缘子长度 1m，线路按逆相序悬挂。110kV 系统短路电流一般不超过 20kA。

3. 其他参数

计算时，线路两侧系统短路电流按 5kA 计算等值阻抗；LGJ-300 线路热稳极限按 100MW 考虑，稳态运行最高电压为 $110 \times (1 + 7\%) = 117.7$（kV），在计算中取 115~117kV。

导地线参数和 LGJ-300 线路参数见表 6-6。

表 6-6　　　　　　　导地线参数和 LGJ-300 线路参数表

导地线参数	导地线	直流电阻/($\Omega \cdot km^{-1}$)		计算半径/mm
	导线	0.09614		11.97
	地线	0.7193		6.1
LGJ-300 线路参数	长度/km	R_1/Ω	X_1/Ω	B_1/S
	40	3.9	15.7	117.8×10^{-6}

6.1.4.2　仿真计算结果

仿真得到感应电压、感应电流数据见表 6-7。由表中数据可知，停电线路上的电磁感应电流最大值约为 33.13A，电磁感应电压最大值约为 0.59kV；静电感应电流最大值约为 0.42A，静电感应电压最大值约为 3.98kV。

表 6-7　　　　　110kV 同塔双回线路感应电压和感应电流仿真计算结果

测量信号	A 相	B 相	C 相	最大值
电磁感应电压/kV	0.59	0.09	0.55	0.59
静电感应电压/kV	3.26	0.48	3.98	3.98
静电感应电流/A	0.38	0.04	0.42	0.42
电磁感应电流/A	33.13	1.53	31.13	33.13

6.1.5　输电线路感应电主要影响因素

根据理论分析可知，在同塔、平行线路一回停电、一回带电的运行方式下，当停运线路一端开路时，停运线路两端的电压与两回线路间的互电抗和电流相关；当停运线路两端开路时，停运线路的电压与运行线路的电压和自电容、两回线路的互电容相关；当停运线路两端接地时，停运线路的电流与运行线路的电流和自电抗、两回线路的互电抗相关。

由于运行线路的电流和电压与线路在电力系统中的运行方式有关；同塔、平行线路导线、地线在杆塔上的布置方式和线路的长度决定了线路的电抗和电容，所以同塔双回、平行线路停运线路上的感应电流和电压与线路长度、运行线路的运行方式、导线在杆塔的布置方式等因素密切相关。

以浙能兰溪电厂到双龙变的500kV龙兰线为例的仿真计算数据进行因素分析。

6.1.5.1 线路长度的影响

保证其他条件一致，即保证线路A、B、C三相对称换位，线电流保持在1500A，接地电阻统一为10Ω，导线布置方式不变。

改变线路长度，此处仅改变同塔双回段的38.8km，单回段仍为11.5km，计算得到具体线路各感应分量最大值见表6-8，具体值见表6-9，计算得到不同线路长度下最大的电磁感应电流、静电感应电流如图6-31所示，电磁感应电压、静电感应电压如图6-32所示。

表6-8 不同线路长度下各感应分量的最大值

线路长度/km	电磁感应电流/A	电磁感应电压/kV	静电感应电流/A	静电感应电压/kV
20	22.58	0.50	1.20	8.41
30	32.28	0.75	1.81	9.60
50	48.70	1.28	3.06	10.96
75	63.30	1.95	4.68	11.92
100	71.15	2.55	6.31	12.55

表6-9 不同线路长度下各感应分量的具体值

线路长度/km	仿真条件	测量信号	测量端	A相	B相	C相	最大值
20	两端均不接地	U_S/kV	兰溪电厂	8.41	8.36	8.28	8.41
			双龙变	8.30	8.25	8.17	8.30
	兰溪电厂单端接地	U_{L1}/kV	双龙变	0.48	0.48	0.47	0.48
		I_{L1}/A	兰溪电厂	1.20	1.19	1.19	1.20
	双龙变单端接地	U_{S1}/kV	兰溪电厂	0.50	0.50	0.50	0.50
		I_{S1}/A	双龙变	1.19	1.18	1.17	1.19
	两端接地	I_S/A	兰溪电厂	22.58	22.47	22.45	22.58
			双龙变	21.60	21.50	21.47	21.60
30	两端均不接地	U_S/kV	兰溪电厂	9.60	9.52	9.40	9.60
			双龙变	9.56	9.48	9.38	9.56
	兰溪电厂单端接地	U_{L1}/kV	双龙变	0.72	0.71	0.70	0.72
		I_{L1}/A	兰溪电厂	1.81	1.79	1.78	1.81
	双龙变单端接地	U_{S1}/kV	兰溪电厂	0.75	0.75	0.74	0.75
		I_{S1}/A	双龙变	1.80	1.78	1.77	1.80
	两端接地	I_S/A	兰溪电厂	32.28	31.96	31.84	32.28
			双龙变	30.71	30.40	30.28	30.71

线路长度/km	仿真条件	测量信号	测量端	A 相	B 相	C 相	最大值
50	两端均不接地	U_S/kV	兰溪电厂	10.96	10.73	10.38	10.96
			双龙变	10.87	10.65	10.32	10.87
	兰溪电厂单端接地	U_{L1}/kV	双龙变	1.22	1.21	1.19	1.22
		I_{L1}/A	兰溪电厂	3.06	2.99	2.93	3.06
	双龙变单端接地	U_{S1}/kV	兰溪电厂	1.28	1.27	1.25	1.28
		I_{S1}/A	双龙变	3.04	2.97	2.92	3.04
	两端接地	I_S/A	兰溪电厂	48.70	48.03	47.89	48.70
			双龙变	46.35	45.73	45.61	46.35
75	两端均不接地	U_S/kV	兰溪电厂	11.84	11.51	10.87	11.84
			双龙变	11.92	11.63	11.07	11.92
	兰溪电厂单端接地	U_{L1}/kV	双龙变	1.85	1.81	1.78	1.85
		I_{L1}/A	兰溪电厂	4.65	4.48	4.36	4.65
	双龙变单端接地	U_{S1}/kV	兰溪电厂	1.95	1.92	1.88	1.95
		I_{S1}/A	双龙变	4.68	4.52	4.42	4.68
	两端接地	I_S/A	兰溪电厂	63.30	62.05	61.71	63.30
			双龙变	59.84	58.81	58.38	59.84
100	两端均不接地	U_S/kV	兰溪电厂	12.55	12.11	11.17	12.55
			双龙变	12.30	11.87	11.07	12.30
	兰溪电厂单端接地	U_{L1}/kV	双龙变	2.43	2.38	2.33	2.43
		I_{L1}/A	兰溪电厂	6.31	6.01	5.75	6.31
	双龙变单端接地	U_{S1}/kV	兰溪电厂	2.55	2.51	2.45	2.55
		I_{S1}/A	双龙变	6.20	5.91	5.68	6.20
	两端接地	I_S/A	兰溪电厂	71.15	69.41	68.97	71.15
			双龙变	67.72	66.34	65.68	67.72

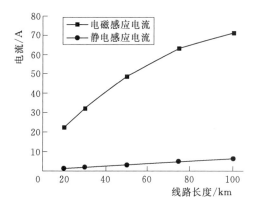

图 6-31 不同线路长度下感应电流曲线

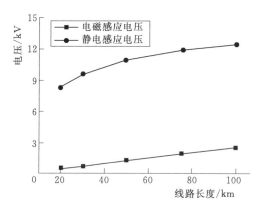

图 6-32 不同线路长度下感应电压曲线

由图和表内数据可知，随着线路长度的增加，电磁感应电流和静电感应电压也逐渐增加，但有趋于饱和的趋势；静电感应电流和电磁感应电压由于数值较小，随线路长度增大近似呈现线性增长。

6.1.5.2 线路潮流的影响

保证其他条件一致，仅改变线路的潮流，主要通过改变线电流来进行调整，计算得到具体线路各感应分量最大值见表 6-10，具体值见表 6-11，计算得到不同线路潮流下最大的电磁感应电流、静电感应电流如图 6-33 所示，电磁感应电压、静电感应电压如图 6-34 所示。

表 6-10　　　　　　　　　　　　不同线路潮流下各感应分量的最大值

线电流/A	电磁感应电流/A	电磁感应电压/kV	静电感应电流/A	静电感应电压/kV
500	12.76	0.31	2.28	10.26
1000	26.41	0.65	2.34	10.25
1500	39.25	0.96	2.32	10.26
2000	52.65	1.29	2.34	10.27

表 6-11　　　　　　　　　　　　不同线路潮流下各感应分量的具体值

线电流/A	仿真条件	测量信号	测量端	A 相	B 相	C 相	最大值
500	两端均不接地	U_S/kV	兰溪电厂	10.26	10.24	10.18	10.26
			双龙变	9.97	9.94	9.89	9.97
	兰溪电厂单端接地	U_{L1}/kV	双龙变	0.31	0.31	0.31	0.31
		I_{L1}/A	兰溪电厂	2.34	2.34	2.33	2.34
	双龙变单端接地	U_{S1}/kV	兰溪电厂	0.30	0.30	0.30	0.30
		I_{S1}/A	双龙变	2.28	2.28	2.27	2.28
	两端接地	I_S/A	兰溪电厂	12.29	12.21	12.25	12.29
			双龙变	12.72	12.69	12.76	12.76
1000	两端均不接地	U_S/kV	兰溪电厂	10.25	10.19	10.06	10.25
			双龙变	10.04	9.97	9.84	10.04
	兰溪电厂单端接地	U_{L1}/kV	双龙变	0.61	0.61	0.60	0.61
		I_{L1}/A	兰溪电厂	2.34	2.33	2.31	2.34
	双龙变单端接地	U_{S1}/kV	兰溪电厂	0.65	0.64	0.64	0.65
		I_{S1}/A	双龙变	2.29	2.28	2.26	2.29
	两端接地	I_S/A	兰溪电厂	26.41	26.14	26.11	26.41
			双龙变	24.95	24.73	24.69	24.95
1500	两端均不接地	U_S/kV	兰溪电厂	10.26	10.16	9.97	10.26
			双龙变	9.93	9.82	9.64	9.93
	兰溪电厂单端接地	U_{L1}/kV	双龙变	0.93	0.92	0.92	0.93
		I_{L1}/A	兰溪电厂	2.29	2.32	2.29	2.32
	双龙变单端接地	U_{S1}/kV	兰溪电厂	0.96	0.96	0.95	0.96
		I_{S1}/A	双龙变	2.27	2.24	2.22	2.27
	两端接地	I_S/A	兰溪电厂	39.25	38.97	38.97	39.25
			双龙变	37.82	37.62	37.57	37.82

线电流/A	仿真条件	测量信号	测量端	A相	B相	C相	最大值
2000	两端均不接地	U_S/kV	兰溪电厂	10.24	10.13	9.91	10.24
			双龙变	10.27	10.17	9.96	10.27
	兰溪电厂单端接地	U_{L1}/kV	双龙变	1.24	1.24	1.23	1.24
		I_{L1}/A	兰溪电厂	2.34	2.31	2.28	2.34
	双龙变单端接地	U_{S1}/kV	兰溪电厂	1.29	1.29	1.28	1.29
		I_{S1}/A	双龙变	2.35	2.32	2.29	2.35
	两端接地	I_S/A	兰溪电厂	52.65	52.33	52.30	52.65
			双龙变	50.61	50.32	50.29	50.61

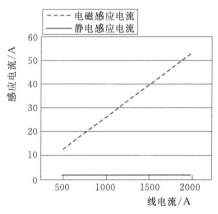

图 6-33 不同线路潮流下感应电流曲线　　图 6-34 不同线路潮流下感应电压曲线

由图和表内数据可知，当线路潮流增加时，静电感应电流与电压基本不变，而电磁感应电流和电压随线路潮流的增大呈线性增大趋势。

6.1.5.3 线路换位的影响

保证其他条件一致，改变同塔双回线路的换位方式，分别为全线不换位、仅换位一次和等距换位两次，计算得到具体线路各感应分量最大值见表 6-12，具体值见表 6-13，计算得到不同换位方式下最大的电磁感应电流、静电感应电流如图 6-35 所示，电磁感应电压、静电感应电压如图 6-36 所示。

由图和表内数据可知，当线路采取合理的换位方式后，静电感应电流与电压、电磁感应电流和电压呈逐渐下降的趋势。因此，当线路较长时，应采取合理的换位来降低感应电压和感应电流。

表 6-12　　　　　　　不同换位方式下各感应分量的最大值

换位方式	电磁感应电流/A	电磁感应电压/kV	静电感应电流/A	静电感应电压/kV
不换位	71.60	2.19	3.48	17.55
换位一次	51.53	1.48	2.75	13.74
等距换位两次	39.25	0.96	2.32	10.26

表 6-13 　　　　　　　　　　　　　不同换位方式下各感应分量的具体值

换位方式	仿真条件	测量信号	测量端	A 相	B 相	C 相	最大值
不换位	两端均不接地	U_S/kV	兰溪电厂	17.55	13.56	8.86	17.55
			双龙变	17.20	13.26	9.46	17.20
	兰溪电厂单端接地	U_{L1}/kV	双龙变	2.13	0.36	0.91	2.13
		I_{L1}/A	兰溪电厂	3.48	2.97	1.49	3.48
	双龙变单端接地	U_{S1}/kV	兰溪电厂	2.19	0.36	0.96	2.19
		I_{S1}/A	双龙变	3.38	2.87	1.54	3.38
	两端接地	I_S/A	兰溪电厂	71.60	28.47	28.66	71.60
			双龙变	69.64	27.00	27.18	69.64
仅换位一次	两端均不接地	U_S/kV	兰溪电厂	13.74	10.84	9.77	13.74
			双龙变	13.68	9.98	9.96	13.68
	兰溪电厂单端接地	U_{L1}/kV	双龙变	1.42	1.04	0.70	1.42
		I_{L1}/A	兰溪电厂	2.75	2.68	1.92	2.75
	双龙变单端接地	U_{S1}/kV	兰溪电厂	1.48	1.05	0.74	1.48
		I_{S1}/A	双龙变	2.70	2.52	1.92	2.70
	两端接地	I_S/A	兰溪电厂	51.53	41.79	31.36	51.53
			双龙变	49.70	40.89	29.69	49.70
等距换位两次	两端均不接地	U_S/kV	兰溪电厂	10.26	10.16	9.97	10.26
			双龙变	9.93	9.82	9.64	9.93
	兰溪电厂单端接地	U_{L1}/kV	双龙变	0.93	0.92	0.92	0.93
		I_{L1}/A	兰溪电厂	2.29	2.32	2.29	2.32
	双龙变单端接地	U_{S1}/kV	兰溪电厂	0.96	0.96	0.95	0.96
		I_{S1}/A	双龙变	2.27	2.24	2.22	2.27
	两端接地	I_S/A	兰溪电厂	39.25	38.97	38.97	39.25
			双龙变	37.82	37.62	37.57	37.82

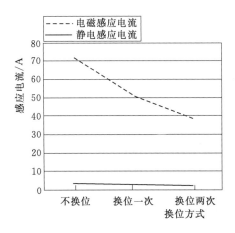

图 6-35　不同换位方式下感应电流曲线

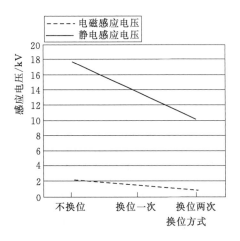

图 6-36　不同换位方式下感应电压曲线

157

6.1.5.4　接地电阻的影响

保证其他条件一致，仅改变检修线路接地时的接地电阻大小，计算得到具体线路各感应分量最大值见表6-14，具体值见表6-15，计算得到不同接地电阻下最大的电磁感应电流、静电感应电流如图6-37所示，电磁感应电压、静电感应电压如图6-38所示。

表6-14　　　　　　　　　　　　不同接地电阻下各感应分量的最大值

接地电阻/Ω	电磁感应电流/A	电磁感应电压/kV	静电感应电流/A	静电感应电压/kV
1	72.83	0.95	2.37	10.38
5	56.68	0.95	2.34	10.35
10	39.25	0.96	2.29	10.26
20	22.95	0.99	2.34	10.29

表6-15　　　　　　　　　　　　不同接地电阻下各感应分量的具体值

接地电阻/Ω	仿真条件	测量信号	测量端	A相	B相	C相	最大值
1	两端均不接地	U_S/kV	兰溪电厂	10.38	10.31	10.22	10.38
			双龙变	9.98	9.92	9.72	9.98
	兰溪电厂单端接地	U_{L1}/kV	双龙变	0.95	0.95	0.94	0.95
		I_{L1}/A	兰溪电厂	2.37	2.36	2.30	2.37
	双龙变单端接地	U_{S1}/kV	兰溪电厂	0.94	0.94	0.94	0.94
		I_{S1}/A	双龙变	2.27	2.25	2.22	2.27
	两端接地	I_S/A	兰溪电厂	72.29	72.56	72.41	72.56
			双龙变	72.57	72.83	72.67	72.83
5	两端均不接地	U_S/kV	兰溪电厂	10.35	10.29	10.15	10.35
			双龙变	9.95	9.91	9.72	9.95
	兰溪电厂单端接地	U_{L1}/kV	双龙变	0.94	0.93	0.93	0.94
		I_{L1}/A	兰溪电厂	2.34	2.32	2.29	2.34
	双龙变单端接地	U_{S1}/kV	兰溪电厂	0.95	0.95	0.94	0.95
		I_{S1}/A	双龙变	2.27	2.24	2.21	2.27
	两端接地	I_S/A	兰溪电厂	56.68	56.41	56.37	56.68
			双龙变	55.87	55.62	55.59	55.87
10	两端均不接地	U_S/kV	兰溪电厂	10.26	10.16	9.97	10.26
			双龙变	9.93	9.82	9.64	9.93
	兰溪电厂单端接地	U_{L1}/kV	双龙变	0.93	0.92	0.92	0.93
		I_{L1}/A	兰溪电厂	2.29	2.32	2.29	2.29
	双龙变单端接地	U_{S1}/kV	兰溪电厂	0.96	0.96	0.95	0.96
		I_{S1}/A	双龙变	2.27	2.24	2.22	2.27
	两端接地	I_S/A	兰溪电厂	39.25	38.97	38.97	39.25
			双龙变	37.82	37.62	37.57	37.82

接地电阻/Ω	仿真条件	测量信号	测量端	A 相	B 相	C 相	最大值
20	两端均不接地	U_S/kV	兰溪电厂	10.29	10.18	9.99	10.29
			双龙变	9.96	9.88	9.69	9.96
	兰溪电厂单端接地	U_{L1}/kV	双龙变	0.91	0.90	0.90	0.91
		I_{L1}/A	兰溪电厂	2.34	2.32	2.29	2.34
	双龙变单端接地	U_{S1}/kV	兰溪电厂	0.99	0.99	0.98	0.99
		I_{S1}/A	双龙变	2.27	2.24	2.22	2.27
	两端接地	I_S/A	兰溪电厂	22.95	22.80	22.76	22.95
			双龙变	21.12	21.00	20.98	21.12

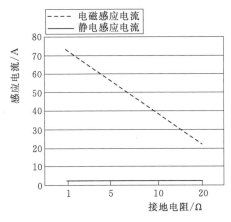

图 6-37 不同接地电阻下感应电流曲线　　图 6-38 不同接地电阻下感应电压曲线

由图和表内数据可知，接地电阻主要影响电磁感应电流值的大小，其值随接地电阻的增大而迅速减小，而对其他感应分量影响并不大。

6.1.5.5 导线布置方式的影响

保证其他条件一致，仅改变线路的导线布置方式，此处主要通过改变相间和回路间距离，计算得到具体线路各感应分量最大值见表 6-16，具体值见表 6-17，计算得到不同导线布置方式下最大的电磁感应电流、静电感应电流如图 6-39、图 6-41 所示，电磁感应电压、静电感应电压如图 6-40、图 6-42 所示。

表 6-16　　　　　　　不同导线布置方式下各感应分量的最大值

导线布置方式	电磁感应电流/A	电磁感应电压/kV	静电感应电流/A	静电感应电压/kV
常规布置	39.25	0.96	2.29	10.26
相间减 2m	28.04	0.68	1.82	7.68
相间增 2m	51.59	1.28	2.81	12.60
回间减 2m	47.48	1.17	2.92	12.77
回间增 2m	33.86	0.83	1.91	8.36

表 6-17 不同导线布置方式下各感应分量的具体值

导线布置方式	仿真条件	测量信号	测量端	A 相	B 相	C 相	最大值
常规方式	两端均不接地	U_S/kV	兰溪电厂	10.26	10.16	9.97	10.26
			双龙变	9.93	9.82	9.64	9.93
	兰溪电厂单端接地	U_{L1}/kV	双龙变	0.93	0.92	0.92	0.93
		I_{L1}/A	兰溪电厂	2.29	2.32	2.29	2.29
	双龙变单端接地	U_{S1}/kV	兰溪电厂	0.96	0.96	0.95	0.96
		I_{S1}/A	双龙变	2.27	2.24	2.22	2.27
	两端接地	I_S/A	兰溪电厂	39.25	38.97	38.97	39.25
			双龙变	37.82	37.62	37.57	37.82
相间距离减小 2m	两端均不接地	U_S/kV	兰溪电厂	7.68	7.62	7.48	7.68
			双龙变	7.48	7.42	7.28	7.48
	兰溪电厂单端接地	U_{L1}/kV	双龙变	0.65	0.65	0.64	0.65
		I_{L1}/A	兰溪电厂	1.82	1.81	1.79	1.82
	双龙变单端接地	U_{S1}/kV	兰溪电厂	0.68	0.68	0.67	0.68
		I_{S1}/A	双龙变	1.78	1.76	1.74	1.78
	两端接地	I_S/A	兰溪电厂	28.04	27.81	27.82	28.04
			双龙变	26.81	26.62	26.62	26.81
相间距离增大 2m	两端均不接地	U_S/kV	兰溪电厂	12.60	12.48	12.22	12.60
			双龙变	12.36	12.25	11.98	12.36
	兰溪电厂单端接地	U_{L1}/kV	双龙变	1.23	1.22	1.22	1.23
		I_{L1}/A	兰溪电厂	2.81	2.78	2.75	2.81
	双龙变单端接地	U_{S1}/kV	兰溪电厂	1.28	1.27	1.27	1.28
		I_{S1}/A	双龙变	2.76	2.73	2.69	2.75
	两端接地	I_S/A	兰溪电厂	51.68	51.29	51.34	51.59
			双龙变	49.64	49.27	49.33	49.64
回路间距离减小 2m	两端均不接地	U_S/kV	兰溪电厂	12.77	12.64	12.46	12.77
			双龙变	12.61	12.47	12.31	12.61
	兰溪电厂单端接地	U_{L1}/kV	双龙变	1.11	1.10	1.10	1.11
		I_{L1}/A	兰溪电厂	2.92	2.89	2.87	2.92
	双龙变单端接地	U_{S1}/kV	兰溪电厂	1.17	1.16	1.15	1.17
		I_{S1}/A	双龙变	2.88	2.85	2.83	2.88
	两端接地	I_S/A	兰溪电厂	47.48	47.12	47.11	47.48
			双龙变	45.24	44.92	44.90	45.24
回路间距离增大 2m	两端均不接地	U_S/kV	兰溪电厂	8.36	8.28	8.11	8.36
			双龙变	8.24	8.16	7.99	8.24
	兰溪电厂单端接地	U_{L1}/kV	双龙变	0.80	0.79	0.79	0.80
		I_{L1}/A	兰溪电厂	1.91	1.88	1.86	1.91
	双龙变单端接地	U_{S1}/kV	兰溪电厂	0.83	0.83	0.82	0.83
		I_{S1}/A	双龙变	1.88	1.86	1.84	1.88
	两端接地	I_S/A	兰溪电厂	33.86	33.63	33.55	33.86
			双龙变	32.40	32.19	32.12	32.40

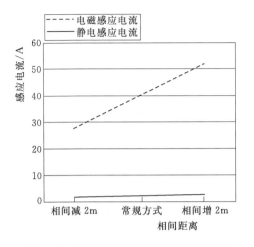

图 6-39 不同相间距离下感应电流曲线

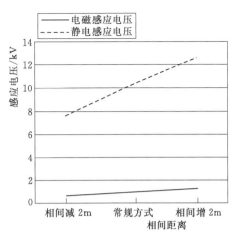

图 6-40 不同相间距离下感应电压曲线

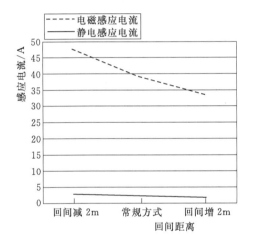

图 6-41 不同回间距离下感应电流曲线

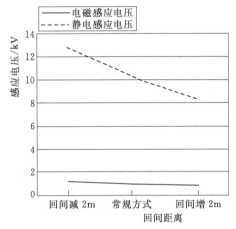

图 6-42 不同回间距离下感应电压曲线

由图和表内数据可知，当相间距减小时，电磁感应电流反而减小，分析是由于三相共同感应会相互抵消所致。当回路间距离减小时，两回路间的电磁耦合作用更强，感应电流更大，结果与理论分析一致。

6.2 停电作业感应电防护

根据上述分析可知，架空线路停电检修时，虽然线路两侧开关和隔离刀闸已断开，线路处于无电荷状态，但由于线路长度长，并可能邻近、平行、跨越、穿越等带电线路，致使停电线路带有一定电压，若不采取任何措施，可能对作业人员产生危害。特别是多回同塔线路，在一回停电线路上工作时，感应电压特别巨大，若采取措施不力，极易造成感应电伤害。

停电线路作业通常采取的感应电防护措施包括挂设接地线、挂设个人保安线、保持足够的安全距离、穿着全套屏蔽服（静电防护服）等。

6.2.1 挂设接地线

由于带电运行回路对停电回路的静电耦合和电磁耦合，且相互耦合的距离很长，停运线路上的感应电具有很大的能量，可以看成是一个有源系统，若对停电回路上的感应电不采取防护措施而直接接触，就会造成稳态电击。人体表面电阻一般为2kΩ，若以通过人体感知电流1mA来考虑，当人体在接触超过2V感应电的线路时就会有麻、刺、痛的感觉。

因此，接地线被称为保证作业人员安全的生命线，根据《电力安全工程规程（线路部分）》规定，在电力线路上工作时，线路经明确无电压后，应立即装设接地线并三相短路（直流线路两极接地线分别直接接地）。

接地线的主要作用是在线路施工、检修作业过程中，防止因变电误合闸或其他原因突然来电导致作业人员遭受触电伤害；同时，挂设接地线可以有效降低感应电压和感应电流的影响。因此，挂设接地线也是防止感应电伤害的重要措施。

6.2.1.1 工作原理

在停电检修线路两端挂设接地线后，由于通过接地线将停电线路与大地相连，人为地将接地点的感应电压降为"零"，导致停电回路上感应电压急剧下降并重新分布。以前述华东1000kV同塔双回线路一回停电时挂设接地线后感应电压最大值比较来看，挂设接地线前后感应电压下降幅值一般达到95%以上，见表6-18。

表6-18　　　　　　华东1000kV线路接地线挂设前后感应电压最大值比较

线路名称	感应电压有效值的最大值								
	A相			B相			C相		
	挂前/kV	挂后/kV	降比/%	挂前/kV	挂后/kV	降比/%	挂前/kV	挂后/kV	降比/%
淮南—皖南段	65.24	2.39	96.33	76.30	1.74	97.72	74.75	2.23	97.02
皖南—浙北段	55.09	1.42	97.42	59.25	0.96	98.38	58.61	1.38	97.65
浙北—上海段	71.56	0.90	98.74	70.76	1.31	98.15	68.08	1.40	97.94

由于线路感应电压与长度呈正比关系。按照工作经验，当检修线路较长时（如长度大于30km），可在线路中间某基杆塔增设一组接地线。

6.2.1.2 使用方法

1. 挂设原则

（1）线路经验明确无电压后，应立即装设接地线并三相短路（直流线路两极接地线应分别直接接地）。

（2）各工作班工作地段各端和工作地段内有可能反送电的各分支线（包括用户）都应接地。

（3）直流接地极线路，作业点两端应装设接地线。

（4）配合停电的线路可以只在工作地点附近装设一组工作接地线。

2. 挂拆程序

（1）装设接地线时，应先接地端，后接导线端，接地线应接触良好，连接应可靠，拆接地线的顺序与此相反。

（2）同塔架设的多层输电线路挂设接地线时，在上下杆塔通道良好的前提下，应根据先挂上侧，后挂下侧，先挂近侧，后挂远侧的顺序进行挂设。拆除时，按顺序相反的程序进行。

下面以110kV同塔架设线路挂设接地线为例进行说明，如图6-43所示。

据图所示，如需在位置②挂设中相导线的接地线时，考虑到中上相横担距离为4.0m，一般110kV线路绝缘子金具串长约1.8m，上相导线与中相横担净空距离只有约2.2m，人体高度及作业范围按2m计算，若上相没有挂设接地线的情况下，将导致作业安全距离不足，即使在线路停电情况下，由于感应电压的存在，若发生人员误碰导线，也将发生感应电伤人的恶性事件。

3. 挂设方式

接地线挂设一般可按以下两种方式进行：

（1）安装好接地端后，利用绝缘操作杆，将接地线导线夹头直接挂在导线上。

（2）作业人员登塔至导线正上方，安装好接地端后，利用绝缘绳控制接地线导线夹头碰撞导线进行挂接。

6.2.1.3 注意事项

（1）挂接地线前必须先验电，确保线路确无电压。未验电而直接挂接地线是基层中较普遍的习惯性违章行为，而验电的目的是确认现场是否已停电，能消除停错电、未停电、误登带电线路等人为失误，防止带电挂接地线。

（2）应根据不同电压等级合理选用对应规格的接地线。

（3）接地线使用之前，应仔细进行检查。重点检查接地线的

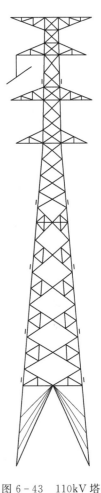

图6-43　110kV塔

软铜线有无裸露、断头，螺丝连接处有无松脱，线钩的弹力是否正常，不符合要求的应及时调换或修好后再使用，严禁将不合格的接地线带至工作现场。

（4）在杆塔上验电和挂拆接地线时，应视作线路带电，人体与带电导线的安全距离应满足表6-19要求。

表6-19　　　　　　　　　验电及挂拆接地线时安全距离控制要求

电压等级/kV	最小安全距离/m	绝缘操作杆最小有效长度/m	绝缘绳索最小有效长度/m	电压等级/kV	最小安全距离/m	绝缘操作杆最小有效长度/m	绝缘绳索最小有效长度/m
35	0.6	0.9	0.6	1000	6.8	6.8	6.8
66	0.7	1.0	0.7	±400	3.8	3.75	3.75
110	1.0	1.3	1.0	±500	3.4	3.7	3.7
220	1.8	2.1	1.8	±660	4.5	5.3	5.3
330	2.6	3.1	2.8	±800	6.8	6.8	6.8
500	3.4	4.0	3.7	直流接地极线路	1.5	1.3	1.0
750	5.2	5.3	5.3				

（5）验电和挂接地线时，应使用合格的绝缘操作杆或绝缘绳索，其有效绝缘长度应满足表 6-19 要求。

（6）验电及挂拆接地线时，应设专人监护。

（7）安装接地端时，应特别注意不得将接地端夹头安装在表面涂漆（镀锌漆除外）过的金属构架或金属板上。这是由于油漆表面是绝缘体，油漆厚度的耐压有可能高达 10kV/mm，从而导致接地回路不通，失去了接地线的保护作用。

（8）严禁将接地线挂设在线路的拉线或金属管上，否则极易导致接地线安装不可靠。

（9）严禁使用其他金属线代替接地线。由于其他金属线不具备通过事故大电流的能力，接触也不牢固，故障电流会迅速熔化金属线，断开接地回路，危害到工作人员生命安全。

（10）严禁现场工作中少挂接地线或者擅自变更挂接地线地点。接地线数量和挂接点都是经过工作前慎重考虑的，少挂或变换接地点，都会使现场保护作用降低，使人处于危险的工作状态。

（11）在同杆塔架设多回线路杆塔的停电线路上装设的接地线，应采取措施防止接地线摆动，并满足表 6-20 的要求。

表 6-20　　　　　　　接地线与带电线路的安全距离

电压等级/kV	最小安全距离/m	电压等级/kV	最小安全距离/m
35	1.0	750	8.0
66	1.5	1000	9.5
110	1.5	±400	7.2
220	3.0	±500	6.8
330	4.0	±660	9.0
500	5.0	±800	10.1

（12）断开耐张杆塔引线或工作中需要拉开断路器、隔离开关时，应在其两侧装设接地线。

（13）接地线使用过程中应注意爱护，不允许扭花，不用时应将软铜线盘好。接地线在拆除后，不允许从空中丢下或随地乱摔，要用绳索传递，防止泥沙、杂物进入接地装置的孔隙之中，从而影响正常使用。

（14）接地线应存放在干燥的室内，需要定人定点保管、维护，并编号造册，定期检查记录。

6.2.1.4　接地线挂设位置分析

根据相关研究表明，如果接地线挂设位置不正确，仍然会导致严重的触电。下面以美国开垦局和西部电力局联合进行的现场验证来进行说明。

1. 测试线路情况

（1）美国亚利桑那州卡易它侧的卡易它—新墨西哥州的彐浦洛克变电站的一条 230kV 线路，测试点离彐浦洛克变电站 60km，塔顶上的两根架空地线直接与塔体电气联接，测试点处的塔基接地电阻为 6.6Ω。工作人员用的接地线为 6m 长的 2/0AWG（相当

于截面积为 $63.62\mathrm{mm}^2$）铜软绞线，按测试要求挂接在杆塔导线上。

（2）内华达州波尔达市附件的梅特—柏金斯的一条 500kV 线路，测试点离梅特变电站 2km，塔顶上的两根架空地线与塔体绝缘，设计成当发生线对地故障时会对塔闪络。测试点处的塔基接地电阻为 8.1Ω，工作人员用的接地线为两根并联 8m 长的 2/0AWG 铜软绞线，按测试要求挂接在杆塔导线上。

2. 现场测试布局

在单相、三相或相邻塔上接地等不同布局下，当线路一旦发生故障时，分别对杆塔上或地面上的工作人员的安全效果做了现场测试。具体分为以下 4 种测试布局。

（1）在工作杆塔两侧的相邻杆塔的导线上接地，而工作杆塔的导线上不接地（图 6-44）。

（2）在工作杆塔两侧的相邻杆塔的导线上接地，且在工作杆塔的工作相的导线上接地（图 6-44）。

（3）只在工作杆塔的工作相的导线上接地（图 6-45）。

（4）在工作杆塔的三相导线上接地（图 6-45）。

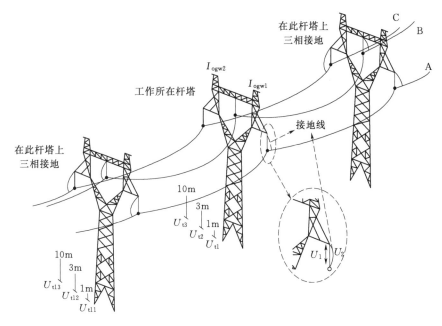

图 6-44　现场测试布局（1）、（2）示意图

3. 测试内容

（1）个人保护接地线上流过的单相或三相故障电流值 I_a（I_b、I_c）。

（2）架空地线上流过的故障电流值 I_ogw1、I_ogw2（$I_\mathrm{ogw1}=I_\mathrm{ogw2}$）。

（3）塔脚流过的故障电流值 I_r（$I_\mathrm{r1}=I_\mathrm{r2}=I_\mathrm{r3}=I_\mathrm{r4}$）。

（4）已接地相导线和杆塔铁构架间接触电压值 U_1、U_2、U_3。

（5）工作人员所在杆塔塔脚处与大地间的接触电压值 U_t1、U_t2、U_t3。

（6）工作相邻杆塔的塔脚与地面间的接触电压值 U_t11、U_t12、U_t13、U_t23。

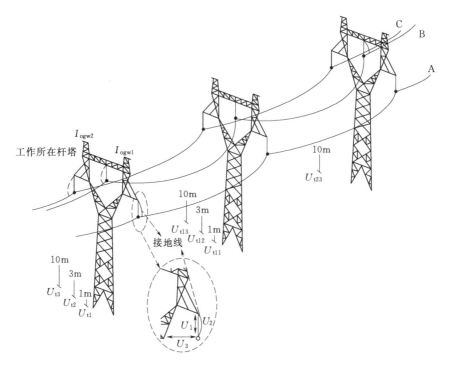

图 6-45　现场测试布局（3）、（4）示意图

4．测试结果

模拟故障测试结果见表 6-21。

表 6-21　　　　　　　　　　模拟故障测试结果

线路	布局	I_a/A	I_{ogw}/A	I_f/A	U_1/V	U_2/V	U_3/V	U_{t1}/V	U_{t2}/V	U_{t3}/V	U_{t11}/V	U_{t12}/V	U_{t13}/V	U_{t23}/V
(1)	(1)	—	70	36	35	—	—	500	750	950	600	850	1075	—
	(2)	143	14	34	0.38	0.33	—	571	810	1048	643	905	1195	—
	(3)	1750	775	44	4.5	3.6	—	650	1000	1250	600	875	1075	—
	(4)	1682	773	44	4.4	3.3	—	614	955	1182	591	818	1000	—
(2)	(3)	11140	4290	278	—	14.1	43.5	2830	6510	7380	2480	—	5800	5230
	(4)	I_a=14900 I_b=14930 I_c=12330	3758025 (P)	25648 (P)	—	17.3	52.1	240 6600 (P)	500 15200 (P)	675 17100 (P)	— —	— —	— —	— —

注　1．在线路（2）试验中，单相故障电流及引发的接触电压和转移接触电压存在仅 1/6 周，故障电流断开过程中
　　所存在的电压和电流在三相电流过零跳闸时在工作地点产生零序电流，故工作地点最终记录的电流和电压为
　　峰值（表中带 P 的数值）。
　　2．卡易它—彐浦洛克线试验时做了单相送电的试验。梅特—柏金斯线做了三相送电的试验。
　　3．表中下标为 a、b、c 的分别指三相故障电流，不带下标的指平均值。

5．测试结果值得注意的问题

（1）从卡易它—彐浦洛克线的测试中可注意到以下问题：

1）虽然接触电压或转移接触电压的值随当地土壤电阻率的不同而有所不同，但一般

166

的上限值也不会超过几百伏。试验中不论在工作杆塔还是两侧杆塔，塔脚对地的接触电压或转移接触电压都很高，其值达到 $500\sim1250V$，说明是很危险而必须采取措施的。

2）当采用布局（2）、（3）抑或布局（4）方式接地，这时的导线对杆塔的接触电压为 $0.33\sim4.5V$，说明这样的接地线布置能保护工作人员安全。

3）采用只在工作杆塔两侧接地时，虽然这个试验中表明工作杆塔上工作相导线对接地的塔体间的接触电压为 $35V$，但比其他几种方案的值大了一个数量级，很可能在较大系统中当故障电流较大时会超过允许的 $75V$，因此不能认为是恰当的安全措施。

4）不论是从工作杆塔导线上工作相接地还是三相同时接地，都显示故障电流通过架空地线分流了一部分至相邻杆塔，减少了流经工作杆塔塔脚的量，使接触电压降低了。

（2）从梅特—柏金斯线的测试中可注意到的问题。

1）当只在工作杆塔工作相导线上接地时，塔基对地间的接触电压和转移接触电压值都很高，甚至高达 $7380V$，因此不是恰当的安全措施。

2）当工作杆塔三相导线均接地时，塔基对地间的接触电压为几百伏，三相故障电流基本上仅剩极小的零序电流。假设在故障周波的 $1/6$ 周期处切断故障，工作人员会受到瞬时峰值高达 $17.1kV$ 的接触电压。但由于持续时间极短，只会引起工作人员产生麻电的感觉。

3）测得的导线对杆塔间的接触电压为 $43.5V$［布局（3）］和 $52.1V$［布局（4）］。这个值大约为个人保护接地线上电阻性电压降 $14.1V$［布局（3）］和 $17.3V$［布局（4）］的3倍，这是由于实际上在个人保护接地线与人体构成的接地回路间还存在磁耦合，计算结果基本与实测结果相符，说明个人保护接地回路是一个阻抗回路而不是单纯的电阻回路。

6. 结论

（1）在工作杆塔的两侧杆塔导线上接地，同时在工作杆塔上工作相接地是最安全的。这与我们目前常规应用的工作两端接地、中间杆塔工作相挂设个人保安线的做法是一致的。

（2）只在工作杆塔的大号侧和小号侧进行接地，塔上人员对杆塔和接地线之间的接触电压都是安全的。

（3）不能忽视地面工作人员的安全。万一发生故障，塔基与地间（包括与塔体连接做接地的工具设备）的接触电压是很高且危险的。因此必须规定进入工作区的人员未采取措施之前应远离杆塔，或与杆塔接地连接的设备至少在3m以外。

6.2.2 挂设个人保安线

当线路停电后，两端的线路地刀合上，已能大幅度降低沿线的感应电压，但此时的感应电仍然会对人体造成严重伤害。以前述华东1000kV同塔双回线路一回停电后挂设接地线后感应电压比较值来看，虽然挂设接地线前后感应电压下降幅值达到95%以上，但其每公里电压梯度仍然较大，最高的达到 $28.40V/km$，见表 $6-22$。

尽管有相关研究和仿真分析表明，在部分 $110\sim220kV$ 线路中，相距 $1km$ 的两组接地线能将两个接地点之间的感应电压降到 $2V$ 以下，线路作业人员在两组接地线的保护范围内工作，即便直接接触到停电线路，也不会有麻、刺、痛等不适感。但考虑到目前随着

表 6-22　　华东 1000kV 同塔双回线路挂设接地线后感应电压分布梯度最大值

线 路 名 称	最大值出现点 /km	感应电压最大值 /kV	相位	与接地点最短 距离/km	电位梯度 /(V·km⁻¹)
1000kV 淮南—皖南段	217	2.39	A	109	21.93
1000kV 皖南—浙北段	422	1.42	A	50	28.40
1000kV 浙北—上海段	580	1.40	C	57	24.56

电网的大规模建设，线路交跨、平行等环境非常复杂，以及美国开垦局和西部电力局联合进行的现场验证数据表明，在工作相工作时，应使用个人保安线，以防止感应电对人体的伤害。

6.2.2.1　工作原理

前述仿真和实测数据表明，当只在作业区段两端接地时，停电检修线路会有很高的感

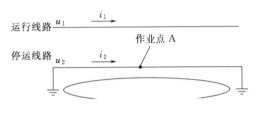

图 6-46　作业区段两端接地时线路的
感应电压、电流示意图

应电压和很强的感应电流，检修线路作业点 A 也会有很高的感应电压和很强的感应电流流过，当检修人员靠近或接触导地线时就会发生感应电触电伤害事故，如图 6-46 所示。

当在作业区段两端接地和作业点挂设使用个人保安线时，如图 6-47 所示，作业点对地电压降为 0，感应电流 i_2 或 i_3 通过个人保安线入地，而人体与个人保安线形成一个并联接地回路，由于个人保安线的电阻（16mm² 截面积的个人保安线平均每米直流电阻一般不大于 1.24mΩ）远小于人体电阻（正常人体电阻约为 1000Ω），导致流过人体的感应电流很小，从而达到保证作业人员安全的目的。

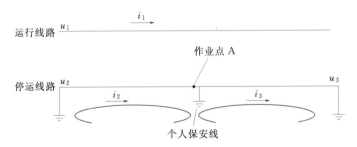

图 6-47　作业区段挂设个人保安线后线路的感应电压、电流示意图

在部分停电线路中，由于平行、同塔架设很长等情况导致停电线路上感应电流非常大，即使采用图 6-47 中挂设一组个人保安线的方法，当检修人员靠近或接触导地线时，感应电流 i_2 或 i_3 也会有一部分流过人体，有可能超过人体平均感知电流（1mA），会有比较强烈的"麻电、刺痛"的感觉，有可能造成高空坠落等二次伤害事故。因此，在这些特殊地段，可以采用挂设两组个人保安线的方式。

当在作业区段两端接地和作业点两侧使用个人保安线时，检修线路作业点 A 两侧直接通过个人保安线接地，对地电压为 0，如图 6-48 所示。停运线路的感应电流 i_2'、i_3' 直

接经过检修线路作业点 A 两侧的个人保安线流入大地，不通过作业点 A。所以当检修人员靠近或接触导地线作业点 A 时，不会发生"感应电"触电伤害事故。因此，在作业区段两端接地和作业点两侧使用个人保安线的方式是预防感应电触电伤害的最安全的措施。

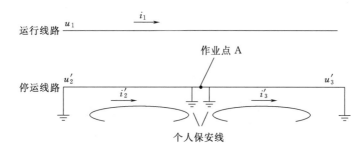

图 6-48　作业点两侧使用个人保安线时线路的感应电压、电流示意图

6.2.2.2　使用方法

1. 挂设原则

（1）在需要接触或接近导线工作时，应正确使用个人保安线。

（2）个人保安线由作业人员负责自行装拆。

2. 挂拆程序

（1）个人保安线应在杆塔上接触或接近导线的作业开始前挂设，作业结束脱离导线后拆除。

（2）装设个人保安线时，应先接地端，后接导线端，保安线应接触良好，连接应可靠，拆保安线的顺序与此相反。

6.2.2.3　注意事项

（1）严禁以个人保安线代替接地线。

（2）在杆塔或横担接地通道良好的条件下，个人保安线接地端允许接在杆塔或横担上。

（3）挂好个人保安线后，个人保安线的绝缘绳应固定在杆塔或横担上。

（4）工作结束后，工作负责人应检查所有个人保安线是否收回，确认收回后方可结束工作票。

6.2.2.4　特殊工作的个人保安线挂设及处置要求

1. 耐张塔断接导线引流板工作

根据输电线路标准化运维要求，必须定期对耐张塔导线引流板进行打开检查、涂导电脂及紧固螺栓等工作。

由于感应电压和感应电流的存在，若不采取相应的措施，盲目打开导线引流板，将会导致感应电流流过人体，造成严重的人员伤害。因此，在断接耐张塔导线引流板工作时，应在该引流板两端均挂好个人保安线或接地线后方可进行，如图 6-49 所示。

一般来说，通过在引流板两侧挂设个人保安线或接地线之后，可以很好地解决感应电带电来的伤害问题。但实践过程中，在与带电线路同塔、平行或跨越（穿过）带电高压电力线以及输电线路较密集区域等停电线路上，当作业人员在耐张塔导线引流板两侧挂好接

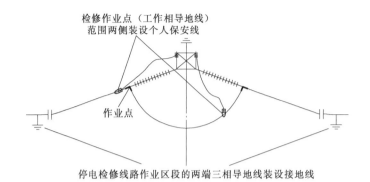

检修作业点（工作相导地线）
范围两侧装设个人保安线

作业点

停电检修线路作业区段的两端三相导地线装设接地线

图 6-49　耐张塔断接导线引流板工作个人保安线挂设示意图

地线或个人保安线后，在打开引流板时，仍感觉有麻电现象，考虑到线路工作为高空作业，危险性高，麻电现象还有可能导致作业人员受惊而产生高空坠落的二次伤害，极有可能危及作业人员的生命安全。

经分析，此问题可能是由于个人保安线或接地线接触不良，而且感应电压和电流特别强烈所致，为彻底消除在此类作业过程中有可能导致的感应电伤害，建议采用短接引流板的方式，如图 6-50 所示，实施现场照片如图 6-51 所示。

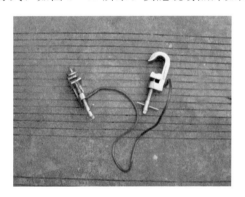

图 6-50　短接引流板

图 6-51　短接引流板实施现场

短接线长度约 1.2m，采用截面不小于 25mm^2 的铜线制作而成；外面增设一个绝缘保护套，两端采用可调节式铜制夹头。铜线与铜制夹头采用防松螺栓连接，夹头可适用直径 18～34mm（LGJ-185/30 至 LGJ-630/45）的各类导线。

采用短接引流板的方式既能消除安全隐患，保证作业人员的人身安全，又能减少作业时间，降低工作强度。

2. 大转角等特殊耐张塔上作业

在实际线路中，由于现场地形、交叉跨越等需要，往往会采用一些大转角、大跨越等特殊耐张塔，如图 6-52 所示。

在这类耐张塔上，尤其是在内角侧，采用常规方法往往无法挂设个人保安线，因此，在该类耐张杆塔上挂设个人保安线时，需将个人保安线挂至耐张串外导线上，应按以下要求进行：

（1）挂设时，作业人员应先接好个人保安线的接地端，再携带个人保安线进入耐张绝缘子串，距导线间隔 3 片绝缘子时停止行进，手持个人保安线的绝缘部位，将保安线导线端夹头快速挂设在导线上。

（2）个人保安线未与导线接触可靠之前，人体不得碰触导线侧任何金属部位，特别要注意控制脚与下方导线保持 0.4m 及以上的安全距离。

（3）作业过程中，严禁将人体串入感应电接地回路，特别要注意严禁一只手挂保安线导线夹头，一只手（或脚）接触导线。

3. 个人保安线意外脱落处理

正常作业过程中，应特别注意防止个人保安线意外脱落。但在实际工作过程，往往会发生个人保安线意外脱落的情况，若发现个人保安线意外脱落，应按以下程序进行：

图 6-52　大转角耐张塔现场示意图

（1）若人在杆塔上，发现个人保安线脱落，应按标准程序重新挂设个保安线。

（2）若在绝缘子串上（尚未接触导线）发现个人保安线脱落，应立即返回杆塔重新挂设个人保安线。

（3）若人在导线上，发现个人保安线脱落，应由其他作业人员帮忙重新挂设好个人保安线后方可继续作业。在个人保安线未重新挂设前，严禁用手或人体直接接触个人保安线导线夹头，严禁塔上作业人员与导线上作业人员直接接触或传递金属物件，严禁导线上作业人员穿越绝缘子串直接接触铁塔或接地回路。

6.2.3　保持足够的安全距离

500kV 及以上电压等级输电线路的杆塔相比 110kV、220kV 线路，其电压等级更高，要求的绝缘性能更高，绝缘子串长度一般在 4.8m 及以上，人员在导线上进行常规检修等工作时，工作人员的头部、手部一般无法触及横担而形成导线—人—横担的导电通道。所以，只要保证足够的安全距离，确保无法形成感应电流回路通道，在 500kV 及以上电压等级输电线路的导线上工作时，可以不使用个人保安线。

6.2.3.1　工作原理

当作业区段两端接地时，在停运线路会产生较高的感应电压和感应电流，检修线路作业点 A 也会有较高的感应电压，当作业人员在作业过程中确保导线—人体（金属工器具）—铁塔之间不形成回路并保持一定的距离 L 时，将不会产生感应电伤害，作业现场示意图如图 6-53 所示。

超高压、特高压工程，当一回带电、一回停电时，停电回路不同接地方式下沿线感应电压最大有效值见表 6-23。

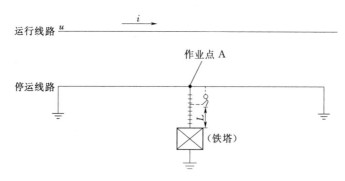

图 6-53　作业点不使用个人保安线时线路的感应电压、电流示意图

表 6-23　　　　　　　典型超高压、特高压双回线路一回带电、一回停电时
的感应电压最大有效值

线路名称	接 地 方 式		A 相/kV	B 相/kV	C 相/kV
1000kV 淮南—皖南段	两端均不接地		65.24	76.30	74.75
	一端接地	淮南端接地	5.78	7.03	6.38
		皖南端接地	5.79	6.91	6.39
	两端接地		2.39	1.74	2.23
1000kV 皖南—浙北段	两端均不接地		55.09	59.25	58.61
	一端接地	皖南端接地	3.76	4.05	4.01
		浙北端接地	3.67	3.979	3.92
	两端接地		1.42	0.96	1.38
1000kV 浙北—上海段	两端均不接地		71.56	70.76	68.08
	一端接地	浙北端接地	4.08	3.92	3.79
		上海端接地	3.96	3.81	3.67
	两端接地		0.90	1.31	1.40
500kV 龙兰线	两端均不接地		10.26	10.16	9.97
	一端接地	兰溪电厂单端接地	0.93	0.92	0.92
		双龙变单端接地	0.96	0.96	0.95
	两端接地		0.65	0.65	0.61

　　从表中可知，当线路两端接地之后，无论是特高压线路还是超高压线路，线路感应电压均比两端不接地或一端接地大幅度下降。根据计算和统计，不论是超高压线路，还是特高压线路，当线路两侧接地挂好之后，其感应电压一般不会超过 10kV。因此，按 10kV 电压等级控制安全距离、采用等电位带电作业方式进行作业是安全可靠的。

　　根据 DL 409—1991《电业安全工作规程（电力线路部分）》可知，10kV 电压等级带电作业应按 0.4m 安全距离进行控制，因此，只要导线—人体（金属工器具）—铁塔横担不形成回路，并保证 0.4m 的安全距离进行作业是安全的。

6.2.3.2 注意事项

（1）对于绝缘子串是玻璃或瓷质的悬式绝缘子来说，按超高压线路常规使用的悬式绝缘子单片结构高度 155mm、170mm 来计算，只需保证 3 片及以上的安全距离就能满足要求。

（2）若绝缘子串是合成绝缘子串组成，上下绝缘子串必须使用绝缘软梯，由于超高压和特高压线路绝缘子串比较长，一般不存在人员直接与导线、杆塔横担同时接触的情况。

（3）对于部分 220kV 线路，尤其是在重冰区或重污区等特殊区域的线路，绝缘子片数通常会采用 18及以上的绝缘配置，如图 6-54 所示，对于这类塔型上的常规检修作业，往往个人保安线很难挂设，因此也可采用保持 0.4m 及以上安全距离的方式进行作业，由于 220kV 线路配置的绝缘子单片结构高度一般为 146mm，因此可按保持 3 片及以上的绝缘子片数进行控制。

图 6-54　绝缘高配 220kV 线路绝缘子串现场图

（4）导线—人体（金属工器具）—铁塔横担不形成回路，并保证 0.4m 的安全距离进行作业，是确保安全的两个必要条件，缺一不可。因此，在进行绝缘子串整串更换、承力金具更换等需提升导线的作业时，由于需通过金属承力工器具提升导线从而形成感应电流泄放通道，必须先挂设个人保安线后方可进行。

6.2.4　穿着全套屏蔽服（静电防护服）

在同塔双回路一回带电、一回停电作业过程中，由于带电线路感应电压的影响，带电体周围的空间会产生电场，因此，人在高压带电设备附近工作时，即使与带电体的安全距离符合要求，人体往往也会有一些感觉，如风吹感、针刺感、异声感等，这是由电场引起的。

当外界电场达到一定强度时，人体裸露的皮肤上就有"微风吹拂"的感觉，此时测量到的人体体表场强约为 240kV/m。这一数值为公认的人体对电场感知的临界值。"微风吹拂"是由于电场引起气体游离和移动而产生的一种现象。当人体体表场强超过 240kV/m 时，会对登塔人员造成"麻电"等感应电伤害，并有可能导致高空坠跌等二次伤害。

因此，对于 500kV 及以上电压等级同塔双回线路一回带电、一回停电工作时，需要穿着全套屏蔽服。

6.2.4.1　工作原理

屏蔽服相当于一个空心的金属盒，放入电场中，不论盒外的电场强度如何，经过屏蔽后，盒内电场急剧下降，从而达到保护人体免受电场伤害的影响。

中国电力科学研究院等曾对 500kV、750kV 和 1000kV 等电压等级带电杆塔上各作业位置的电场强度进行实际检测，检测点如图6-55所示，500kV线路相关检测数据见表6-24。

从表6-24所示的检测数据可知，通过穿屏蔽服可有效降低电场对人体的影响，从而确保塔上作业人员的安全。

6.2.4.2　注意事项

（1）对于220kV及以下电压等级的一回带电、一回停电线路工作，经计算其塔上人员电场强度一般不足以达到240kV/m，因此不需要穿屏蔽服，但对于220kV电压等级线路，建议穿导电鞋。

（2）对于330kV及以上电压等级的一回带电、一回停电线路工作，以及±400kV及以上电压等级单极运行、单极停电工作，经计算其塔上人员电场强度可能达到240kV/m，因此需要穿全套屏蔽服。

（3）在上述工作中，若无全套屏蔽服，可采用全套静电防护服代替。

（4）全套屏蔽服应与导电鞋一同使用，严禁与绝缘鞋同时使用。

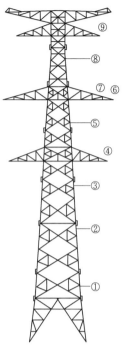

图6-55　塔上电场检测点示意图
①～⑨—检测点

表6-24　　　　　　　500kV线路作业人员在塔上各检测点体表场强的测量值　　　　　　单位：kV/m

部位	检　测　点								
	①	②	③	④	⑤	⑥	⑦	⑧	⑨
头顶	26.2	64.3	81.3	252.5	121	182.5	225	89.6	84.4
躯体	15.4～29.1	24.2～58.6	42.1～98.3	67.2～158.6	54.1～108	77.4～135.9	67.6～84.2	40.4～84.2	57.2～86.7
屏蔽服内	0.54	1.42	1.72	3.42	2.16	2.51	3.16	1.61	1.53

第7章 设备感应电防护

输电线路感应电除了可能对人体造成伤害外，还可能对线路运行设备以及接地线等工器具造成伤害。根据事故调查统计，近年来我国先后多次出现了诸如地线绝缘子间隙烧伤、孤立档地线由于感应电导致持续放电而断线、接地线烧伤腐蚀等故障，给输电设备安全运行造成了重大影响。因此，研究运行设备及工器具的感应电防护问题，也是一项重要工作。

7.1 地线绝缘子间隙烧伤分析

7.1.1 地线绝缘子间隙烧伤描述

在近几年的运行维护过程中，经常发现部分 220kV、500kV 等电压等级线路的地线绝缘子间隙存在着因长期放电而导致的间隙严重生锈、烧伤等现象，给线路的安全运行留下了安全隐患，如图 7-1 所示。

同时，由于原有间隙在高感应电压作用下持续放电而导致地线绝缘子间隙烧伤之后，在雷击等外力作用下，发生地线绝缘子脱串掉串，给输电线路安全运行带来重大的损失。

7.1.2 地线绝缘子基本概念

7.1.2.1 地线绝缘子作用及分类

地线绝缘子主要用于支持架空线路中的地线，由绝缘子和保护间隙两部分组成。当线路正常运行时，可使地线与铁塔绝缘，减少输电

图 7-1 地线绝缘子间隙烧蚀现场

能量损耗或开通地线载波通信；当地线出现过电压时，保护间隙放电，地线与铁塔导通，起到各种防护作用。

根据统计，地线绝缘子主要应用在 220kV 及以上输电线路的架空地线上，根据安装形式和电极结构来分，可分为悬垂式和耐张式两种，根据材质来分，可以分为玻璃绝缘子和瓷质绝缘子，如图 7-2 所示。

7.1.2.2 地线绝缘子的一般要求

（1）地线绝缘宜使用双联绝缘子串，地线绝缘子可使用瓷绝缘子、玻璃绝缘子。

（2）地线绝缘子应能耐受地线电磁感应电压，雷电过电压超过整定值时放电间隙应可靠击穿，绝缘子放电间隙距离应满足以下要求：

<table>
<tr><td>（a）玻璃地线绝缘子</td><td>（b）瓷质地线绝缘子</td></tr>
</table>

图 7-2　地线绝缘子

1）放电间隙工频放电电压应低于不带放电间隙地线绝缘子工频耐受电压。

2）放电间隙雷电冲击放电电压应低于不带放电间隙地线绝缘子雷电冲击耐受电压。

（3）地线绝缘子耐张串放电间隙宜向上布置，悬垂串放电间隙宜向线路外侧布置，以减少工频及雷电电弧对绝缘子的灼伤。

（4）地线绝缘子的机械强度安全系数应满足 GB 50545—2010《110kV～750kV 架空输电线路设计规范》的规定，双联及多联绝缘子串应验算断一联后的机械强度。

7.1.2.3　地线绝缘子常规技术要求

（1）绝缘架空地线用地线绝缘子的机械强度安全系数不应小于表 7-1 所列数值。双联及多联绝缘子串应验算断一联后的机械强度，其荷载及安全系数按断联情况考虑。

表 7-1　　　　　　　　　　　　　　　　绝缘子机械强度安全系数

情况	最大使用荷载		常年荷载	验算	断线	断联
	盘形绝缘子	棒形绝缘子				
安全系数	2.7	3.0	4.0	1.5	1.8	1.5

绝缘子机械强度的安全系数 K_1 计算为

$$K_1 = \frac{T_R}{T} \qquad (7-1)$$

式中　T_R——绝缘子的额定机械破坏负荷，kN；

　　　T——取绝缘子承受的最大使用荷载、断线荷载、断联荷载、验算荷载或常年荷载，kN。

（2）地线绝缘子残留机械破坏特性应符合

$$\frac{\overline{X} - 1.645S}{L} \geqslant C \qquad (7-2)$$

式中　$\overline{X}$——残留机械破坏负荷实测算术平均值，kN；

　　　S——标准偏差，kN；

　　　L——额定机电破坏负荷，kN；

C——比值，其值应不小于 0.65。

（3）地线绝缘子应能耐受四次 24h 冷热机械循环（温度变化范围为 $-30\sim40℃$），机械负荷为额定机电破坏负荷 60% 的热机性能试验。地线绝缘子应能耐受 1h 机电负荷试验而不损坏，试验负荷为额定机电破坏负荷的 75%，试验电压为 40kV。

（4）无冰区段地线绝缘子除应符合上述规定外，其他机械、电气特性应符合表 7-2 的规定。

表 7-2   常规地线绝缘子基本参数表

序号	项　　目		机械、电气性能	
			70kN	100kN
1	地线绝缘子工频湿耐受电压（有效值）/kV		≥30	
2	地线绝缘子工频击穿电压（有效值）/kV		≥110	
3	地线绝缘子额定机电破坏负荷（试验电压为 40kV）/kN		70	100
4	地线绝缘子打击破坏负荷/（N·cm）		≥565	≥678
6	去掉上电极的地线绝缘子工频闪络电压（有效值）/kV	干	≥45	
		湿	≥25	
7	地线绝缘子工频放电电压（有效值）/kV	干	≥25	
		湿	≥10	
8	工频恢复电压 2500V 时熄灭电弧电流（有效值）/kV	电感性电流	≥35	
		电容性电流	≥20	
9	间隙电极耐电弧能力	工频电流（有效值）/kA	≥10	
		时间/s	≥0.2	
		次数	≥2	
10	运行时地线绝缘子间隙距离/mm	上限值	40	
		下限值	15	

7.1.2.4　地线绝缘子间隙距离选择

地线绝缘子间隙是保证其能发挥正常功能的重要部件，地线绝缘子间隙应满足以下要求：

（1）地线绝缘子间隙距离选择前，应计算架空地线最大感应电压，并以此为依据选择间隙距离。

（2）标准大气条件下，架空地线最大感应电压不超过 3kV 时，地线绝缘子并联间隙距离可取 15mm；架空地线最大感应电压为 3~5kV 时，地线绝缘子并联间隙距离可取 25mm；架空地线最大感应电压为 5~7kV 时，地线绝缘子并联间隙距离可取 35mm。

（3）绝缘架空地线感应电压最大值不大于 3kV 时，在海拔不高于 2000m 的地区，地线绝缘子并联间隙距离可取 15mm；海拔为 2000~3000m 的地区，间隙距离可取 20mm；海拔为 3000~4000m 的地区，间隙距离可取 25mm。

（4）绝缘架空地线感应电压最大值为 3~5kV 时，在海拔不高于 2000m 的地区，地线绝缘子并联间隙距离可取 25mm；海拔为 2000~3000m 的地区，间隙距离可取 30mm；海拔为 3000～4000m 的地区，间隙距离可取 35mm。

（5）绝缘架空地线感应电压最大值为 5～7kV 时，在海拔不高于 2000m 的地区，地线绝缘子并联间隙距离可取 35mm；海拔为 2000～3000m 的地区，间隙距离可取 37mm；海拔为 3000～4000m 的地区，间隙距离可取 40mm。

（6）绝缘架空地线感应电压最大值不超过 3kV 时，环境温度介于－40～40℃的地区，地线绝缘子并联间隙距离可取 15mm。绝缘架空地线感应电压最大值不超过 5kV 时，环境温度介于－40～0℃的地区，地线绝缘子并联间隙距离可取 20mm；环境温度介于 0～40℃的地区，地线绝缘子并联间隙距离可取 25mm。绝缘架空地线感应电压最大值不超过 7kV 时，环境温度介于－40～20℃的地区，地线绝缘子并联间隙距离可取 30mm；环境温度介于－20～0℃的地区，地线绝缘子并联间隙距离可取 35mm；环境温度介于 0～40℃的地区，地线绝缘子并联间隙距离可取 40mm。

（7）对有地线融冰需求的地线绝缘子，应根据实际融冰需求确定绝缘子型式、结构尺寸及放电间隙距离，一般情况下放电间隙距离可取 50～100mm。

（8）间隙电极应便于装配，下电极的圆环应为整体锻造，相对位置准确。间隙距离应在 10～40mm 调整，固定后不应松动，紧固螺栓和螺母在 50N·m 扭矩下不应脱扣。

（9）地线绝缘子其他技术条件应满足 JB/T 9680—2012《高压架空输电线路地线用绝缘子》的规定。

7.1.3 地线金具连接方式

根据常规设计，输电线路架空地线金具连接方式（图 7-3）通常包括以下几种：

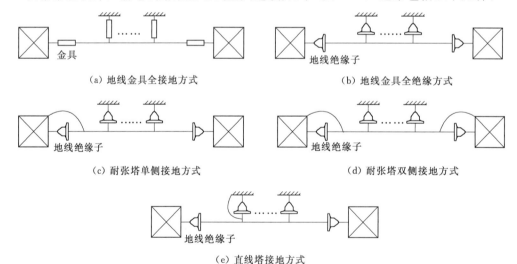

图 7-3 架空地线金具常用连接方式

（1）地线金具全接地方式，即每基杆塔地线金具串均采用接地方式。

（2）地线金具全绝缘方式，即每基杆塔地线金具串均采用绝缘方式。

（3）耐张塔单侧接地方式，即耐张段一侧金具接地，另一侧绝缘，直线悬串绝缘。

（4）耐张塔双侧接地方式，即耐张段两侧接地，直线悬垂串绝缘。

（5）直线塔接地方式，即耐张段两侧采用绝缘方式，中间直线塔选一基接地。

为减少线路的能量损耗，220kV及以上输电线路地线金具连接一般采用耐张塔单侧接地方式。

7.1.4 地线感应电压仿真计算

为能更好地进行定量和定性分析，以浙江金华一条运行中500kV输电线路为对象，采取ATP-EMTP软件仿真计算的方法，对该线路可能采取的所有接地方式进行了不同工况下的定量研究，通过计算不同工况下地线的感应电压、感应电流沿线分布情况以及能量损耗，定量比较各接地方式的感应电压。

7.1.4.1 线路基本情况

该线路全长100.04km，共241基塔，其中：双回路长度10.82km，单回路平行架设长度为89.22km。每条单回线路有两根GJ地线（JLB30-120），采取分段绝缘，一点接地的接地方式；同塔双回线路为一根GJ地线（JLB30-150），一根OPGW。

单回线路成三角排列，其排列方式为从左到右ABC；双回线路成垂直排列，其排列方式为从上到下BCA。四分裂的四根子导线（LGJ-400/35）采用正方形排列，分裂间距45cm。导线平均弧垂取12m，地线平均弧垂取9.5m。

导地线的型号及参数见表7-3。

表7-3　　　　　　　　　导地线型号及参数

型　　号	直流电阻/($\Omega \cdot km^{-1}$)	分裂间距/mm	外径/mm	内径/mm
4×LGJ-400/35	0.07389	450	13.41	3.307
JLB30-120	0.4808	—	7.125	4.6896
JLB30-150	0.3936	—	7.875	5.183
OPGW	0.305	—	8.95	1.55

单回段最长耐张段长度为6063m，双回段最长耐张段长度为5216m，OPGW地线逐塔接地，最长接地端为546m，土壤电阻率取500$\Omega \cdot$m。

该线路在大方式、小方式下的传输功率和电流等参数见表7-4。

表7-4　　　　　　　　　线路系统运行参数

系统运行方式	电流/A	有功功率/MW	无功功率/Mvar
大方式	298.24	256.65	-53.60
小方式	123.80	100.71	-37.36

7.1.4.2 地线接地及系统运行方式

方式一。GJ分段绝缘、首端接地，OPGW逐塔接地。

方式二。GJ分段绝缘、中点接地，OPGW逐塔接地。

方式三。耐张段150～163号段全线绝缘，两端均不接地；其他段号采用GJ分段绝缘、首端接地，OPGW 逐塔接地。

方式四。耐张段 222～238 号段全线绝缘，两端均不接地；其他段号采用 GJ 分段绝缘、首端接地，OPGW 逐塔接地。

7.1.4.3　正常运行时地线不同接地方式的地线感应

表 7-5 为双回导线按同相序排列、双回线路正常运行时，系统分别在大方式、小方式下运行，地线采取四种不同接地方式的 GJ 和 OPGW 的感应电压、感应环流最大值以及相应条件下功率损耗的计算结果。

表 7-5　　　　线路双回运行时地线感应电压、感应电流最大值及功率损耗

参　　　数		方式一	方式二	方式三	方式四
OPGW 感应电压最大值/V		98.56	98.45	110.96	111.01
OPGW 感应电流最大值/A		51.57	51.90	61.28	61.26
GJ 感应电压 最大值/V	单回段	74.20	104.78	87079.25	80.34
	双回段	168.93	105.67	139.39	119408.74
GJ 感应电流 最大值/A	单回段	1.60	1.60	0.90	1.54
	双回段	9.86	6.11	11.10	11.10
功率损耗/W	单回段	397.39	322.17	2950.20	185.01
	双回段	5623.74	5585.28	7339.20	7784.00

在方式一下进行仿真计算，在 GJ 地线和 OPGW 光缆上测得相关数据如图 7-4 所示。

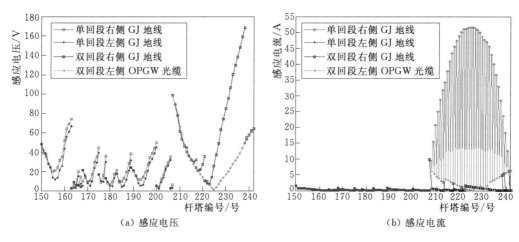

（a）感应电压　　　　　　　　　　（b）感应电流

图 7-4　方式一下感应电压和感应电流仿真结果

在方式二下进行仿真计算，在 GJ 地线和 OPGW 光缆上测得相关数据如图 7-5 所示。

在方式三下进行仿真计算，在 GJ 地线和 OPGW 光缆上测得相关数据如图 7-6 所示。

在方式四下进行仿真计算，在 GJ 地线和 OPGW 光缆上测得相关数据如图 7-7 所示。

由以上分析可得到以下结论：

（1）对于采用分段绝缘，一点接地的绝缘架空地线来说，不论其接地点是在耐张塔还是在中间直线塔上，其感应电流、感应电压最大值均很小，对于 OPGW 感应电压最大值

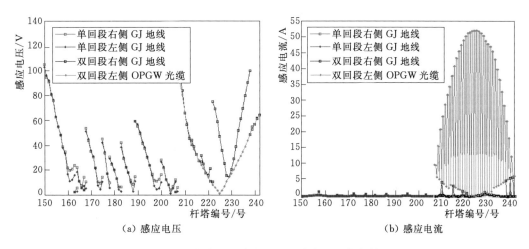

（a）感应电压　　　　　　　　　　　　（b）感应电流

图 7-5　方式二下感应电压和感应电流仿真结果

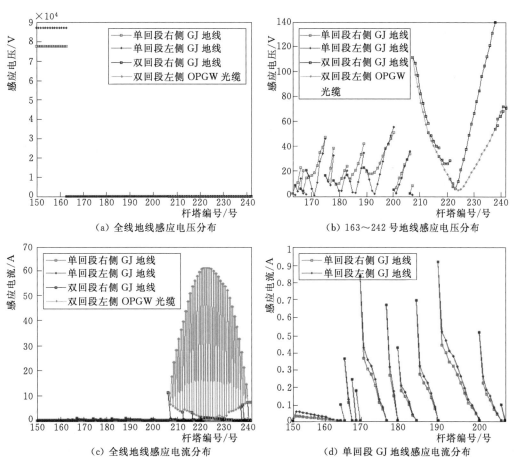

（a）全线地线感应电压分布　　　　　　　（b）163~242 号地线感应电压分布

（c）全线地线感应电流分布　　　　　　　（d）单回段 GJ 地线感应电流分布

图 7-6　方式三下感应电压和感应电流仿真结果

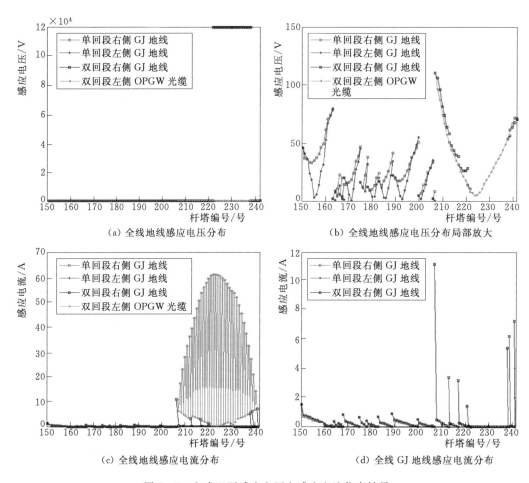

（a）全线地线感应电压分布　　　　　（b）全线地线感应电压分布局部放大

（c）全线地线感应电流分布　　　　　（d）全线 GJ 地线感应电流分布

图 7-7　方式四下感应电压和感应电流仿真结果

和感应电流最大值影响轻微，在功率损耗方面，中间直线塔接地方式有所减少。

（2）无论线路单回段还是双回段，当有耐张段架空地线采用全绝缘方式时，该耐张段地线上的感应电压极大，而且基本恒定为一定值，单回段 150～163 号段两根 GJ 地线均全线绝缘时，该段的感应电压最大值基本维持在 87kV 不变，双回段 222～238 号段 GJ 地线全线绝缘时，该段的 GJ 地线感应电压最大值达到了 119.4kV，同样几乎为定值。如此大的感应电压势必会使地线绝缘间隙在系统正常运行未发生操作故障或雷击时也发生间隙击穿现象，放电间隙频繁放电导致绝缘间隙发生锈蚀、断裂甚至绝缘子的损坏，而且如此大的感应电压给地线的正常运行维护也带来严重的安全隐患。

（3）在单点接地方式时，其绝缘架空地线上感应电压较小，在正常间隙情况下，一般不会造成间隙放电。地线沿线分布的能量规律基本一样：OPGW 的感应电压两端大，中间小；感应电流呈现倒 U 形，GJ 感应电压自接地点向分段末端递增，感应电流递减。

（4）当一段耐张段全线绝缘时，其余耐张段的地线感应电量也会受到影响，数值相应增大，地线上的功率损耗也出现剧增。这是因为虽然有一段耐张段是全线绝缘，段内电流几乎为零，功率损耗并不大，但是由于该段对整条地线的影响会使其他号段地线上的感应电流变大，因而对于整条输电线路来说，地线功率损耗会出现剧增。

7.1.5 地线绝缘子间隙烧伤原因分析

综合近几年发生的事故案例，结合上述仿真分析，发现地线绝缘子间隙烧伤的原因主要包括接地方式安装错误和间隙结构设计不合理两个方面。

7.1.5.1 地线绝缘子接地方式安装错误

根据设计要求，采用耐张塔单侧接地方式时，必须确保该耐张段内有一基耐张塔采用接地方式，确保感应电压有泄放通道，但又不至于形成电流通道，因而达到不仅能降低感应电压，还能减少能量损失的目的。从而在设计要求中往往对其接地方式进行统一规定，如接地统一安装在线路方向大号侧耐张塔或统一安装在线路方向小号侧耐张塔。

但在施工过程中，各种原因将导致地线绝缘子接地方式安装错误，造成耐张段全绝缘方式或者耐张段双侧接地方式，如图 7-8 所示。当造成耐张段全绝缘方式时，由于感应电压异常升高，造成原有间隙在高感应电压作用下持续放电，从而导致间隙烧伤。

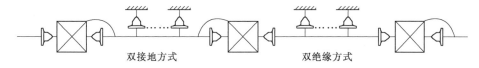

双接地方式　　　　　　　　　双绝缘方式

图 7-8 地线绝缘子接地方式安装错误示意

通过现场检查发现，大部分地线绝缘子烧蚀的间隙均处在耐张段全绝缘安装方式的杆塔上。

根据高电压技术理论，在工频电场作用下，棒—棒结构气隙的平均击穿电场强度约为 3.8kV/cm。地线绝缘子间隙在电场环境下，可以近似于棒—棒结构的间隙，当间隙距离为 10~30mm 时，理论放电电压可以达到 3.8~11.4kV 左右，考虑到实际现场并不是一个完整的棒—棒结构，实际放电电压会有所降低，为 3~9kV。

根据设计要求，一般地线绝缘子间隙基本控制为 17mm±2mm，按 17mm 计算，其放电电压约为 5.1kV，而根据前述仿真计算可知，当全绝缘配置时，单回段 150~163 号段感应电压最大值基本维持在 87kV 不变，双回段 222~238 号段感应电压最大值达到 119.4kV，远远超过其放电电压，从而造成持续放电。

因此，地线绝缘子接地方式安装错误导致耐张段地线全绝缘，是其间隙烧蚀的主要原因。

7.1.5.2 地线绝缘子间隙结构设计不合理

根据标准 JB/T 9680—2012《高压架空输电线路地线用绝缘子》，电极应便于装配，下电极的圆环应为整体锻造，相对位置准确。间隙距离应在 10~30mm 调整，固定后不应松动，紧固螺栓和螺母在 50N·m 扭矩下不应脱扣。

目前，常用的地线绝缘子间隙采用镀锌钢材制作而成。由于该结构中的上间隙是通过两颗螺栓前后紧固在绝缘子铁帽上来达到固定的目的，而所依托的铁帽由于制作工艺等方面的原因往往与上间隙紧密结合，导致在恶劣的自然环境下，尤其是在长期微风振动的情况下，上间隙由于螺栓松动而产生滑移。该结构中的下间隙通过一颗螺栓与绝缘子钢角螺孔相连，单点固定的结构方式也可能导致下间隙在长期自然力作用下出现松动。

上述上下间隙松动会引起间隙距离变大或变小，如图7-9所示。当间隙变大导致间隙放电电压超过绝缘子湿闪电压时，若遇有雷电流则会通过绝缘子本体进行放电，从而烧伤绝缘子。当间隙变小时，则会造成长期持续放电或直接接触通流，从而造成镀锌层损坏，铁件锈蚀、烧伤，甚至断裂。因此，地线绝缘子间隙结构设计不合理也是一个重要原因。

（a）间隙过大　　　　　　　　　　　　（b）间隙过小

图7-9　地线绝缘子间隙过大或间隙过小现场照片

7.1.6　地线绝缘子间隙改进

目前常用的地线绝缘子间隙采用镀锌钢材制作而成，存在着受振动影响而导致间隙过大或过小等问题，往往对线路安全运行造成较大影响，因此，有必要进行改进。

7.1.6.1　间隙材料的改进

传统的地线绝缘子间隙材料一般是A3钢制热镀锌材料，镀锌钢材料与铝及铝合金、铜及铜合金比较，其机械性能较好，价格低廉，但存在着放电后易烧伤和锈蚀的问题。

根据国内相关研究表明，气体放电电极材料的侵蚀烧损量由小至大排序为：钨、钛、钼、铜、铝、石墨；按击穿特性由优至劣排序为：钨和钛、不锈钢、紫铜、铁、黄铜、银、锌、铝、镍、钴。由此可见，通过对地线绝缘子间隙电极材料进行改进设计是防止间隙易烧伤锈蚀的重要方法。从经济性和耐腐蚀性角度看，建议在钢铁材料中掺加钨、钼之类的合金钢制作电极材料，或者在钢铁电极外包（镀）合金材料，又或在电极放电端局部进行镶嵌式处理。

7.1.6.2　间隙结构的改进

根据前述分析，可对地线绝缘子间隙进行优化改进，改进后设计的新型防烧蚀地线绝缘子如图7-10所示。

其结构设计特点主要包括以下方面：

（1）间隙结构保持常规地线绝缘子的垂直棒板间隙，而且棒间隙放电端为圆形尖轮，

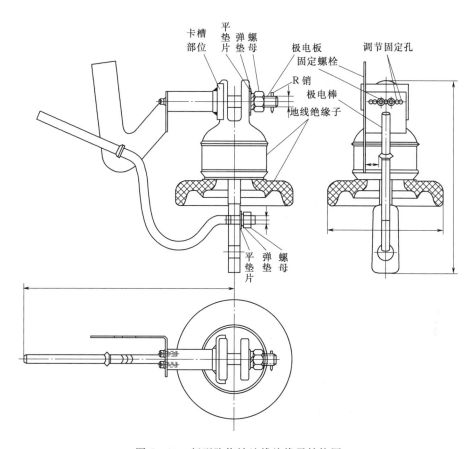

图 7-10　新型防烧蚀地线绝缘子结构图

其放电特性与现有标准要求保持一致。

（2）改变了板电极的固定方式，采用了轴销式结构，优于抱箍方式。防止了原有板电极发生位移等问题。设计中将板电极分成放电电极板和固定柄两部分，两者之间采用两个 M6-8 的螺栓固定，并且在放电板的固定侧开一排多孔，以便调节间隙距离。

（3）将板电极的固定方式改变，设计为轴销螺纹固定，即固定柄一端是螺杆，另一端为圆柱，其端面开设螺纹固定孔，以便将放电板安装联结在一起。在固定柄中间设计有卡槽，从而防止板电极以固定柄为中心发生旋转位移。板电极装配时，将固定柄插入绝缘子钢帽的双耳孔中，卡槽卡入双耳的两侧，双耳间固定柄部位连接吊挂金具，露出的螺纹部分通过螺母固定。

（4）棒电极仍然采用原结构，对放电尖轮的位置稍作调整，使其处于放电板中间部位，尾部结构是方形部位连接一段螺杆，当其穿过绝缘子钢脚上的方孔后，用螺母固定。

（5）改进了间隙材料。对棒板间隙电极材料采用 304 或 310、310S 不锈钢材料，可防止放电电极间因多次放电引起的锈蚀；对于蚀损，304 不锈钢耐温达 500℃，310 和 310S 不锈钢耐温可达 1200℃，耐温越高，蚀损越小，电极寿命越长。此外，间隙电极材料也可采用铬镉铜，该材料也经常用作放电电极材料，其耐蚀损性能好。

通过间隙结构改进后，其特性对比见表 7-6。

表 7 - 6 间隙结构改进前后特性对比

特性	改 进 前	改 进 后
材料特性	镀锌钢材，放电易烧伤、锈蚀	合金钢材料，放电后几乎不会烧蚀
上间隙结构特性	易受工艺影响	固定连接方式，不会产生滑移
下间隙结构特性	单点固定，易产生松动	双点固定，不易产生松动
放电间距特性	易受环境影响而变大或变小	固定后，基本不会随环境变化

7.1.7 小结

（1）当架空地线采用耐张段全绝缘方式时，该耐张段地线上的感应电压极大，而且基本恒定为一定值，其数值远远超过绝缘子间隙正常的放电电压，因此，在通常情况下，110kV 及以上输电线路架空地线是不允许采用耐张段全绝缘方式的。

（2）在基建施工过程中，由于施工人员安装错误导致部分架空地线耐张段采用全绝缘方式，从而导致绝缘子间隙烧伤。因此，建议在线路基建施工手册明确每一基耐张塔绝缘架空地线的接地方式（特别要注明接地线安装在大号侧还是小号侧），并在杆塔明细表中进行标示；运行验收人员应提高验收质量，把好验收关，确保每基耐张塔地线绝缘子接地方式符合设计规范要求。

（3）对于采用分段绝缘、一点接地的绝缘架空地线来说，不论其接地点是在耐张塔还是在中间直线塔上，其感应电流、感应电压最大值均很小，对于 OPGW 感应电压最大值和感应电流最大值影响轻微。在功率损耗方面，中间直线塔接地方式有所减少。

（4）在单点接地方式时，其绝缘架空地线上感应电压较小，在正常间隙情况下，一般不会造成间隙放电。地线沿线分布的能量规律基本一样：OPGW 的感应电压两端大，中间小；感应环流呈现倒 U 形，GJ 感应电压自接地点向分段末端递增，感应电流递减。

（5）地线绝缘子间隙应结合现场实际进行改进，彻底解决运行过程中由于环境影响造成间隙变化而影响线路安全运行的问题。

（6）线路运行巡视过程中应加强巡视，特别注意架空地线绝缘子间隙放电声音，有异响的及时查明原因，并制定相应的改进措施。

7.2 孤立档地线金具感应电烧伤分析

7.2.1 孤立档地线金具感应电烧伤描述

目前，我国 220kV 及以上架空输电线路一般均全线采用两根地线架设，主要采用的是普通地线（CGW）和 OPGW，其中普通地线包括钢芯铝绞线、铝包钢绞线和镀锌钢绞线等，而 OPGW 兼具地线和通信的双功能，有效地提高了杆塔和走廊资源的利用率，在电力系统中得到广泛应用。

输电线路架空地线逐基接地时，输电线路架空地线与导线间存在静电耦合和电磁感应，且因导线和地线空间位置排列的局限，各相导线在架空地线中的感应电势无法相互抵消。一旦架空地线出现多个接地点，形成地线—地线或者地线—大地的回路，若因感应电压较高、金具的连接处接触电阻较大等因素影响，就会产生较大的感应电流，该持续的感应电流会引起输电线路架空地线的电能损耗，地线及其连接金具会产生发热现象，从而破坏金具表面锌镀层，导致金具锈蚀，而金具连接处的间隙由于接触电阻大，极易发生电弧放电，长时间持续就有可能发生金具烧伤断裂、地线断线等严重危害线路安全运行的缺陷，如图 7-11 所示。

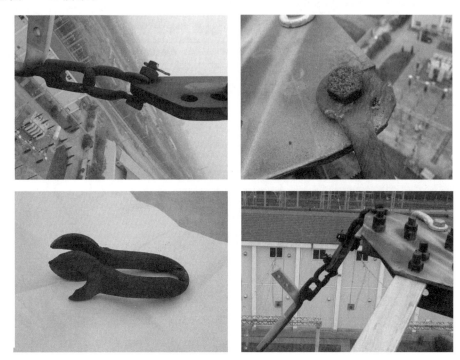

图 7-11　地线金具感应电严重烧伤现场照片

7.2.2　地线感应电流仿真及实测分析

为更好地解析架空地线感应电对连接金具的伤害，研究架空地线感应电流值大小、影响因素等问题，选取一条曾发生过构架侧地线金具严重烧伤的 220kV 同塔双回输电线路进行仿真和实测分析。

7.2.2.1　线路基本概况

某 220kV 线路投运于 2006 年，为铁路牵引站专供线路，线路全长 6.97km，杆塔 30 基。全线与另一条 220kV 线路同塔架设。导线采用 JL/LB20A-240/30，两侧地线均采用 JL/LB20A-70/40，全线两侧地线均采用直接接地方式，导线高度平均 30m，杆塔接地电阻按 5Ω 考虑。

杆塔构架侧前后档相关参数见表 7-7。

表 7 - 7 构架侧前后档相关参数表

序号	杆塔号	导线型号	两侧地线型号	杆塔型号	呼高 /m	小号侧档距/m	接地电阻 /Ω	相位	导线高度 /m
1	构架	JL/LB20A－240/30	JL/LB20A－70/40	构架	9	20	—	ABC	9
2	33	JL/LB20A－240/30	JL/LB20A－70/40	TSJ3－21	21	183	2.24	BAC	30
3	32	JL/LB20A－240/30	JL/LB20A－70/40	TSJ1－27	27	—	1.96	BAC	30

7.2.2.2 线路感应电流实测情况

该线 33 号塔地线感应电流实测情况见表 7-8。

表 7 - 8 33 号塔地线感应电流实测情况

杆塔号	左侧负荷/MW	右侧负荷/MW	左侧地线感应电流/A	右侧地线感应电流/A
33	0.03	12.66	1.35	2.6

7.2.2.3 线路仿真计算情况

220kV 同塔双回输电线路输送功率为 0.03MW（左侧）、12.66MW（右侧）时，架空地线感应电流仿真计算结果如图 7-12、图 7-13 所示。

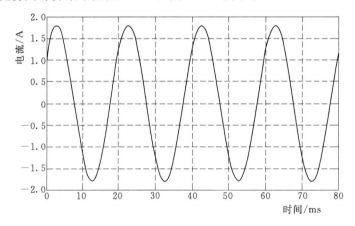

图 7 - 12 33 号杆塔处左侧小号侧架空地线感应电流波形

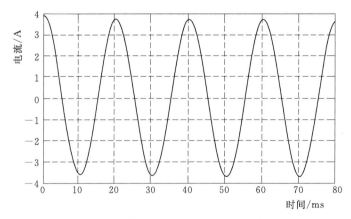

图 7 - 13 33 号杆塔处右侧小号侧架空地线感应电流波形

仿真计算表明，33号杆塔处左侧小号侧架空地线感应电流有效值约为1.29A，33号杆塔处右侧小号侧架空地线感应电流有效值约为2.55A。

7.2.2.4　线路仿真分析结论

（1）33号杆塔处左、右侧小号侧地线感应电流仿真计算结果与现场实测结果较为接近，仿真值与实测值偏差分别为4.4％、1.9％，均未超过5％，满足工程精度要求。

（2）由于该线33号杆塔感应电实测时，线路负荷较小，只有12.66MW。该线路是专供电气化铁路，牵引站采用V-V型接线方式的变压器，属特殊的两相供电，当铁路供电辖区内有列车通过的瞬间，输电线路负荷急剧增大，从几兆瓦迅速增至上百兆瓦，最大值可达200MW；列车通过后，输送线路的负荷即刻回落。从以往的研究或仿真计算来看，一般线路负荷与感应电流呈线性关系，当线路负荷增大时，地线的感应电流也随之增大。所以，当有列车通过时，呈线33号杆塔的地线感应电流最大值可达40A，电能损耗达$1.23×10^4$kW·h。

（3）地线感应电流随着导线电流的增大而线性增大，单位长度的电能损耗功率近似平方增大；架空地线电能损耗随着导线电流不平衡度的增大而增大，且不平衡度越大，电能损耗增大越明显。

7.2.3　地线金具感应烧伤原因分析

地线金具烧伤是因为有感应电流通过，连接金具接触电阻大，不能快速往大地泄流，造成金具发热烧伤。因此，地线金具烧伤主要有以下原因：

（1）地线金具存在较高感应电流。架空线路避雷线与输电导线之间的静电感应和电磁耦合使避雷线在正常运行时会产生感应电压，静电感应在避雷线上产生的感应电流和损耗均很小，可以忽略不计，避雷线主要受电磁感应电压影响。当线路大负荷输送时，会产生很高的电磁感应电压。而架空地线、连接金具、龙门架、大地和另一侧的铁塔形成了一个能够导通电流的有效回路，在电磁感应电压的作用下，回路内会产生感应电流，在通过接触电阻值较大的连接金具时会产生焦耳热效应，使连接金具连接处发热。

（2）金具接触不良，导致接触电阻值较高。架空地线连接金具一般采用球—球连接，连接点接触面存在一定的间隙，在正常受力和相对高差不大的情况下，电阻值很小，可以忽略不计。但在某些特殊情况下，会导致接触电阻急剧增大，此时感应电流通过就会产焦耳热效应，致使连接金具发热，甚至发生局部放电。

1）孤立档松弛架设。正常架线的导地线安全系数一般为2.5，而孤立档松弛架设一般采用5.0，若杆塔为钢管杆则更高（7.0或8.0）。安全系数越高，导地线的应力较小。所以孤立档松弛架设时，架空地线的连接金具由于受力较小，金具之间接触不够紧密，致使接触电阻增加。此类架设方式多用于变电所进、出线档和钢管杆等处。

2）档距小、高差大的特殊档。由于两侧杆塔相对高差较大，而档距小，导致导地线和金具与两侧杆塔挂点成斜线连接，造成金具与挂板之间存在间隙，在较大感应电流通过时会发生间隙放电。这种档距一般出现在变电所进、出线档和大高差跨越档。

3）连接金具的磨损。由于地线微风振动频繁，地线金具因碰撞、转动磨损造成金具表面出现毛刺、凹凸不平的现象，会增加金具的接触电阻，特别是孤立档，由于其受力较小，地线摇摆特别厉害，金具磨损特别严重。另外线路运行时间长，金具会出现老化、锈蚀、氧化严重等情况，致连接处接触面光滑程度不降，也会增大接触电阻。

7.2.4 地线金具感应烧伤防护措施

（1）地线金具感应电烧伤主要发生在变电所进、出线档，主要因为其所处于线路密集区，且采用孤立档松弛架设，杆塔与变电所构架存在较大高差，连接金具之间存在较大的接触电阻。因此，该档两侧架空地线金具应列入重点排查对象，定期对其进行红外检测成登塔检查。

（2）构架侧架空地线应采用一端接地、另一端绝缘方式。对于采用两端直接接地方式时，应增加附引流线，对感应电流进行分流。

（3）有条件的情况下，宜尽量减少两侧杆塔的高差。特别是进、出线档，由于构架一般较低，与杆塔存在较大高差，在条件允许的情况下，尽量降低杆塔的高度；不能避免时，挂点的挂板必须有向上或向下的角度，确保金具与其连接时不会出现间隙。

（4）线路检修、登杆巡视等设备检查时，应对线路密集区域杆塔的架空地线连接金具进行详细的外观检查，查看是否有发热灼伤痕迹。

7.3 ADSS 光缆感应电腐蚀分析

7.3.1 ADSS 光缆感应电腐蚀描述

近年来，随着我国电网建设事业的飞速发展，供电企业中电力通信网的建设形成以OPGW 和 ADSS（全介质自承式）光缆为主的通信模式。其中 ADSS 光缆由于采用了特殊的护套材料，使其具有良好的绝缘性、耐高温性、抗拉强度，可架设在电力线路原有的杆塔上，因此 ADSS 光缆已成为电力系统信息网的首选光缆之一，如图 7-14所示。

图 7-14　ADSS 光缆现场架设示意图

但 ADSS 光缆在长期运行中，易受电磁场作用和环境污染等因素的影响而产生电腐蚀，造成光缆通信中断，从而影响电力通信网的安全稳定运行。

以某省 2003—2007 年的数据统计分析，其省网 ADSS 光缆因电腐蚀原因造成光缆中断故障在 5 年中达到 12 次。对相关故障情况进行统计和具体分析后，总结出以下特征：

（1）ADSS 光缆电腐蚀故障基本发生在 220kV 线路上，110kV 相对轻些，35kV 以下基本没有。

（2）ADSS 光缆年发生电腐蚀故障次数随着光缆运行时间的加长呈递增趋势。

（3）电腐蚀集中在靠近杆塔的部位，金具端部最多，多见于预绞丝外侧端口和螺旋防振器之间，档中发生电腐蚀的现象几乎没有。故障现象多表现为光缆外护套损坏或内部承载单元芳纶灼伤而造成光缆断线，如图 7-15 所示。

图 7-15　ADSS 光缆电腐蚀现场照片

7.3.2　ADSS 光缆感应电腐蚀原理分析

虽然 ADSS 光缆为全介质结构，但是其处于高压导线（铁塔）附近，导线周围存在着空间电场，导线与地之间的电容使 ADSS 光缆处于一个空间电位的位置。在污秽地区，当天气有雾、露或下小雨时，潮湿的污秽在 ADSS 光缆表面形成一个电阻层，在空间电位的作用下，ADSS 光缆表面与接地金具之间产生电流（称为接地漏电流），而电流生热造成水分蒸发，水分蒸发到一定程度，在 ADSS 光缆表面形成小段的干燥带，阻断了电流。干燥带承受了 ADSS 光缆表面对地的感应电压，当这个感应电压高到足以击穿空气时，便发生放电形成电弧，即干带电弧。电弧放电，电流又产生，如此反复，干带电弧在 ADSS 光缆护套上形成树枝状的碳化通道，即电痕。

电痕的产生可导致聚合物的损坏，光缆表面腐蚀成树枝状碳化通道，并形成恶性循环，在应力、应变下干带电弧产生的热作用使光缆外护套机械强度破坏。最终随着腐蚀加剧，材料发生破坏性松弛和熔化，导致护套暴露出光缆缆芯或断裂。

7.3.3 ADSS 光缆感应电流仿真分析

以一条 220kV 同塔双回线路下方架设 ADSS 光缆为例进行仿真分析，该线路导线均为 LGJ - 400/50，三相线路距地面高度分别为 42.4m、36.2m、30m，同一横担上的线间距分别为 10.5m、11.1m、11.7m。一段 ADSS 光缆架设在两基相同的直线塔间，杆塔档距为 300m，且 ADSS 光缆绝缘良好。

利用 MATLAB 仿真软件，分别对 ADSS 光缆挂接高度不同、挂接位置不同和双回线路相序不同进行仿真，分析 ADSS 光缆感应电压和感应电流的分布情况。

7.3.3.1 挂接高度不同

设 220kV 同塔双回线路从上至下均是 ABC 同相序，且 ADSS 光缆挂接在杆塔最外侧靠近其中一回线路。当挂接高度距 C 相垂直距离为 3m、5m、7m 时，ADSS 光缆一侧的最大感应电压、感应电流波形分别如图 7-16、图 7-17 所示。

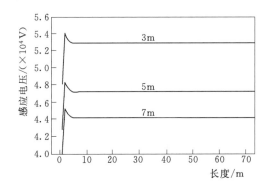

图 7-16　不同挂接高度下的感应电压

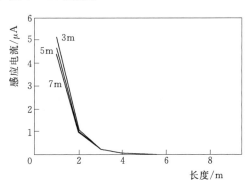

图 7-17　不同挂接高度下的感应电流

由图 7-16 和图 7-17 可知，ADSS 光缆挂接得越高，则离输电线路越近，其感应电压和感应电流越大。ADSS 光缆在距离杆塔 5m 的范围内时，其感应电压呈现由小到大再到小的变化趋势，导线与光缆相距分别为 3m、5m、7m 时的最大感应电压可达 54kV、48kV、45kV，其中导线与光缆距离由 3m 增加到 5m 时，最大感应电压下降最显著。绝缘良好的 ADSS 光缆感应电流为微安级，其最大值出现在预绞丝处，而在距离预绞丝 5m 处的感应电流几乎为 0。

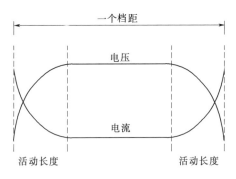

图 7-18　ADSS 光缆的活动长度区

由上述分析可知，ADSS 光缆的电腐蚀故障基本上都发生在活动长度内。所谓的活动长度是指从接地漏电流开始变大的某一点到金具末端的距离，即电腐蚀最易发生的危险区域，在一个档距内存在两个活动长度，如图 7-18 所示。一般认为，光缆两端电腐蚀活动长度约为 5m，因此，在 ADSS 光缆设计和施工中应对活动长度区间集中严格控制。

7.3.3.2 挂接位置不同

设 220kV 同塔双回线路从上至下均是 ABC

同相序，且 ADSS 光缆挂接高度距 C 相垂直距离为 5m。ADSS 光缆挂接在杆塔中心、杆塔中心向外 2m、杆塔最外侧时的感应电压、感应电流波形分别如图 7-19、图 7-20 所示。

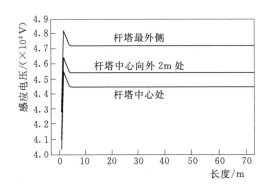

图 7-19　不同挂接位置下的感应电压

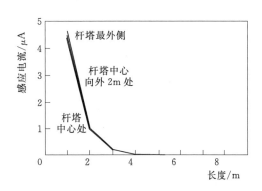

图 7-20　不同挂接位置下的感应电流

由图 7-19 和图 7-20 可知，ADSS 光缆挂接位置越靠近杆塔外侧，则离输电线路越近，其感应电压和电流越大。ADSS 光缆分别挂接在杆塔最外侧、杆塔中心向外 2m、杆塔中心时的最大感应电压为 48kV、46.5kV、45.5kV，即杆塔中心是同一挂接高度下感应电压最小的位置。因此，当线路下方有公路或其他障碍物而不能改变 ADSS 光缆挂接高度时，为了减小 ADSS 光缆表面的感应电压，应尽可能靠近杆塔中心处挂接。

7.3.3.3　双回线路相序不同

设 220kV 同塔双回线路中的一回线路从上至下是 ABC 相序，ADSS 光缆挂接在杆塔最外侧且靠近该回线路，挂接点距最下方的 C 相导线垂直距离为 5m。当另外一回线路相序从上至下分别是 ABC、BCA、CBA 时，ADSS 光缆一侧的最大感应电压、感应电流波形分别如图 7-21、图 7-22 所示。

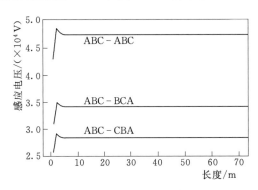

图 7-21　不同相序下的感应电压

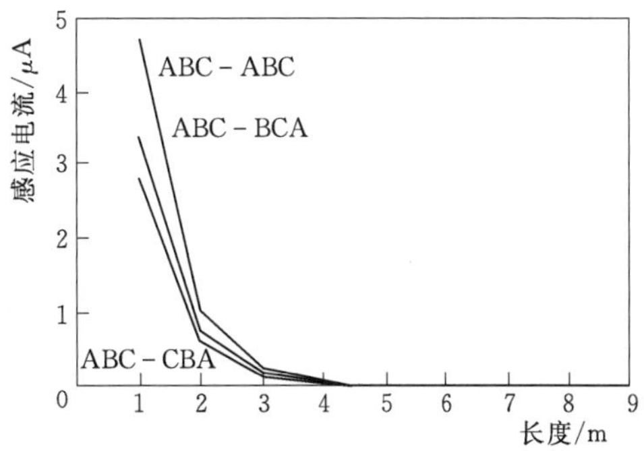

图 7-22　不同相序下的感应电流

由图 7-21 和图 7-22 可知，当双回线路相序相同时，ADSS 光缆的感应电压和感应电流最大，最大感应电压为 48kV，感应电流为 4.8μA。当双回线路相序不同时，ADSS 光缆的最大感应电压值下降明显，且 ABC-CBA 相序时最大感应电压值降低至 28kV。因此，在同塔双回线路中，应格外注意同塔双回同相序杆塔处的 ADSS 光缆挂接点的选取。

7.3.3.4 挂接推荐位置

ADSS 光缆现场安装施工过程中，存在安装施工时间紧、人员技术水平参差不齐、地形复杂等困难，挂接位置往往并未经过充分计算和分析。因此，根据 MATLAB 仿真结果，在现场安装施工过程中，推荐 ADSS 光缆应挂接在杆塔中心且距离输电线路下方垂直距离 5m 及以上的位置。若 ADSS 光缆需跨越其他输电线路、公路及障碍物，无法保证与输电线路垂直距离为 5m 及以上时，需严格将 ADSS 光缆挂接在杆塔中心处，以达到最大限度降低感应电压的目的。

7.3.4 ADSS 光缆感应电腐蚀原因分析

7.3.4.1 干带电弧导致的电腐蚀

在感应电场的作用下，预绞丝近端光缆表面对预绞丝产生接地漏电流。根据苏格兰 Hanterstor 西海岸数据，接地漏电流小于 0.3mA 时不发生电弧，0.3mA 为发生电弧的阈值；当接地漏电流达 0.5mA 时，将产生电弧；随着接地漏电流超过 1mA，电弧随之严重；但当接地漏电流更大（约超过 5mA）时，电弧活动将停止，即大电流不产生电弧，直接击穿 ADSS 光缆。

当光缆表面积存较多盐类物质和灰尘后，便形成半导电污层，使得电阻减小，接地漏电流增大，形成小段的干燥带，干燥带两端因电位差导致干带电弧产生。干带电弧形成树枝状的碳化通道（即电痕），导致聚合物破坏，产生的热量使交联聚合物慢慢失去结合力而形成电腐蚀，材料破坏性的松弛和熔化造成光缆外护套破裂，如图 7-23 所示。

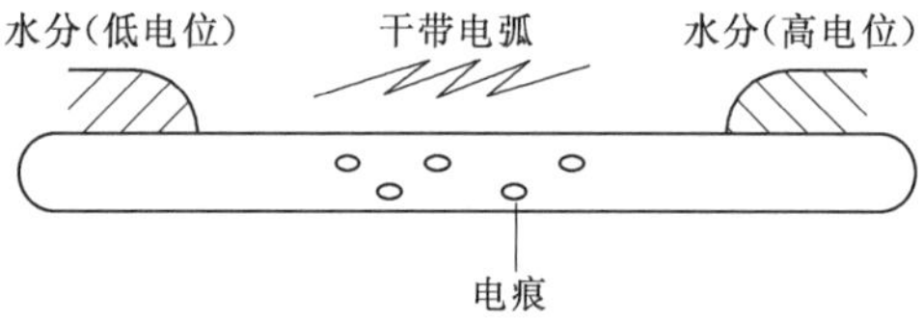

图 7-23　干带电弧示意图

7.3.4.2 电晕放电导致的电腐蚀

预绞丝的末端和螺旋防振器末端横截面较小、距离较近，加之预绞丝末端排列参差不齐，致使电场分布极不均匀，甚至突变，当此位置的感应电压达到一定程度时，两末端成为放电电极产生电晕放电。

电晕放电现象在不均匀电场中普遍存在，表现为多条细小的放电通道，使得光缆表面形成若干细小电痕，当放电电流增大到一定程度时，就变成弧光放电，从而导致光缆外护套严重灼伤。

7.3.4.3 螺旋防振器诱导加速光缆腐蚀

螺旋防振器诱导加速光缆腐蚀体现在以下方面：

（1）ADSS 光缆的防振鞭绝大部分是极性较强的聚氯乙烯材质（PVC），分子结构中含有 Cl^-，在电化学中被称作极性材料。通常为了加工和使用上的要求，在 PVC 基材中需再添加增塑剂、光稳定剂、热稳定剂、着色剂。在高压环境中，一些极性离子和杂离子或在加工过程中产生的水分、气泡等分子，将被极化，导致护套击穿，形成电介质物理学上的电树枝，出现老化现象。由于其耐电腐蚀性能大大低于 ADSS 光缆外护套［非极性的聚乙烯（PE）材质］，因此，在电场作用下防振鞭将首先会电腐蚀成为一个导电体，电流流过时产生很高的热量，致使光缆护套熔化和变形。

（2）螺旋防振器紧握端与光缆接触面存在空气隙，在电场作用下空气隙被击穿，引发电腐蚀，表现为螺旋防振器和光缆接触面的"树枝化"电腐蚀痕迹以及螺旋状凹陷灼伤。

7.3.5 ADSS 光缆感应电腐蚀防护及控制措施

ADSS 光缆的电腐蚀是可以控制的，目前最现实有效的方法是控制光缆的空间电位和张力。运行中受到张力的 ADSS 光缆护套的电腐蚀是由通过电容耦合的空间电位（电场强度）造成的，由大致为 $0.5 \sim 5.0 \text{mA}$ 的接地漏电流和干带电弧引起。如果采取措施使接地漏电流控制在 0.3mA 以下，使之不能形成连续电弧，则护套的电腐蚀原则上就不会发生。

在实际工作中，对 ADSS 光缆的电腐蚀进行控制的具体措施如下：

（1）采用防电晕环。在预绞丝末端安装防电晕环，可以改善电场分布，降低此处 ADSS 光缆表面电位，使得金具末端电场强度均匀分布，消除预绞丝的末端和螺旋防振器末端因电晕放电引起的光缆电腐蚀，如图 7-24 所示。

线夹外绞丝　线夹内绞丝　　　　　防电晕环　　　　光缆

图 7-24　防电晕环安装示意图

（2）采用防电腐蚀涂料。在预绞丝、螺旋防振器附近的 ADSS 光缆外表皮喷涂防电腐蚀涂料，提高其憎水性，起到保护 ADSS 光缆外护套和阻止干带电弧产生的作用，增强 ADSS 光缆外护套防电腐蚀性能。

（3）在护套接地夹具附近安装一些针型放电间隙（可厂家定制），使这些针间隙放电，从而保护 ADSS 光缆表面避免干带电弧，以保护护套表面不劣化。

（4）采用导相换序法，寻求在感应电场值较低的地方挂设 ADSS 光缆。

（5）采用防振锤。采用防振锤替代螺旋防振器，解决螺旋防振器诱导光缆腐蚀问题。

7.4　接地线感应烧伤分析

7.4.1 接地线感应电烧伤描述

同塔混压并架或平行走廊线路的静电感应现象对线路的检修具有较大的影响，美国电科院曾对一条平行于双回 500kV 线路的 69kV 双回停电线路进行测量，得到的感应电压高于 69kV，这就导致在实际检修过程中可能存在问题，即在停电检修较低电压线路时会发生明显的电弧，而电弧不仅可能会对人体发生严重的伤害，也有可能对设备和操作的工器具造成严重损害。

在线路检修作业过程中，尽管线路已改为停电检修状态，两侧变电站的接地刀闸已合上，但在实际接拆接地线过程中，仍有可能发生接地线受感应电弧烧伤的情形，如图

图 7-25　接地线烧伤现场照片

7-25所示，甚至有可能造成导线严重损伤的情况，如图 7-26 所示。

综合接地线烧伤的多组样本进行分析，主要呈现以下特点：

（1）接地线烧伤多发生在 220kV 及以上的输电线路上。

（2）双回路平行和同塔架设一回带电、

图 7-26　感应电造成接地处导线烧伤现场照片

一回停电线路上挂设接地线时更容易出现电弧烧伤现象，而且线路平行、同塔架设线路越长、带电线路负荷越大，越容易导致电弧烧伤。

（3）接地线烧伤多发生在接头处、易折处或者导线与接地线夹头接触部位。

7.4.2　接地线感应电烧伤原因分析

1. 220kV 及以上的输电线路停电感应电流大

根据第 6 章感应电流计算分析可知，在 220kV 及以上的输电线路平行、同塔架设时，停电线路接地时感应电流会非常大，而且线路平行、同塔架设线路越长、带电线路负荷越大，其感应电流会急剧增加。

以 1000kV 淮南—皖南—浙北—上海特高压双回线路为例，当淮南—皖南段一回线路正常运行，另一回线路停电检修，检修回路两端均接地，沿线感应电压最大处加挂临时接地线时，流过临时接地线的瞬时电流幅值为 123.66A，稳定后的有效值为 69.85A；皖南—浙北段一回线路正常运行，另一回线路停电检修，检修回路两端均接地，沿线感应电压最大处加挂临时接地线时，流过临时接地线的瞬态电流幅值为 184.56A，稳定后的有效值为 91.39A；浙北—上海段一回线路正常运行，另一回线路停电检修，检修回路两端均接地，感应电压最大处加挂临时接地线时，流过临时接地线的瞬态电流幅值为 158.43A，稳定后的有效值为 83.94A。

如此大的感应电流，在挂、拆接地线时导线与接地线线夹必然会产生电弧，严重时会烧伤导线及接地线线夹。

2. 接地线线夹与导线断、合频次高

在挂设接地线时，由于接地线尾绳的摇摆不定、作业人员的手感、微风等诸多因素，接地线的夹头无法迅速与导线夹牢，导致接地线夹头与导线不停地处于断、合状态，导线对接地线夹头不停地放电，由于瞬时电流幅值远远大于稳定后的有效值，从而引起导线和接地线夹头烧伤。拆除接地线时，也会出现接地线夹头不能迅速脱离导线而导致接地线夹头与导线间不停地放电的现象。

3. 接地线线夹与导线接触处、接地线接头处接触电阻高

通过分析发现，接地线烧伤多发生在接头处、易折处或者导线与接地线夹头接触部位，主要是由于接头处一般为压接、螺栓连接，导线与接地线夹头接触部位通过夹头握力进行固定，受夹头握力大小、螺栓紧固程度、压接质量以及使用过程中可能导致的氧化、机械力破坏等因素影响，导致接触电阻过大，引起接头处发热严重，产生过热烧蚀，严重时造成断股。

7.4.3 接地线夹头材质分析

接地线是指为了接地或接地及短路目的，用人工将其连接到电气设备上的装置。它包括接地元件、短路元件和一个或多个绝缘元件（如接地操作杆），其中接地元件主要包括接地端夹头、接地电缆、导线端夹头等，短路元件主要包括短路电缆、短路条等，绝缘元件主要包括接地电缆外层绝缘护套、短路电缆外层绝缘护套、接地操作杆等。对于输电线路用接地线而言，由于三相导线空间距离较大，一般每相导线均通过杆塔进行接地，而短路系统则通过杆塔本体和其接地装置实现。因此，输电线路用接地线一般均只包括接地元件和相应的绝缘元件。

成套接地线一般由有透明护套的多股软铜线和专用线夹组成，其截面积需不小于 $25mm^2$。接地端夹头一般采用铜制夹头，通过螺栓与铁塔进行紧固连接；导线端夹头一般采用铝制或铝合金制夹头，通过夹头本身的握力与导线连接，也有部分接地线厂家将导线端夹头改成铜制夹头。

其实，接地线导线侧夹头采用铜制夹头是不合理的，在一定的环境条件下极易发生导线烧伤的现象，下面以一起罕见的事故来进行分析。

7.4.3.1 事故概况

500kV MS 线由 500kV HM 变电所至 500kV SJ 变电所，线路长度 63km，杆塔 144 基。MS 线与 HS 线 1～116 号平行架设，117～144 号同塔架设。

2015 年 11 月 9 日，500kV MS 线线路停电检修，运检单位分别在 1 号、47 号、48 号、144 号塔挂设工作接地线，其中 1 号、47 号塔工作接地线导线侧线夹为铝合金材质，48 号、144 号工作接地线导线侧线夹为铜材质，如图 7-27 所示。

2015 年 11 月 24 日上午 8 时，发现 48 号塔现场导线落地，具体情况如下：

（1）48 号小号侧 C 相 3 号子导线（工作接地线挂设处）断线。

（2）48 号小号侧 A 相（中）3 号子导线（工作接地线挂设处）外层铝股全部断裂。

（3）48 号小号侧 B 相 3 号 3 号子导线（工作接地线挂设处）表面有严重灼伤痕迹。

现场照片如图 7-28 所示。

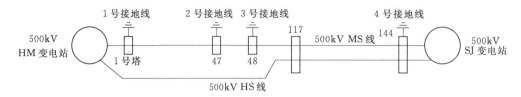

图 7 - 27 500kV MS 线现场接线示意图

图 7 - 28 感应电造成接地处导线烧断和线夹烧伤现场照片

7.4.3.2 感应电流仿真计算

MS 线感应电流与 HS 线电流有密切关系,并随 HS 线电流的增大而线性增大。自 11 月 9 日至 11 月 24 日期间,HS 线线路电流最大值发生在 11 月 13 日,最大值为 897A;线路电流最小值发生在 11 月 19 日,最大值为 187A。

以 MS 线路杆塔塔型等参数构建线路仿真模型;以 48 号塔最大感应电流实测值为基础,结合 HS 线负荷情况模拟不同位置的接地线感应电流。模拟结果表明,48 号塔接地线感应电流显著大于其他位置的接地线感应电流,模拟结果见表 7 - 9。其中 48 号塔 C 相感应电流最高可达 31.2A,A 相感应电流最大值达到 30.3A,在 C 相断线后,B 相感应电流最高可达 26.1A。从导线损伤情况来看,C 相导线断线,A 相导线外层铝股完全断裂,B 相导线表面严重灼伤,损伤情况与感应电流幅值基本对应。

1 号和 144 号塔分属线路的首末端杆塔,由于其离线路接地开关电气距离较近,接地开关分流作用较强,因此其感应电流相对较小,1 号塔感应电流仿真最大值约为 15.5A,144 号塔感应电流仿真最大值约为 9.9A。

47 号塔离 48 号塔距离较近,但是从表 7 - 9 的推算结果可见,47 号塔感应电流小于 48 号塔,主要原因为 47~48 号塔间的线路的感应电压在两塔的导线之间产生了电位差,从而导致了 48 号塔感应电流高于 47 号塔。结合大电流通流试验可推算得到 48 号塔 C 相导线的温升最大可达 17.9℃,结合线路停电期间的气温可以推算得到 48 号塔 C 相导线温度最高可达 34.9℃。

7.4.3.3 感应电流测量

MS 线 47 号、48 号塔的接地线感应电流实测情况见表 7 - 10。现场温度 17.1℃、相

表 7 - 9   **MS 线接地线感应电流推算结果**   单位：A

相序	1 号塔		47 号塔		48 号塔		144 号塔	
	最大	最小	最大	最小	最大	最小	最大	最小
A 相	15.5	3.1	18.6	5.7	30.3	7.4	9.9	2.2
B 相	15.2	3.1	4.3	1.3	26.1	0.8	9.8	2.2
C 相	15.4	3.1	10.7	5.1	31.2	8.6	9.8	2.2

表 7 - 10   **MS 线 47 号、48 号塔接地线感应电流实测情况**   单位：A

杆塔号	B 相（左）	A 相（中）	C 相（右）
47	4.3	23.6	17.2
48	4.5	5.2	2.8

对湿度 65.4%RH，从表中可以看出，47 号塔的感应电流明显小于 48 号塔。

7.4.3.4 原因分析

1. 导线断线与接地线及导线材质关系分析

根据检测检测报告，工作接地线及导线各项指标均满足规程要求，可排除材质问题导致断线故障。

2. 导线断线与感应电流幅值关系分析

MS 线路导线型号为 LGJ 400/35，其长期允许载流能力为 592A。无论是线路仿真计算还是现场实际测量数值，在故障相发生部位感应电流均远小于长期允许电流，可排除因感应电流幅值过大导致断线故障。

3. 导线断线与人员操作关系分析

根据现场人员提供的现场重复接线数据，其最大接地电流幅值为 23.6A，远小于长期允许载流限制。试验室检测结果表明，在 200A 持续 6h 条件下，故障导线导线未出现任何异常，可排除人为操作导致导线断线故障。

4. 不同材质间电化学效应与导线断线间关系分析

（1）断点附近导线成分分析。根据导线断面电镜检测，导线表面存在明显的灼烧痕迹，且与接地线夹安装部分位置一致。断点附近导线的成分分析显示包含了铝线灼烧后留下的铝、氧、铁、铜等常见元素，此外由于导线断线相导线曾经跌落至地面，导线组分中也包含了少量硅元素。除了这些常见元素外，两份样本中均检测出了硫元素，其占比分别为 0.79% 和 0.57%。铝导线本身不含硫元素，而土壤中的硫元素含量通常不会超过 0.1%，样本中的硫元素含量远高于土壤中的硫元素含量，判断其来源应为降水中的硫酸根离子。

（2）线路运行环境概况。MS 线 48 号塔毗邻工业区，据环境监测中心的酸雨监测数据显示，该地区年均降水 pH 值为 4.5，属于强酸雨区，因而降水呈现显著酸性。降水中的电解质（主要为硫酸根离子）含量较高。

（3）铜—铝原电池化学反应。48 号塔接地线线夹为铜材质，而导线主要由铝材构成，铜和铝之间的化学电势存在较大差异。在沿海工业污染区等强腐蚀性环境中，当线路周围的降水和空气湿度较大时（与故障时段线路沿线高湿环境状况吻合），导线表面长期存在酸性液体（即电解液），从而铜线夹和铝导线之间构成了原电池，如图 7-29 所示。从铜—铝原电池的原理来看，铝的化学活性高于铜，在铜—铝原电池中，铝为负极性，铜为正极，根据研究，在 25℃ 环境下，铝的标准电极电位为 $-1.66V$，而铜的标准电极电位为 $0.337\sim0.521V$，由此可见铜和铝之间的标准电极电位存在较大差异，从而构成了原电池。因此铝更容易失去电子发生腐蚀，其腐蚀产物主要是铝的硫酸盐化合物，而铜不容易发生腐蚀。从故障导线断面来看，主要表现为铝导线腐蚀，而铜线夹基本完好。

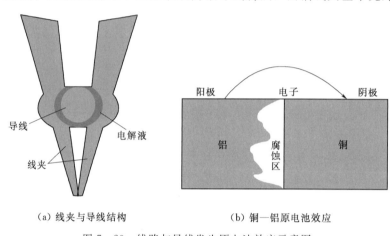

（a）线夹与导线结构　　　　　（b）铜—铝原电池效应

图 7-29　线路与导线发生原电池效应示意图

对于铜—铝接头的电化学腐蚀问题，变电设备的安装中已经有所考虑，如 GB 50149—2010《电气装置安装工程 母线装置施工及验收规范》中明确规定：母线与母线、母线与分支线、母线与电气接线端子搭接时，铜与铝搭接面在干燥的室内时，铜导体应搪锡。在室外或空气相对湿度接近 100% 的室内，应采用铜—铝过渡板，铜端应搪锡。

（4）国内相关领域人工大气腐蚀试验情况。不同材质腐蚀现象在国内已通过人工大气腐蚀试验的方式开展过研究。安徽省电科院曾对铜—铝过渡线夹开展过人工大气腐蚀试验，该试验中铜—铝过渡线夹被放置在了 35℃ 的恒温箱中，采用 $NaHSO_3$ 和 $NaCl$ 的水溶液进行盐雾大气腐蚀试验。试验结果标明，在 7 天的时间里，线夹接触电阻已经上升超过 100 倍，试验数据如图 7-30 所示。本次断线故障中 48 号塔 C 相接地线线夹位置处最高温度可达 34.9℃，与该试验的环境基本相同。从接地线夹的大电流通流试验结果来看，线夹在通过较大的电流时温升显著，铜和铝构成的原电池长期处于这样的高温、高湿且存在电解液环境中，极大地加速了电化学腐蚀的反应速度。

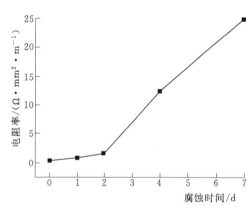

图 7-30　安徽电科院铜—铝过渡线夹大气腐蚀试验结果

（5）现场断线情况与人工腐蚀试验对比。从 48 号塔 B 相的线夹与导线连接处的图片

［图 7-31（a），该相导线后来已经严重灼伤］可以看出导线表面存在白色物质，该物质颜色与铜—铝接头人工腐蚀试验［图 7-31（b）］中所产生的铝材腐蚀产物颜色接近。此外，扫描电镜试验从导线表面检测出较高含量的硫元素，也证明了断线点位置曾经存在较高含量的硫酸盐类物质，即导线在发生断线前曾经发生电化学腐蚀。

（a）48 号 B 相导线腐蚀物　　　　　　　（b）人工腐蚀试验腐蚀物

图 7-31　48 号 B 相导线腐蚀物与安徽电科院铜—铝接头人工腐蚀试验腐蚀物对比

（6）其他杆塔接地线夹位置未发生腐蚀的原因分析。1 号和 144 号塔分属线路的首末端杆塔，其距离线路接地开关电气距离较近，接地开关分流作用较强，因此其感应电流相对较小。48 号塔接地线感应电流明显大于其他杆塔，由于热效应与电流平方成正比，其产生的热效应理论上应是 1 号、144 号塔的 10 倍以上，故其发生腐蚀程度要远低于 48 号杆塔。47 号塔虽然感应电流也较大且与 48 号塔处于相同的环境中，但其接地线线夹为铝合金材质，与导线不构成原电池效应，因此未发生电化学腐蚀现象。

7.4.3.5　断线分析结论

综上所述，本次断线的原因为：长时间处于酸雨区的潮湿环境中，铜线夹和铝导线间产生原电池化学效应；邻近线路大负荷运行条件下，在接地线处产生较高幅值感应电流，从而产生高温，加速了电化学腐蚀进程；当电化学腐蚀发展到一定程度时，形成了间歇性电弧放电，对导线产生局部灼伤，最终导致导线断线，并在线夹和导线上留下了黑色的电弧灼烧痕迹。

7.4.4　接地线感应电烧伤防范措施

根据上述影响因素的研究分析，为防止 220kV 及以上输电线路接地线感应烧伤，应采取以下措施：

（1）合理选择接地线及接地线夹头，对于处于强酸雨区的输电线路工作接地线线夹严禁选用铜制导线夹头。

（2）加装消弧装置。为尽量避免电弧烧蚀的发生，需在接头处加装消弧装置；对于未加装消弧装置的接地线，在使用时应尽量使接地线一次性安装在导线，避免反复放电。

（3）定期对接地线进行预防性检查。除按规定对接地线进行预防性试验外，应定期对接地线电阻进行测量，并与历史数据进行对比，若电阻有明显增大，应及时更换接地线，防止接头处接触电阻过大导致局部过热；在使用前后，应对接地线进行仔细检查，若发现有接头损伤、破损等现象，应及时进行更换。

第8章 电缆线路感应电防护

随着现代化城市建设快速推进，高压电缆线路因其优异性能，在城市电网中得到广泛应用。电缆线路运行环境复杂，设计、施工、运维、试验等过程中可能存在感应电防护不到位，可能危及人身、设备的安全。通过分析电缆线路本体及附属设施存在的感应电，采取相应的防护措施，规范施工、运维、检测作业流程，可避免可能的感应电伤害。

8.1 电缆线路感应电综述

8.1.1 电缆感应电分类

在运行的交流电网中，电缆线芯中通过工频交流电，其交变电场会在线芯周围产生交变磁场，以线芯为圆心，呈圆形垂直于线芯分布，如图8-1所示。电缆本体中的金属护套、附属设施中的抱箍、支架等存在金属的物件，在交变磁场作用下都会产生感应电；同时，在多回电缆同通道平行敷设的情况下，其中一回电缆线路停运或施工，由于停运线路和运行线路之间存在着电磁耦合和静电耦合效应，停运或施工电缆上也会产生感应电。

1. 电缆金属护套感应电压

电缆金属护套是覆盖在电缆绝缘层外面的保护层，使电缆能够适应各种使用环境的要求，使电缆绝缘层在敷设和运行过程中能够承受机械或各种环境因素损坏，以长期保持稳定的电气性能。常用的电缆金属套材料有铅、铝和钢。

电缆按照电缆芯线的数量不同可以分为单芯电缆和多芯电缆。110kV及以上高压输电电缆因相间绝缘问题，一般采用单芯型式，单芯电缆金属护套与线芯中交流电产生的磁力线交链，其两端会出现较高的感应电压，如图8-2所示。中低压电缆因电压较低，相间绝缘可以保证，一般采用三芯型式，三芯电缆具有良好的磁屏蔽，在正常运行情况下其铜屏蔽层及铠装层各点的电位基本为零电位。

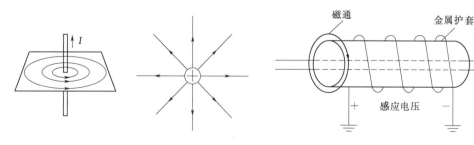

图8-1 电缆周边磁场分布图　　　　图8-2 单芯电缆感应电压示意图

单芯电缆有交流电流通过时，导体电流产生的一部分磁通与金属护套相交链，与导体平行的金属护套中必然产生纵向感应电压。这部分磁通使金属护套产生感应电压数值与电缆排列中心距离和金属护套平均半径之比的对数成正比，并且与导体负荷电流、频率以及电缆的长度成正比。在品字形排列的线路中，三相感应电压相等；在水平排列线路中，边相的感应电压较中相感应电压高。

当单芯电缆金属护套采用双端接地时，由于每相金属护套间产生的电磁感应电势不相等，金属护套中将产生环流损耗，此电流大小与线路负荷电流大小、电缆间距等因素密切相关。护层环流致使金属护套因产生损耗而发热，将降低电缆的输送容量，该部分损耗甚至比电缆导体交流损耗还要大。

当单芯电缆金属护套采取一端接地、一端绝缘时，金属护套中感应电压大，感应电流小。若感应电压过大，可能危及人身安全，并可能导致设备事故。

2. 电缆抱箍、支架等附属设施涡流

高压电缆抱箍、支架是输电电缆附属设施中重要的组成部分。电缆抱箍是一种高压电缆夹具，通过螺栓将高压电缆固定在电缆支架上；工井、隧道内的输电电缆敷设于电缆支架上，利用支架将电缆托起、分层架设、保持距离，便于检修、散热，防止水淹、机械损伤等。

涡流是指交变磁场中的导体内部（包括铁磁物质）在垂直于磁力线方向感应出的闭合的环形电流。在电缆大电流的作用下，电缆周围金属会产生交变磁场，金属内部形成环形电流。电缆抱箍、支架等金属件由于涡流的存在产生附加损耗，产生的损耗不容忽视，且金属件长期发热对电缆外护套的寿命也有较大影响。

金属支架是由导电媒质组成的，在该电动势的作用下，金属支架会引起感生电流，即涡流。这种涡流在导电媒质内又产生磁场。根据楞次定律，感应电动势及其产生的电流总是阻止与回路相交链的磁通变化，以削弱原来的磁场。如果导电媒质是铁磁材料，则交变磁场还会引起磁滞损耗。受集肤效应的影响，涡流主要分布在导体表层。

一般来说，高频电流产生的电磁场进入导体时，渗入深度比低频电流情况下的浅，金属支架上产生的涡流损耗受电缆电流大小、电缆与支架距离、支架材料的电阻率、磁导率和支架的大小等因素的影响。由于电阻率的存在，金属支架上产生的涡流会产生损耗，该损耗以热量的形式散发出去。另外，支架上部存在发热的电缆，其热量难以散发，这使金属支架的温度较高。对于电缆支架来说，由于电缆线芯电流建立的并不是均匀磁场，且磁力线穿越支架的角度是逐渐变化的，紧贴电缆的电缆支架与磁力线基本垂直，由此感应的电流方向必然处于与磁力线垂直的平面中，且成环状。电缆支架其他部分磁力线与电缆支架不垂直，但感应出的涡流始终处于与磁力线垂直的平面中。

3. 临近带电线路的感应电

为降低城市电缆线路工程的成本，往往同一电缆通道敷设多回电缆线路。多回路敷设线路采用不同的相位可有效降低电缆金属护套上的感应电压。但是在同一通道敷设的电缆线路或多回架空线路同塔架设的架空电缆混合线路中，可能会出现一回线路运行、一回线路停电检修的情况，由于两回线路之间存在着静电耦合及电磁耦合，在停电回路上会出现危及检修人员生命安全的感应电压和感应电流。

8.1.2 电缆感应电分析计算

1. 单回路电缆外护套感应电压的计算

对于三相负荷电流平衡的电缆线路，它的同芯金属护套可以认为是临近的平行导线，单芯电缆线芯护层示意如图 8-3 所示。A、B、C 为电缆的三相线芯，O 为电缆的金属护套，和 A、B、C 三相平行，A、B、C 线芯与护层的中心距离分别为 L_{AO}、L_{BO}、L_{CO}，三相线芯间的距离分别是 L_{AB}、L_{BC}、L_{CA}。

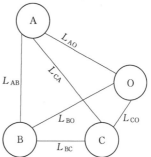

图 8-3 单芯电缆线芯护层示意图

设流经线芯 A 的电流为 I_A，则屏蔽层 O 由于电流 I_A 所形成的磁通表达式为

$$\varphi_{OA} = 2 \times 10^{-7} I_A \ln \frac{L_{AO}}{GMR_O} \tag{8-1}$$

式中　GMR_O——金属屏蔽护层 O 的平均几何半径。

同理，屏蔽层 O 由于电流 I_B、I_C 所形成的磁通和总磁通大小分别为

$$\varphi_{OB} = 2 \times 10^{-7} I_B \ln \frac{L_{BO}}{GMR_O} \tag{8-2}$$

$$\varphi_{OC} = 2 \times 10^{-7} I_C \ln \frac{L_{CO}}{GMR_O} \tag{8-3}$$

$$\varphi_O = 2 \times 10^{-7} \left[I_A \ln \frac{L_{AO}}{GMR_O} + I_B \ln \frac{L_{BO}}{GMR_O} + I_C \ln \frac{L_{CO}}{GMR_O} \right] \tag{8-4}$$

当 O 作为某一线芯的金属护套时，计算线芯 A 的护层感应电势。即图 8-3 的距离关系简化为 $L_{BO} = L_{AB}$，$L_{CO} = L_{CA}$，$L_{AO} = GMR_O = GMR_S$。GMR_S 表示护层的平均几何半径。

则式（8-4）可转化为

$$\varphi_O = 2 \times 10^{-7} \left[I_B \ln \frac{L_{BO}}{GMR_S} + I_C \ln \frac{L_{CO}}{GMR_S} \right] \tag{8-5}$$

高压电缆线路各相线芯之间的电缆平衡，则 I_A、I_B、I_C 可以表示为

$$\left.\begin{array}{l} I_A = I \\ I_B = \left(-\dfrac{1}{2} - j\dfrac{\sqrt{3}}{2} \right) I \\ I_C = \left(-\dfrac{1}{2} + j\dfrac{\sqrt{3}}{2} \right) I \end{array}\right\} \tag{8-6}$$

把三相电流的表达式代入到式（8-5）中，得到 A 相磁通为

$$\varphi_O = 2 \times 10^{-7} I \left[-\frac{1}{2} \ln \frac{L_{AB} L_{CA}}{GMR_S^2} + j\frac{\sqrt{3}}{2} \ln \frac{L_{CA}}{L_{AB}} \right] \tag{8-7}$$

相应地，A 相护层感应电势为

$$E_A = -j\omega \varphi_O = 2\omega I \times 10^{-7} \left[-\frac{\sqrt{3}}{2} \ln \frac{L_{CA}}{L_{AB}} + j\frac{1}{2} \ln \frac{L_{AB} L_{CA}}{GMR_S^2} \right] \tag{8-8}$$

（1）当 ABC 三相按等边三角形排列，即 $L_{AB} = L_{BC} = L_{CA} = S$，$D = 2GMR_S$ 表示护层的

平均几何直径，则三相中单位长度的感应电势为

$$
\left.\begin{array}{l}
E_{\mathrm{A}}=-\mathrm{j}X_{\mathrm{s}}I_1 \\
E_{\mathrm{B}}=-\mathrm{j}X_{\mathrm{s}}I_2 \\
E_{\mathrm{C}}=-\mathrm{j}X_{\mathrm{s}}I_3
\end{array}\right\} \tag{8-9}
$$

其中

$$
X_{\mathrm{s}}=2\omega\ln\frac{2S}{D}\times10^{-7}
$$

（2）当 ABC 三相水平排列，中相为 B 相，左右相为 A、C 相，则 $L_{\mathrm{AB}}=L_{\mathrm{BC}}=S$，$L_{\mathrm{CA}}=2S$，$D=2GMR_{\mathrm{s}}$ 表示护层的平均几何直径，则三相中单位长度的感应电势为

$$
\left.\begin{array}{l}
E_{\mathrm{A}}=I_2\left[\dfrac{\sqrt{3}}{2}(X_{\mathrm{s}}+X_{\mathrm{m}})+\mathrm{j}\dfrac{1}{2}(X_{\mathrm{s}}-X_{\mathrm{m}})\right] \\[2mm]
E_{\mathrm{B}}=-\mathrm{j}X_{\mathrm{s}}I_2 \\[2mm]
E_{\mathrm{C}}=I_2\left[-\dfrac{\sqrt{3}}{2}(X_{\mathrm{s}}+X_{\mathrm{m}})+\mathrm{j}\dfrac{1}{2}(X_{\mathrm{s}}-X_{\mathrm{m}})\right]
\end{array}\right\} \tag{8-10}
$$

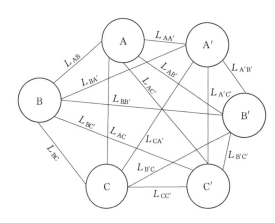

图 8-4 双回路电缆敷设示意图

其中
$$
X_{\mathrm{s}}=2\omega\ln\frac{2S}{D}\times10^{-7}
$$
$$
X_{\mathrm{m}}=2\omega\ln2\times10^{-7}
$$

2. 任意排列双回路电缆外护套环流计算分析

对于任意排列的双回路电缆，不仅要考虑本回路两相电缆，还应考虑相邻回路电缆线芯与护套的感应电压。双回路电缆敷设横截面示意如图 8-4 所示，等值电路如图 8-5 所示。

图 8-4 中，A、B、C 为回路 1，A′、B′、C′为回路 2，L_{AB} 为 A 相与 B 相电缆之间的距离（mm）。根据电工学理论计算可知，此时 A 相护套由线芯电流所感应出的感应电势为

$$
E_{\mathrm{A}}=-2\times10^{-7}\mathrm{j}\omega\left(I_{\mathrm{B}}\ln\frac{L_{\mathrm{SB}}}{GMR}+I_{\mathrm{C}}\ln\frac{L_{\mathrm{SC}}}{GMR}+I_{\mathrm{A'}}\ln\frac{L_{\mathrm{AA'}}}{GMR}+I_{\mathrm{B'}}\ln\frac{L_{\mathrm{AB'}}}{GMR}+I_{\mathrm{C'}}\ln\frac{L_{\mathrm{AC'}}}{GMR}\right) \tag{8-11}
$$

式中　I_{A}、I_{B}、I_{C}——回路 1 线芯电流；

$I_{\mathrm{A'}}$、$I_{\mathrm{B'}}$、$I_{\mathrm{C'}}$——回路 2 线芯电流；

L_{SB}、L_{SC}——回路 1 中 B 相、C 相到 A 相外护套距离；

$L_{\mathrm{AA'}}$、$L_{\mathrm{AB'}}$、$L_{\mathrm{AC'}}$——回路 2 中 A′、B′、C′至回路 1 中 A 相导线距离；

GMR——线芯与外护套之间的距离。

考虑到电缆排列方式多变，为保证计算精度，感应电势需要分段计算。设交叉互联线路第一段有 n 种排列方式，第 i 种排列方式下电缆距离为 $L_{\mathrm{AB}i}$，此时感应电势 $E_{\mathrm{A}i}$ 为

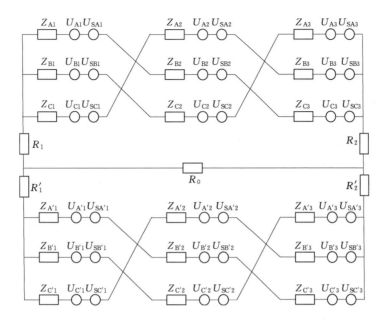

图 8-5　双回路电缆等值电路图

$$E_{\mathrm{A}i}=-2\times10^{-7}\mathrm{j}\omega\left(I_{\mathrm{B}}\ln\frac{L_{\mathrm{SB}i}}{GMR}+I_{\mathrm{C}}\ln\frac{L_{\mathrm{SC}i}}{GMR}+I_{\mathrm{A}'}\ln\frac{L_{\mathrm{AA}'i}}{GMR}+I_{\mathrm{B}'}\ln\frac{L_{\mathrm{AB}'i}}{GMR}+I_{\mathrm{C}'}\ln\frac{L_{\mathrm{AC}'i}}{GMR}\right)$$

$$(8-12)$$

则交叉互联第一段线芯感应电势为

$$U_{\mathrm{A}1}=\sum_{i=1}^{n}E_{\mathrm{A}i}L_{i} \tag{8-13}$$

式中　L_i——电缆在第 i 段排列方式下的长度。

相邻线路外护套环流在 A 相护套上的感应电势为

$$E_{\mathrm{SA}}=-2\times10^{-7}\mathrm{j}\omega\left(I_{\mathrm{SB}}\ln\frac{L_{\mathrm{AB}}}{GMR}+I_{\mathrm{SC}}\ln\frac{L_{\mathrm{AC}}}{GMR}+I_{\mathrm{SA}'}\ln\frac{L_{\mathrm{AA}'}}{GMR}+I_{\mathrm{SB}'}\ln\frac{L_{\mathrm{AB}'}}{GMR}\right.$$

$$\left.+I_{\mathrm{SC}'}\ln\frac{L_{\mathrm{AC}'}}{GMR}-I_{\mathrm{SE}}\ln\frac{D_{\mathrm{e}}}{GMR}\right) \tag{8-14}$$

其中　　　　　　　　　　　　　　$D_{\mathrm{e}}=94\rho^{0.5}$

式中　　　　D_{e}——大地漏电流的深度；

　　　　　　ρ——土壤电阻率；

I_{SA}、I_{SB}、I_{SC}——回路 1 外护套电流；

$I_{\mathrm{SA}'}$、$I_{\mathrm{SB}'}$、$I_{\mathrm{SC}'}$——回路 2 外护套电流；

$-I_{\mathrm{SE}}\ln\dfrac{D_{\mathrm{e}}}{GMR}$——大地回流对外护套感应电压产生的影响，负号表示大地回流电流方向

　　　　　　　　与线路电缆方向相反；

　　　　I_{SE}——流过接地电阻总接地电流。

I_{SE} 满足下式：

$$I_{\mathrm{SE}}=I_{\mathrm{SA}}+I_{\mathrm{SB}}+I_{\mathrm{SC}}+I_{\mathrm{SA}'}+I_{\mathrm{SB}'}+I_{\mathrm{SC}'} \tag{8-15}$$

类比式（8-19），交叉互联段第一段由外护套电缆感应的电势为

$$U_{SA1} = \sum_{i=1}^{n} E_{SAi} L_i \qquad (8-16)$$

同理，可求得其余各线路外护套的感应电势。

根据双回路电缆外护套等值电路图，可获得方程组如下：

$$\left.\begin{aligned}
(Z_{A1}+Z_{B2}+Z_{C3})I_{SA}+(R_1+R_2+R_e)I_{SE}=U_A+U_{SA}\\
(Z_{B1}+Z_{C2}+Z_{A3})I_{SB}+(R_1+R_2+R_e)I_{SE}=U_B+U_{SB}\\
(Z_{C1}+Z_{A2}+Z_{B3})I_{SC}+(R_1+R_2+R_e)I_{SE}=U_C+U_{SC}\\
(Z_{A'1}+Z_{B'2}+Z_{C'3})I_{SA}+(R_1+R_2+R_e)I_{SE}=U_{A'}+U_{SA'}\\
(Z_{B'1}+Z_{C'2}+Z_{A'3})I_{SB}+(R_1+R_2+R_e)I_{SE}=U_{B'}+U_{SB'}\\
(Z_{C'1}+Z_{A'2}+Z_{B'3})I_{SC}+(R_1+R_2+R_e)I_{SE}=U_{C'}+U_{SC'}
\end{aligned}\right\} \qquad (8-17)$$

其中

$$\left.\begin{aligned}
U_A=U_{A1}+U_{B2}+U_{C3}\\
U_B=U_{B1}+U_{C2}+U_{A3}\\
U_C=U_{C1}+U_{A2}+U_{B3}\\
U_{A'}=U_{A'1}+U_{B'2}+U_{C'3}\\
U_{B'}=U_{B'1}+U_{C'2}+U_{A'3}\\
U_{C'}=U_{C'1}+U_{A'2}+U_{B'3}
\end{aligned}\right\} \qquad (8-18)$$

$$\left.\begin{aligned}
U_{SA}=U_{SA1}+U_{SB2}+U_{SC3}\\
U_{SB}=U_{SB1}+U_{SC2}+U_{SA3}\\
U_{SC}=U_{SC1}+U_{SA2}+U_{SB3}\\
U_{SA'}=U_{SA'1}+U_{SB'2}+U_{SC'3}\\
U_{SB'}=U_{SB'1}+U_{SC'2}+U_{SA'3}\\
U_{SC'}=U_{SC'1}+U_{SA'2}+U_{SB'3}
\end{aligned}\right\} \qquad (8-19)$$

式中　R_e——接地电阻。

将式（8-18）、式（8-19）代入式（8-17），即可获得关于 I_{SA}、I_{SB}、I_{SC}、$I_{SA'}$、$I_{SB'}$、$I_{SC'}$ 的方程组，求解该方程组即可获得各相护套电流。

8.2　电缆设计阶段感应电防护措施

电缆线路的设计是线路感应电防护最重要的环节，将直接关系到电缆本体安全及附属设施感应电大小。设计方案应充分考虑电缆安全运行需要，合理选择金属护套连接方式、金属护套接地方式、电缆安装固定方式使电缆线路的感应电符合规范要求。

8.2.1　单芯电缆金属护套连接方式

在单芯电缆线路的设计过程中，不容忽视的问题是电缆金属护套的连接方式。通常有金属护套两端接地、金属护套一端直接接地一端保护接地、金属护套中点接地、金属护套交叉互联4种连接方式。应综合考虑电缆的长度、载流量变化等因素，选择合适的连接方式。

8.2.1.1 单芯电缆金属护层常见的连接方式

1. 金属护套两端接地

金属护套两端接地电缆如图8-6所示。

当电缆线路长度不长、负荷电流不大时，金属护套上的感应电压很小，造成的损耗不大，对载流量的影响也不大。

2. 金属护套一端直接接地一端保护接地

当电缆线路长度不长、负荷电流不大时，电缆金属护套可以采用一端直接接地、另一端经保护器接地的连接方式，使金属护套不构成回路，消除金属护套上的环流，如图8-7所示。

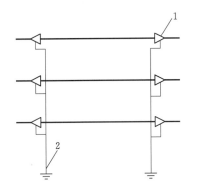

图8-6 金属护套两端接地电缆示意图
1—电缆终端头；2—直接接地

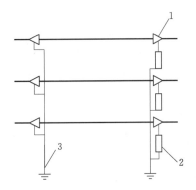

图8-7 金属护套一端直接接地一端保护接地
电缆线路示意图
1—电缆终端头；2—金属屏蔽层电压限制器；3—直接接地

金属护套一端接地的电缆线路还必须安装一条沿电缆线路平行敷设的导体，导体两端接地，称为回流线。

当单芯电缆线路的金属护套只在一处互联接地时，在线路间距内敷设一根阻抗较低的绝缘导线，并两端接地，该接地的绝缘导线称为回流线（D）。回流线的布置如图8-8所示。

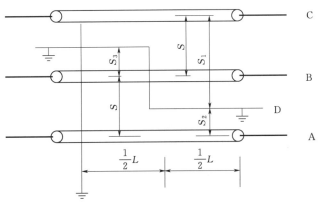

图8-8 回流线布置示意图
注：$S_1 = 1.7S$，$S_2 = 0.3S$，$S_3 = 0.7S$，S 为边相至中相中心距离

当电缆线路发生接地故障时，短路接地电流可以通过回流线流回系统的中性点，这就是回流线的分流作用。同时，由于电缆导体中通过的故障电流在回流线中产生感应电压，形成了与导体中电流逆向的接地电流，从而抵消了大部分故障电流所形成的磁场对邻近通信和信号电缆产生的影响，所以，回流线实际上起到了磁屏蔽的作用。

在正常运行情况下，为了避免回流线本身因感应电压而产生以大地为回路的循环电流，回流线应敷设在两个边相电缆和中相电缆之间，并在中点处换位。根据理论计算，回流线和边相、中相之间的距离应符合"三七"开的比例，即回流线到各相的距离应为：$S_1 = 1.7S$，$S_2 = 0.3S$，$S_3 = 0.7S$。

安装了回流线之后，可使邻近通信、信号电缆导体上的感应电压明显下降，根据计算，仅为不安装回流线的27%。

一般选用铜芯、大截面的绝缘线为回流线。

在采取金属护套交叉互联的电缆线路中，由于各小段护套电压的相位差为120°，而幅值相等，因此两个接地点之间的电位差是零，这样就不可能产生循环电流。电缆线路金属护套的最高感应电压就是每一小段的感应电压。当电缆发生单相接地故障的时候，接地电流从护套中通过，每相通过1/3的接地电流，这就是说，交叉互联后的电缆金属护套起了回流线的作用，因此，在采取交叉互联的一个大段之间不必安装回流线。

3. 金属护套中点接地

金属护套中点接地的方式是在电缆线路的中间将金属护套直接接地，两端经保护器接地。金属护套中点接地的电缆线路可以看作金属护套一端接地的电缆线路的两倍长度，如图 8-9 所示。

当电缆线路不适合金属护套中点接地时，可以在电缆线路的中部装设一个绝缘接头，使其两侧电缆的金属护套在轴向断开并分别经保护器接地，电缆线路的两端直接接地，如图 8-10 所示。

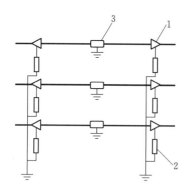

图 8-9　金属护套中点接地电缆示意图
1—电缆终端头；2—金属屏蔽层
电压限制器；3—直通接头

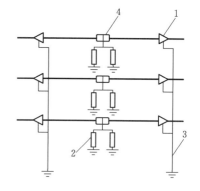

图 8-10　护套断开电缆线路接地示意图
1—电缆终端头；2—金属屏蔽层电压限制器；
3—直接接地；4—绝缘接头

4. 金属护套交叉互联

电缆线路长度较长时，金属护套应交叉互联。这种方法是将电缆线路分成若干大段，

210

每一大段原则上分成长度相等的三小段，每小段之间装设绝缘接头，绝缘接头处三相金属护套用同轴电缆进行换位连接，绝缘接头处装设一组保护器，每一大段的两端金属护套直接接地，如图 8-11 所示。

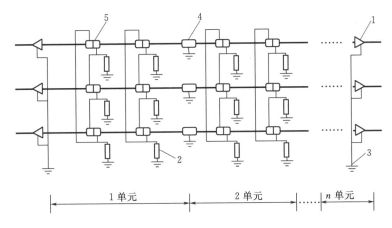

图 8-11　金属护套交叉互联电缆线路示意图

1—电缆终端头；2—金属屏蔽层电压限制器；3—直接接地；4—直通接头；5—绝缘接头

8.2.1.2　连接方式的合理选择

金属护套感应电压与其接地方式有关，可通过金属护套不同的接地方式合理改善感应电压。GB 50217—2007《电力工程电缆设计规范》规定，单芯电缆线路的金属护套只有一点接地时，金属护套任一点的感应电压（未采取能有效防止人员任意接触金属层的安全措施时）不得大于 50V；除上述情况外，不得大于 300V，并应对地绝缘。如果大于此规定电压，应采取金属护套分段绝缘或绝缘后连接成交叉互联的接线。为了减小单芯电缆线路对邻近辅助电缆及通信电缆的感应电压，应尽量采用交叉互联接线。

对于电缆线路不长的情况下，可采用单点接地的方式，同时为保护电缆外护套绝缘，在不接地的一端应加装护套保护器。

对于较长的电缆线路，应用绝缘接头将金属护套分隔成多段，使每段的感应电压限制在小于 50V 的安全范围以内。通常将三段长度相等或基本相等的电缆组成一个换位段，其中有两套绝缘接头，每套绝缘接头的绝缘隔板两侧不同相的金属护套用交叉跨越法相互连接。

金属护套交叉互联的方法是：将一侧 A 相金属护套连接到另一侧 B 相；将一侧 B 相金属护套连接到另一侧 C 相；将一侧 C 相金属护套连接到另一侧 A 相。

金属护套经交叉互联后，如第 Ⅰ 段 C 相连接到第 Ⅱ 段 B 相，然后又接到第 Ⅲ 段 A 相，如图 8-12 所示。由于 A、B、C 三相的感应电动势的相角差为 120°，如果三段电缆长度相等，则在一个大段中，金属护套三相合成的电动势理论上应等于零。

金属护套采用交叉互联后，与不实行交叉互联相比较，电缆线路的输送容量可以有较大提高。为了减少电缆线路的损耗，提高电缆的输送容量，高压单芯电缆的金属护套一般均采取交叉互联或单点互联方式。

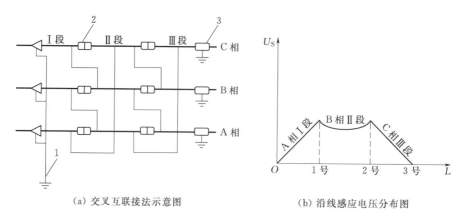

(a) 交叉互联接法示意图　　　　(b) 沿线感应电压分布图

图 8-12　单芯电缆金属护套交叉互联原理接线图
1—电缆终端；2—绝缘接头；3—直通接头

8.2.2　单芯电力电缆金属护套接地方式选择

高压单芯电力电缆的金属护套与线芯是绝缘的，正常运行时经过护套保护器接地。护套保护器呈高电阻状态，截断护套内的感应电流回路，减少电能损失。当电缆发生绝缘击穿或电缆导体中通过故障电流时，电缆金属护套的感应电压可能使得护套击穿，引起电弧，直到将金属护套烧熔成洞。同时保护器呈低电阻状态，使故障电流经过电压保护器迅速泄入大地，保护电缆安全，但泄入大地的故障电流可达 10kA 级，甚至超过电缆金属护套感应电流容许的载流量。

为了人身和设备的安全，消除这种危害，在电缆终端和中间接头处必须按规定装设接地线，将金属护套、铠装层电缆外壳和法兰支架等用导线与接地网连接。在电缆终端和中间接头处，应依据 GB 50217—2007《电力工程电缆设计规范》的规定，交流系统中三芯电缆的金属层，应在电缆线路两终端和中间接头等部位实施接地。因此，将电缆终端和中间接头的金属外壳、电缆金属护套、铠装层、金属支架以及金属保护管采用接地线或接地排接地。

1. 电缆金属护层的接地方式

110kV 及以上中性点有效接地系统单芯电缆的电缆终端金属护层，应通过接地刀闸直接与变电站接地装置连接。

在 110kV 及以上电缆终端站内（电缆与架空线转换处），电缆终端头的金属护套宜通过接地刀闸单独接地，设计无要求时，接地电阻 $R \leqslant 4\Omega$。电缆护层的单独接地极与架空避雷线接地体之间，应保持 3～5m 间距。

安装在架空线杆塔上的 110kV 及以上电缆终端头，两者的接地装置难以分开时，电缆金属护套通过接地刀闸后与架空避雷线合一接地体，设计无要求时，接地电阻 $R \leqslant 4\Omega$。

110kV 以下三芯电缆的电缆终端金属护套应直接与变电站接地装置连接。

2. 电缆接地线选择

电缆接地线应采用铜绞线或镀锡铜编织线与电缆屏蔽层连接，其截面积不应小于表 8

－1的规定。铜绞线或镀锡铜编织线应加包绝缘层。

表 8-1   电缆终端接地线截面积   单位：mm^2

电缆截面积	接地线截面积
$S \leqslant 16$	接地线截面积与芯线截面积相同
$16 < S \leqslant 120$	16
$S \geqslant 150$	25

8.2.3 电缆支架材料及固定方式选择

交流电缆在运行时，其交变电场会产生交变磁场，交变磁场作用在金属材质电缆支架上感应出涡流。在大电流作用下，支架的导磁性会对电缆周围的磁场产生不可忽视的影响，进而对电缆本体的运行产生影响，导致电缆本体温度升高。长期电缆运行经验表明，普通钢支架涡流损耗不能忽略，且钢制支架长期发热对电缆外护套的寿命也有一定的影响。由于电阻率的存在，金属支架上产生的涡流会产生损耗，该损耗以热量的形式散发出去。支架上热量难以散发，使金属支架的温度较高。

目前电缆支架材料主要分为导磁材质（钢制）与不导磁材质（复合材料与不锈钢等），如图 8-13 所示，排列方式主要有竖直排列、水平排列、三角形排列。通过对电缆支架材质、电缆排列方式、电缆支架到电缆的距离等因素的考虑，选择合理的降低涡流损耗的方法。

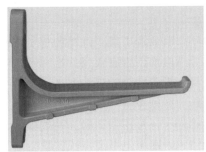

图 8-13 电缆支架示意图

1. 合理选择支架材质

根据国标规定，电缆支架除支持做电流大于 1500A 的交流系统单芯电缆外，宜选用钢制。技术经济综合较优时，可选用铝合金制电缆桥架。根据国家电网的指导意见，电缆支架材料以普通钢材为主，分相布置的单芯电缆，电缆支架应采用非铁磁性材料。根据电力行业标准 DL/T 5221—2016《城市电力电缆线路设计技术规定》，单芯电缆用的夹具不得形成磁闭合回路，与电缆接触面应无毛刺，即使用非磁性铝合金夹具隔断磁环路，减少因单芯电缆而引起的涡流和磁滞损耗而导致电缆局部发热。安装金属市场价格分析，不锈钢支架的价格比钢材质的支架价格高，维护与安装费用基本相同，对工程总体预算有较大影响。

2. 优化电缆排列方式

根据 GB 50217—2007《电力工程电缆设计规范》的规定，同一层支架上电缆排列的配置，除交流系统用单芯电力电缆的同一回路可采取品字形（三叶形）配置外，对重要的同一回路多根电力电缆，不宜叠置；除交流系统用单芯电缆情况外，电力电缆相互间宜有1倍电缆外径的空隙。高压单芯电缆水平布置所产生的涡流损耗最大，但三角形排列涡流损耗最小，较竖直排列方式支架电缆损耗减少 80% 左右，主要由于三根电缆对称布置，电缆产生的磁场互相平衡，因此，支架上的磁场比水平排列要小，支架涡流损耗也会显著降低。但是，由于电缆采用三角形敷设后，电缆金属护套上的涡流损耗会加大，电缆的载流量会有所降低，工程上应在综合计算分析后确定方案。

3. 优化电缆—支架的距离

增加电缆到支架的距离能改变支架涡流损耗，而增大电缆到支架的距离就必须选用更大型号的电缆夹具，增加了电缆建设费用，由此建议，需在减少电缆支架涡流损耗和电缆夹具费用之间找到一个平衡点，寻求最优的方案。

8.3 电缆施工阶段感应电防护措施

为节省土地，提高通道的利用效率，目前电缆线路多为同沟管长距离并行敷设。在同通道的电缆带电运行时，由于电缆的电容效应，使施工电缆内部出现感应电，强大的感应电危及人身、设备安全，因此，在电缆施工过程中需采取有效的防感应电措施。

8.3.1 电缆开断施工防触电措施

随着城市土地用途的改变，电缆线路需要开口、改迁等工作，开断电缆是常见的施工项目，但作业过程中作业人员电缆识别不正确、开断电缆前未有效确认电缆已无电、开断作业未采用有效的绝缘措施，都可能造成危及人身、设备安全的事故发生。

（1）作业前，针对开断电缆的特点，停电工作前必须排查清楚电缆走向，找准开断的电缆。除了查对资料、与图纸核对、核实电缆名称外，还可用做试验、系挂牌的方式进行识别，使其与其他运行中的带电电缆区别开来，防止误断带电电缆事故的发生。

（2）开断电缆前一定要确认电缆已无电。不能简单地相信运行人员已经做好了停电措施，必须使用专用的仪器测量（如钳形电流表）。切断电缆前，全部工作人员应撤到电缆沟外，操作机具的人员必须戴绝缘手套、穿绝缘鞋。

（3）当因现场条件限制，在同沟道运行的电缆中无法辨别应开断电缆的情况下，应申请其他带电电缆也停电，运行人员必须现场配合指认应开断的电缆。

（4）开断电缆的工机具应使用液压电缆剪等专用工机具，且必须经过特性试验。剪切机具与操作机具之间的耐压应满足相应电压等级的要求，剪切机具外壳应接地良好。运行人员必须现场监督施工人员使用合格的工机具。

（5）开断电缆试测时，绝缘措施一定要做好，扶绝缘柄的人应戴绝缘手套并站在绝缘垫上，并采取防灼伤措施（如防护面具等），现场必须配置不少于两只灭火器材，以防止即使开断错了电缆也不会造成事件扩大。还可考虑引入更加先进的远程操控装置试测电缆，以确保作业人员安全。

（6）电缆开断后，应认真核对电缆两端的相位，并做好标识。电缆修复后必须进行带电核相。

8.3.2 工频参数测定防感应电措施

由于高压电缆生产厂家与规格的多样性、金属护套连接方式的不同以及敷设环境等因素的影响，序阻抗计算需考虑非常多的参数变量，而且往往理论计算值与实测值存有较大的差异，直接以电缆的出厂参数作为线路参数是不合适的。因此需要测试电缆工频参数，为计算系统短路电流、继电保护整定值、推算潮流分布和选择合理运行方式等提供实际依据，并可以检查电缆在安装、敷设时的质量是否满足设计的要求。

测量参数工作，应收集电缆线路的有关设计资料，如线路名称、电压等级、电缆长度、电缆型号、标称截面以及金属护套交叉互联连接方式等，了解该电缆线路电气参数的设计值或经验值。根据现场实际情况确定参数测试主现场及配合现场，并结合现场实际情况做出测试方案，并采取如下的防感应电措施：

（1）测试前，将被试线路所有可能的送电端接地刀闸合上，被使线路接地充分放电，以释放因电缆电容积累的静电。如果被试线路没有接地刀闸，需将临时接地线接到被测线路并接地。放电后拆除接地刀闸或接地线，用高内阻电压表或静电电压表检查各相对地是否还有感应电压，测量时必须佩戴绝缘手套，穿绝缘靴。

（2）对于同沟管长距离并行敷设的电缆线路，必须在作业开始前测量线路感应电压值及接地电流值。当被测电缆线路感应电压过高、感应电流过大时，应向上级部门汇报，取消线路参数测量工作或将同沟敷设运行的电缆线路配合停电以降低感应电压、电流。

（3）测试过程中，需要改接线前必须先将接地刀闸合上或挂上接地线，戴绝缘手套将测量引下线与仪器断开，在完成接线后，戴绝缘手套将测量引下线与仪器连接，然后断开地刀开始测量。

（4）测量线路绝缘电阻时，将非测试的两相接地，用 $2500 \sim 5000\text{V}$ 兆欧表，轮流测试每相对其他两相及地间的绝缘电阻。若线路长、电容量较大时，应在读取绝缘电阻后，先拆去接于兆欧表 L 端子上的测试导线，再停兆欧表，以免受感应电影响进行反充电损坏兆欧表。

（5）核对线路相位时，一般应选用兆欧表法进行。对有感应电压影响的线路应慎用指示灯法，以免造成误判。

（6）测量感应电流时，电缆线路末端应不接地，避免分流造成测量不准确。

（7）测量零序阻抗时，电缆金属护层的接地方式与运行时的实际方式保持一致。

（8）无论是哪种参数的测试，试验接线工作都必须在被试线路接地的情况下进行，防止感应电压触电，接地和引线都应有足够的截面，且必须连接可靠。测试组织工作要严密，通信畅通，在天气晴朗全线无雷雨的条件下进行，以确保测试工作安全顺利进行。

8.4 电缆运行阶段感应电防护措施

为确保电缆线路的安全运行,日常运行维护期间需开展相关设备的检测工作,主要有接地电阻检测、护套环流检测和护层保护器检测。由于检测作业过程时,一般电缆线路都是带电的,接地引下线、接地缆可能会有较大的感应电流,若未能采取有效的绝缘措施,有可能危及人身、设备安全。

电缆终端、中间接头井的接地电阻检测方法与架空线路杆塔的接地电阻检测方法一致,其感应电防护措施参照章节"5.3.4 杆塔接地电阻测试作业"。护套保护器检测主要有电压检测和绝缘电阻试验,其感应电防护措施参照章节"8.3.2 工频参数测定防感应电措施"。

本节重点讲解电缆环流检测的感应电防护措施,目前电缆护套环流检测主要有人工带电持钳形电流表检测、护套环流在线监测两种方式。

8.4.1 钳形电流表环流监测及感应电防护措施

单芯电缆金属护套在正常情况下(即一点接地),金属护套上环流极小,主要是容性电流,而一旦金属护套出现多点接地与大地形成回路后,环流显著增加,严重时可达主电流的 90% 以上。加强电缆护套环流检测,掌握运行电缆护套的健康状况,保证电网的安全运行。钳形电流表是由电流互感器和电流表组合而成。捏紧扳手时电流互感器的铁芯张开,可以在不切断被测电流通过的导线可以不必切断就可穿过铁芯张开的缺口,当放开后铁芯闭合,其主要的作业方法和感应电防护措施如下:

(1)正确查看钳形电流表的外观情况,一定要仔细检查表的绝缘性能是否良好,绝缘层无破损,手柄应清洁干燥。若指针没在零位,应进行机械调零。钳形电流表的钳口应紧密接合,若指针晃动,可重新开闭一次钳口。

(2)使用钳形电流表时,应注意钳形电流表的电压等级和电流值量程。测量时,应戴绝缘手套,穿绝缘鞋,如图 8-14 所示。

(3)使用时应按紧扳手,使钳口张开,将被测导线放入钳口中央,然后松开扳手并使钳口闭合紧密。钳口的结合面如有杂声,应重新开合一次,仍有杂声,应处理结合面,以使读数准确。另外,不可同时钳住两根导线。读数后,将钳口张开,将被测导线退出,将挡位置于电流最高挡或 OFF 挡。

(4)测量时应注意身体各部分与带电的接地引线保持安全距离,低压系统安全距离为 0.1~0.3m。观测表计时,要特别注意保持头部与带电部分的安全距离,人体任何部分与带电体的距离不得小于钳形表的整个长度。

图 8-14 带电测量环流

8.4.2 采用电缆护套环流在线监测系统避免人工检测存在的风险

人工钳形电流表带电测量电缆护套环流工作量大、强度高、触电风险大，既不能满足电缆运行规程的检测工作周期性要求，也无法实时监测电缆环流情况。由此可见，利用现有的科学技术手段，布置一套高压电缆护套环流在线监测系统，在电缆接地缆处加装电流、电压传感器实时采集电流、电压数据，实时监测变化量，排查接地方式不正确、护层保护器、接地缆等设备出现故障、外护套绝缘状态受损、接头防水处理异常等缺陷。在线监测系统可以实时监测整条电缆的运行状态、提供电缆电流异常告警及设备状态告警有利于减轻现场测量的劳动强度，减少人工检测过程中可能的触电事故。系统示意图如图8-15所示。

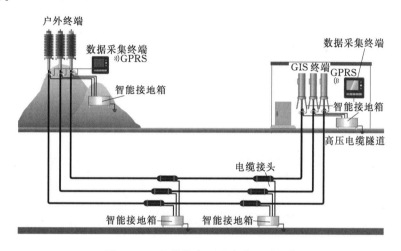

图 8-15　电缆护套环流在线监测系统

8.5　电力电缆感应电案例分析

电缆线路在正常情况下（即一点接地），金属护套上的感应电流极小，而一旦金属护套出现多点接地与大地形成回路后，在护套上的感应电将会出现不平衡，导致涡流和局部发热，严重时可达主电流的90%以上。以下通过两起电缆护套接地故障的事故案例，分析电缆感应电的危害性，强调金属护套接地的重要性。

8.5.1 电缆金属护套环流数值间隙性激增缺陷处理案例

8.5.1.1 缺陷概述

110kV某甲线9~11号段电缆，型号为YJLW03-64/110 1×630，投运于2016年7月，交接试验数据均合格。其中9号塔侧电缆护套为保护接地，11号塔侧电缆护套为直接接地，中间无接头。

2016年10月14日，运行人员发现该段电缆环流数据异常，其中C相环流值为22.4~29.4A，B相环流为2A左右，相间比值11.2~14.7A。

12月上旬，C相环流值有增大的趋势（最大幅值达到70A），且环流数据（图8-16）与负荷电流（图8-17）不存在正比关系，由此判断环流增大为非正常性增大（表8-2）。

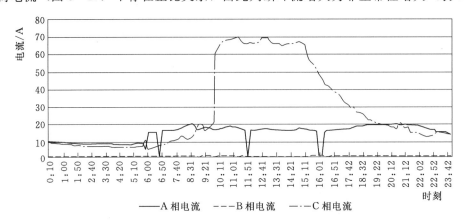

图8-16 某甲线12月1日护层环流曲线图

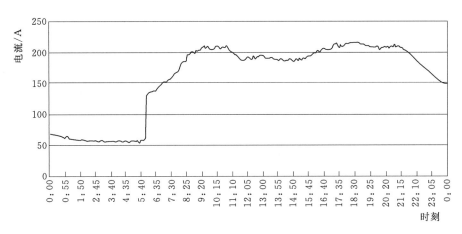

图8-17 某甲线12月1日负荷电流曲线图

表8-2 某甲线11号塔C相环流异常数据

序号	时间	A相电流/A	B相电流/A	C相电流/A	有功功率/MW	负荷电流/A
1	2016.12.1 10：41：17	18.5	2	68.2	40.12	209.15
2	2016.12.1 10：51：18	19	2	68.2	40.52	211.19
3	2016.12.1 11：01：19	18.5	2	69.1	39.51	204.52
4	2016.12.1 11：11：20	18.5	2	69.5	39.08	201.86
5	2016.12.1 11：21：21	18	1.5	70.3	38.09	196.44

8.5.1.2 处理过程

2017年1月10日，某甲线安排停电查找数据异常原因，现场实测发现三相电缆外护套电压均为零，判断存在接地现象。经登塔查找后发现，9号、11号塔两侧共三相电缆外

218

护套接地缆接头处均未做绝缘处理，部分悬空，部分存在直接接地现象（图8-18），不满足接头处须绝缘处理的要求。

发现问题后，当即对接头处采取包裹防水胶带和绝缘胶带的处理方式（图8-19）。处理后，安排厂家再次检测外护套绝缘电阻，其中两相电缆外护套阻值超1000MΩ。线路恢复送电后，对环流数据进行跟踪检测，三相环流值均在1.5～2A范围内，属正常范围，说明电缆环流数据超标的为电缆维护套接地缆接地所致。

图8-18 某甲线接电缆连接处裸露

图8-19 某甲线9号塔C相接地缆异常缺陷处理前、后照片

8.5.1.3 原因分析

该段电缆施工环节未按照设计要求对电缆外护套接地缆接头采取绝缘措施。监理单位现场把关不严，职责履行不到位。电缆外护套绝缘试验在地面进行，试验完成后在高空进行接地缆对接，该环节对整个外护套绝缘系统造成影响，不能通过试验发现。

施工单位在电缆附件安装完成后，未再次检查接地缆是否存在与设计不符的现象。登塔验收人员电缆专业水平有待提高，未能及时发现隐患。

8.5.1.4 经验教训

（1）开展护层接地电流普测工作。开展电缆护套环流监测工作，对测量的数据进行处理和分析，以数值和曲线的方式反映护套环流等运行参数的变化情况。

（2）加强电缆工程全过程管理，确保新投运的电缆有良好的护层绝缘水平。加强施工各环节管理，要求施工单位按图施工，把牢关键环节施工质量；电缆敷设、附件安装完成后，做好护层绝缘电阻试验；监理单位按要求做好现场数据确认工作；细化验收，提高人员的验收质量。

（3）对该问题进行全面排查，对已采取临时措施的线路和后续排查出的线路，结合停电计划进行消缺。

8.5.2　电缆接地线被盗引起的电缆故障

8.5.2.1　故障概述

110kV 某乙线为架空、电缆混合线路，全长 12.86km，杆塔号 1～67 号，其中 40～42 号为电缆线路，长度为 0.49km。2013 年 7 月 12 日 20：45，110kV 某乙线 B 相保护动作跳闸，重合闸不成功，故障测距显示在 40～42 号段。

7 月 13 日，对 40 号、42 号电缆终端塔登杆检查，发现 40 号塔 B 相电缆终端头处电缆护层接地引出端头对终端头底座有放电痕迹，如图 8-20 所示，初步判断电缆终端头接地故障。同时开展电缆线路绝缘试验，检测发现主绝缘和外护套绝缘均不合格，判断电缆本体有故障点。

电缆试验结束后，开启 40 号、42 号塔附近的电缆工井检查电缆本体情况。发现两处故障点，第一处位于 42 号塔附近的电缆井内，电缆盖板上有黑色的烧蚀痕迹，沟内沙子有炸开痕迹，清沙后见电缆外层有一碗口大的破口，判断为电缆故障点，如图 8-21 所示。第二处故障点位于 40 号塔附近的电缆井内，清沙后发现电缆主绝缘已被击穿，有燃烧痕迹且击穿点开口较大，已有大量的水分进入电缆本体，如图 8-22 所示。

经对故障段电缆的解剖，发现 40 号角钢塔端的电缆主绝缘击穿且部分线芯熔断；42 号钢管杆端的电缆为外护套绝缘击穿，主绝缘未击穿，如图 8-23 所示。

图 8-20　故障相终端头电缆外护套
接地端子对塔身放电

图 8-21　第一故障点处 42 号钢管杆
端小号侧 S 井拐弯处

图 8-22　第二处故障点处 40 号角钢塔
端大号侧 20m 处

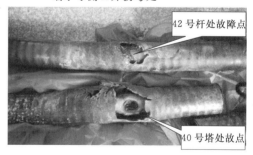

图 8-23　40 号、42 号塔附近两处故障点

8.5.2.2　处理过程

因现场有两处故障点，且损伤明细，多部门协商讨论后，更换某乙线 40 号塔大号侧

及顶管内 220 余米故障电缆，并在中间顶管井大号侧 5m 处设置中间接头井，并制作 40 号塔端 B 相电缆头。更换某乙线 42 号塔小号侧 30m 故障电缆，并在 42 号塔 S 井小号侧 5m 处设置中间接头井、制作 42 号塔端 B 相电缆头。

8.5.2.3　故障原因分析

直接原因：某乙线 B 相电缆两侧接地缆被盗（图 8-24、图 8-25），导致电缆金属护套形成很高的感应电压，超过外护套的工频耐压允许值，40 号塔处电缆的外护套薄弱点绝缘被击穿，形成单端接地，感应电压消失。但因为外护套击穿点无法形成有效接地，接地点就会出现长期放电，引起该处护套发热。加之当时天气较热，持续的发热使得电缆主绝缘加速老化，最终引发事故。

间接原因：电缆故障点所处位置，一处为 S 井拐弯处，一处为顶管口出 1.5m 处，离开电缆终端头均为 20m 左右，均是电缆沟敷设。在电缆敷设施工中，未做好相应保护措施，造成电缆的外护套外层有损伤。由于外护套未完全破损，在施工单位提交的交接试验报告中未有异常。接地缆被盗后，在悬浮电压的作用下，外护套受损的薄弱点就首先被击穿。

图 8-24　某乙线 40 号电缆终端塔接地缆被盗现场

图 8-25　某乙线 42 号电缆终端杆 B 相接地缆被盗现场

8.5.2.4　经验教训

（1）使用技术手段防止电力设备被盗窃。尽量缩短接地缆长度，本次抢修中将终端杆的电缆接地箱移至杆上，缩短了接地缆长度，增强了防盗能力；对接地缆采取防护措施，将接地缆镀锌钢管，并与铁塔焊接，下端用水泥进行固化。

（2）加大运行监测力度。对电缆终端塔、电缆通道加强巡视，缩短巡视周期，发现问题及时处理。

（3）及时安装电缆护层环流在线监测装置，既能掌握电缆的运行状态，又能在接地缆被盗后第一时间反映。

（4）开展防盗、防外力破坏宣传及警告牌设置，加装视频监控设备，加强加高围栏设置等防范措施。

第9章 感应电安全防护用具

为防止感应电伤害，必须使用合格的感应电安全防护用具。本章节主要介绍日常工作中经常使用的接地线、个人保安线、屏蔽服、导电鞋、绝缘手套等安全防护用具的技术参数、试验标准、贮存方式、使用中的注意事项，使作业人员知晓安全防护用具的性能，避免作业过程中发生由安全防护用具质量而引起的感应电伤害。

9.1 接地线（个人保安线）

9.1.1 接地线的概述

接地线也被称为安全回路线，当发生危险时，通过接地线可以把高压直接转嫁给大地。在电力系统中，接地线是为了在已停电的设备和线路上意外地出现电压时保证工作人员的重要工具，因此，接地线往往被称为电力工人的生命线。

接地线的种类一般分接地刀闸和携带型接地线两种。携带型接地线又可分为三相短路接地线和单相接地线。而输电线路上所使用的短路接地线一般采用单相接地线，交流线路一般三根接地线成一组，直流线路一般两根接地线成一组。每根接地线通常由横担端线夹、导线端线夹、短路电缆（多股软铜线）、塑料护套层、连接紧固螺栓、线鼻、拉绳圆孔等七部分构成，如图9-1所示。

图9-1 携带型单相接地线

9.1.2 接地线的技术参数

按有关规定，输电线路工作接地线必须由25mm^{2}以上裸铜软线制成。根据电压等级不同，接地线裸铜线的截面也有所不同。目前，主要分500kV及以下电压等级的工作接地线的软铜线截面积为25mm^2，1000kV和±800kV电压等级的工作接地线的软铜线截面积为50mm^{2}两种。

9.1.2.1 一般技术要求

（1）按使用要求装设的携带型短路接地线应能承受设计规定的故障电流，而不致对工作人员造成电气、机械、化学和热的危害。

（2）在规定使用周期内，携带型短路接地线应能经受正常使用时的磨损和扯拉，而不改变其原有特性。

（3）正常使用时的环境温度分为－25～55℃和－40～55℃两挡，特殊使用环境温度由制造厂和用户商定。

（4）携带型短路接地线在通过短路电流后，应予以报废。

（5）携带型短路接地线的选择应按所在电力系统实际最大短路容量决定。

（6）短路线和接地线：携带型短路接地线的短路线和接地线应为多股铜质软绞线或编织线，并应具有柔软和耐高温的特点，绞线应外覆透明绝缘层，即护层。护层材料应柔韧，在使用温度范围内不龟裂，护层厚度不小于1.0mm。

9.1.2.2 携带型短路接地线线夹的要求

（1）接地端线夹可用铜或铝质合金材料制成，导线侧线夹应使用铝质合金材料，其材质特性应符合表9-1的规定。

表9-1 线夹材质特性表

特 性	铜 质	铝 质 合 金
容许抗拉强度最小值/MPa	207	207
容许屈服强度最小值/MPa	90	138
容许伸长率最小值/%	6	1.5

（2）线夹应保证其与电力设备及接地体的连接处电气接触良好，并应符合短路电流作用下的动、热稳定的要求。

（3）线夹主接触部分的钳口可制成平面式和颚状式。钳口的紧固力应不致损坏设备导线或固定接地点。

（4）线夹应和接线鼻一起配套供应，接线鼻可用铜质或铝质合金制成，其尺寸应和短路线、接地线的截面、线夹的尺寸相匹配。线夹和软绞线部分的连接可以是压接，也可以钎焊。

（5）导线端线夹可随所配接地线（短路线）截面大小分成若干规格，线夹钳口的开度应能满足产品所规定的待接地导线的截面范围。钳口主接触面尺寸应保证在产品规定的额定短路电流、额定承受短路时间、额定机械力矩下可靠工作。

（6）导线端线夹应附有线夹紧固件，它可以用接地操作棒方便地操作，线夹紧固件和接地操作棒的连接可以制成固定式和活动式（即临时装拆式）两种。

9.1.3 接地线的试验标准及周期

9.1.3.1 一般要求

对于接地线不能采用破坏性试验对部件进行评估。测试应在5～40℃的温度范围内进行，一般不需要考虑湿度，除非有特殊要求。电气试验应使用GB/T 16927.1—2011《高电压试验技术 第1部分：一般定义及试验要求》中规定的单相交流电。

9.1.3.2 成组短路接地线的电压降试验

在已组装好的短路接地线上进行（在每一线夹到另一线夹的任一支路上都要进行），施加0.2%额定短路电流值，测量其电压降，其压降应不大于同长同截面绞线的压降值，或压降不超过型式试验时测得压降的115%。

9.1.3.3　多股软导线疲劳试验

将试品多股软导线固定在试验装置上进行疲劳试验。要求试验结束后，导线护层不出现爆裂皱折，导线解体检查，其损伤的导线股数不超过 1%，则认为试验通过。检查断股股数时，导线的绝缘护层必须剥离，在绞线散股情况下进行。

9.1.3.4　线鼻（汇流夹）与多股软导线间的紧握力试验

试验测试线鼻与多股软导线间紧握力是否符合要求，被试软导线的长度应不小于300mm。试验时，应尽量避免导线受扭曲力。在试样上以 $10N/(mm^2 \cdot s)$ 的速度均匀施加拉力至表 9-2 规定值，并在此值下持续 30s，如连接部分无松脱，则认为试验通过。

表 9-2　　　　　　　　　　　　　线鼻与多股软导线的紧握力

导线截面/mm²	最大拉应力强度/MPa	导线截面/mm²	最大拉应力强度/MPa
≤50	100	>50	80

9.1.3.5　接地端线夹紧固力试验

将接地端线夹按使用要求接到接地网上的固定连接点并紧固，紧固力应达到额定紧固力的两倍，检查接地端线夹有无永久变形，以及固定连接点有无损伤。

9.1.3.6　接地操作棒的机械强度试验

（1）拉伸试验：操作棒垂直放置，上下端用专用夹子固定，下端加 1470N 静载荷5min，撤除载荷后，接地操作棒无损坏或永久变形。

（2）抗弯试验：接地操作棒水平放置，握手一端和限位标志处两点固定，另一端施加两倍接地操作棒工作部分重量的力，持续 1min，测量其挠度，挠度应不大于工作部分长度的 20%，撤除力矩后接地操作棒无损坏或永久变形。330kV 及以上输电线路的接地操作棒必做抗弯试验，而 220kV 及以下线路可以不做。

9.1.3.7　短路电流试验

试验应在 5～40℃ 温度间进行。在允许时间内将试品通过短路接地线额定电流值的1.15 倍、峰值电流倍数不小于 2.5 倍的电流，短路接地线的导线端和接地端线夹不发生熔焊或自动弹开；短路线和接地线不发生熔断；汇流夹不发生熔化或多股软导线松脱；导线端和接地端线夹应能进行装拆操作，则试验合格。

9.1.3.8　试验周期

携带型短路接地线检验周期为每五年一次，检验项目同出厂检验。携带型短路接地线在经受短路后应予报废。

9.1.4　接地线的保管、储存及使用注意事项

（1）接地线编号。接地线应有专门编号，如"220kV 01A"，则表示用于 220kV 交流线路 01 号 A 相接地线。挂设时，接地线编号应与电压等级、工作票上接地线编号和相位所对应。

（2）接地线 3 根成一组，按照编号存放在相同编号的储存包内，统一由仓库保管。领用、归还履行借还手续。领用前和归还后应对接地线的外观、连接部位等进行检查，确认合格后方可出入库。

（3）接地线应存放在干燥的室内，需要专门定人定点保管、维护，并编号造册，定期检查记录。应该注意检查接地线的质量，观察外表有无腐蚀、磨损、过度氧化、老化等现象，避免影响接地线的使用效果。

9.1.5　个人保安线

9.1.5.1　个人保安线概述

个人保安线应使用有透明护套的多股软铜线，截面积不得小于 16mm²，且应带有绝缘手柄或绝缘部件。输电线路常用的个人保安线由个人保安钳、软铜线、铜鼻子、接地夹以及绝缘绳组成，如图 9-2 所示。

图 9-2　个人保安线实物图

9.1.5.2　个人保安线时的试验标准及周期

个人保安线试验时应做成组直流电阻试验。在各接线鼻之间测量的直流电阻，对于 16mm² 截面的个人保安线，平均每米的电阻值应小于 $1.24\Omega\cdot m$。同一批次抽测不少于两条。成组直流电阻试验方法与携带型短路接地线相同。

试验周期为不超过 5 年，检验项目同出厂检验。个人保安线在经受短路电流后应予报废。

9.1.5.3　个人保安线时的保管、储存及使用注意事项

（1）个人保安线由作业人员自行保管，不使用时应存放在包或柜内，不得随便乱丢、乱扔。日常使用时应保持绝缘绳索干燥，绝缘套不发生破损、腐蚀等情况。

（2）使用个人保安线之前，首先，应检查保安线的试验日期是否符合要求；其次，应认真检查保安线的外观、连接部位、线夹等是否存在铜线断股、护套磨损、外观损坏等情况，确认良好后方可使用。

9.2　屏蔽服（静电防护服）

9.2.1　屏蔽服概述

屏蔽服是用均匀分布的导电材料和纤维材料等制成的服装，穿后使处在高电场中的人体表面形成一个等电位屏蔽面，防护人体免受高电场的影响。屏蔽服应有较好的屏蔽性能、较低的电阻、适当的通流容量、一定的阻燃性及较好的服用性能。

成套屏蔽服包括上衣、裤子、帽子、手套、短袜、鞋子及相应的连接线和连接头。一般来说，成套屏蔽服各部件应经过两个可卸的连接头进行可靠电气连接，应保证连接头在工作过程中不得脱开。另外，屏蔽服还应具有耐汗蚀、耐洗涤、耐电火花等性能。在进行高压带电作业时，作业人员穿上屏蔽服应保证屏蔽服内部局部最大电场不超过 15kV/m，

裸露部位局部最大电场不超过 240kV/m，流经人体的电流不大于 50μA。

目前，我国使用的屏蔽服大部分采用柞蚕丝、柞绢丝等天然动物纤维和 φ0.03mm 康铜合金丝混合加捻交织而成，它具有机械强度高、防火性能好、导电均匀、通流容量大、屏蔽效果好的特点。为防万一，在制作服装时对外加的屏蔽线顺衣缝环绕全身，增加通流容量，确保穿着人员生命安全。

9.2.2 屏蔽服的技术要求

9.2.2.1 衣料要求

（1）屏蔽效率。不同电压等级线路的带电作业对屏蔽服屏蔽效率的要求也有所不同，见表 9-3。

表 9-3　　　　　　　　　　　　　　屏蔽服屏蔽效率要求

部位	±660kV 直流及以下	750kV 交流	±800kV 直流	1000kV 交流
衣料屏蔽效率/dB	40	40	40	60
面罩屏蔽效率/dB	—	20	20	20

（2）电阻。新的屏蔽服衣料电阻不得大于 800Ω·m。

（3）衣料熔断电流。屏蔽服衣料熔断电流不得小于 5A。

（4）耐电火花。衣料应具有一定的耐电火花的能力，在充电电容产生高频火花放电时不烧损，仅炭化而无明火蔓延。经过耐电火花试验 2min 以后，衣料炭化破坏面积不得大于 300mm^2。

（5）耐燃。衣料与明火接触时，必须能够阻止明火的蔓延。经耐燃试验后，试样的炭长不得大于 300mm，烧坏面积不得大于 100cm^2，且烧坏面积不得扩散到试样的边缘。

（6）耐洗涤。要确保在多次洗涤后衣料的电气和耐燃性能无明显降低。衣料应经受 10 次"水洗—烘干"过程。在衣料做过洗涤试验后，其技术性能应满足表 9-4 中要求。

表 9-4　　　　　　　　　　　　　　衣料耐洗涤技术性能

屏蔽效率/dB	熔断电流/A	电阻/Ω	燃烧炭化面积/cm^2
≥30	≥5	≤1	≤100

（7）耐汗蚀。人体汗液对屏蔽服中的导电材料有一定的腐蚀作用。应进行衣料耐酸性汗蚀和耐碱性汗蚀试验，其电阻值不得大于 1Ω。

（8）耐磨。衣料必须耐磨损，使衣服具有一定的耐用价值。经过 500 次摩擦试验后，衣料电阻不得大于 1Ω，衣料屏蔽效率不得低于 30dB。

（9）透气性能。衣料应具有较大的透气量，以达到穿戴者舒适的目的。透过衣料的空气流量不得小于 35L/（m^2·s）。

（10）断裂强度和断裂伸长率。对导电纤维类衣料，衣料的径向断裂强度不得小于 343N，纬向断裂强度不得小于 294N，径、纬向断裂伸长率均不得小于 10%；对导电涂层类衣料，衣料的径向断裂强度不得小于 245N，纬向断裂强度不得小于 245N，径、纬向断裂伸长率均不得小于 10%。

9.2.2.2 成品要求

（1）上衣、裤子。为了确保成套屏蔽服的电阻不大于规定值，分别测量上衣及裤子任意两个最远端之间的电阻，均不得大于15Ω。

（2）手套、短袜。分别测量手套及短袜的电阻，均不得大于15Ω。

（3）鞋子。鞋子的电阻不得大于500Ω。

（4）帽子。帽子必须通过屏蔽效应试验，帽子的屏蔽效应在成套衣服的屏蔽性能试验中一起进行试验。帽子的保护盖舌和外伸边沿大小必须确保人体外露部位（如面部）不产生不舒适感，并应确保在最高使用电压情况下，人体外露部位的表面场强不得大于240kV/m。必须确保帽子和上衣之间的电气连接良好。

（5）成套屏蔽服（上衣、裤子、手套、短袜、帽子、鞋子）。对屏蔽服膝部、臀部、肘部及手掌等易损部位，可用双层衣料适当加强以提高成套屏蔽服的耐用性能。

（6）对于1000kV带电作业用屏蔽服，应做成上衣、裤子与帽子连成一体、帽檐加大的式样。750kV交流、1000kV交流、±800kV直流带电作业用屏蔽服应配有屏蔽效率不小于20dB的网状屏蔽面罩。

（7）为确保成套屏蔽服的电阻和屏蔽性能符合相关标准规定，应对组装好的成套屏蔽服进行试验检查。对成套衣服进行电阻试验，检查成套屏蔽服各最远端点之间的电阻值均不得大于20Ω。

（8）对成套屏蔽服进行屏蔽性能试验，在规定的使用电压等级下，测量衣服胸前、背后处以及帽内头顶处等三个部位的体表场强，均不得大于15kV/m；测量人体外露部位（如面部）的体表局部场强，不得大于240kV/m；测量屏蔽服内流经人体的电流，不得大于50μA。

（9）对成套屏蔽服进行通流容量试验。对屏蔽服通以规定的工频电流，并经一定时间的热稳定以后，测量屏蔽服任何部位的温升，不得超过50℃。

图9-3 1000kV带电作业用屏蔽服

（10）分流连接线及连接头。为了保证成套屏蔽服有较大的通流容量和较小的电阻，在上衣、裤子、手套、短袜、帽子等适当部位应安放分流连接线。屏蔽服每路分流连接线的截面积应不小于1mm²，并应具有适当的机械强度，使其不易折断。上衣、裤子均应有两路独立的分流连接线及连接头通道。

（11）衣、裤、帽、手套、短袜等各部件均应有两个连接头。如果手套与上衣之间或短袜与裤子之间能够通过衣料直接接触而使其在电气上导通的话，可以分别只装配一个连接头。1000kV带电作业用屏蔽服如图9-3所示；导电手套如图9-4所示；导电袜如图9-5所示；导电鞋如图9-6所示。

9.2.3 屏蔽服试验

9.2.3.1 衣料试验

1. 屏蔽效率试验

试样可在大匹布料处剪取3块试品，但必须在离开布端2m

图 9-4　导电手套　　　　　　图 9-5　导电袜　　　　图 9-6　导电鞋

以上处取样。试验需在温度为 23℃±2℃，相对湿度为 45％～55％ 的环境中进行。取 3 块试品屏蔽效率的算术平均值作为衣料的屏蔽效率，屏蔽效率不得小于 40dB。

2. 衣服电阻试验

在试品布上距布边至少 50mm 处剪取尺寸为 240mm×240mm 的方形试样，共计 3 块。试验需在温度为 23℃±2℃，相对湿度为 45％～55％ 的环境中进行。每块试样分别进行 5 个不同位置电阻测试，3 块试样共计 15 个试验数据，去掉最大值和最小值，取中间 13 个读数值的算术平均值作为衣料的电阻。屏蔽服装衣料电阻值不大于 0.8Ω。

3. 衣料熔断电流试验

在样品布上距布边至少 50mm 处，分别按经向和纬向剪取尺寸为 200mm×20mm 的 6 块矩形试样，先加 3A 试验电流，停留 5min 以后，按每级 1A 试验电流分阶段上升，每阶段停留 5min，直至试样熔断为止。6 块试样熔断电流的算术平均值作为衣料的熔断电流，熔断电流值不得小于 5A。

4. 耐电火花试验

在样品布上距布边至少 50mm 处剪取尺寸为 180mm×180mm 的 3 块方形试样，每块试样上需测试 5 个点，要保证燃弧部分离试样边缘 20mm 以上，每点间隔 40mm 以上；试样在电火花的作用下无明火蔓延，仅炭化。取 15 个测试点的炭化面积算术平均值来表示衣料的耐电火花性能，经过耐电火花试验 2min 以后，衣料炭化破坏面积应不大于 $300mm^2$。

5. 耐燃试验

在样品布上距布边至少 50mm 处，按径向和纬向剪取 3 块尺寸为 300mm×150mm 的矩形试样，共计 6 块。经过试验后，6 块试样的烧坏面未扩散至试样夹具的垂直部位，同时也未扩散到试样的上端边缘，即试样的炭长；试样炭长不得大于 300mm，烧坏面积不得大于 $100cm^2$，且烧坏面积不得扩散到试样的边缘。

6. 耐洗涤试验

在样品布上距布边至少 50mm 处，按经向和纬向剪取 3 块尺寸为 260mm×260mm 的方形试样，经过 10 次"洗涤—烘干"过程后，衣料的电气性能和耐燃性能无明显降低，其技术性能满足相关规定。

7. 耐磨试验

在样品布上距布边至少 50mm 处，按经向和纬向垂直方向剪取 3 块尺寸为 240mm×240mm 的方形试样，若在试验装置上出现 5 个位置测量电阻的平均值小于 1Ω、屏蔽效率大于 40dB、

损坏面积不小于 $6cm^2$、个别洞眼面积不小于 $2cm^2$ 等情况之一时，该情况下的转数即为耐磨转数。3 块试样的耐磨转数算术平均值即为衣料的耐磨转数；耐磨转数不得小于 500 转。

8. 断裂强度和断裂伸长率试验

在样品布上按经向和纬向各剪取 3 块尺寸为 $200mm \times 50mm$ 的矩形试样，共计 6 块。经向断裂强度不得小于 345N，纬向断裂强度不得小于 300N；经向、纬向试样的断裂伸长率不得小于 10%。

9.2.3.2 成品试验

上衣、裤子电阻试验时，各最远端点之间的电阻均应不大于 15Ω；手套、短袜电阻试验时，各处的电阻均应不大于 15Ω；鞋子电阻试验时，电阻值不大于 500Ω；整套屏蔽服装的电阻试验时，任何两个最远端点间的电阻不大于 20Ω；整套屏蔽服内部电场强度试验时，屏蔽服装内人体表面任何测点的电场强度不大于 $15kV/m$，面部裸露部位的局部体表场强不大于 $240kV/m$；整套屏蔽服内流经人体电流试验时，流经人体的电流不大于 $50\mu A$；整套屏蔽服通流容量试验时，任何部位的温升，其值不得超过 $50℃$；帽子、面罩必须进行屏蔽效率试验，帽子的保护盖舌和外伸边沿必须确保人体外露部位不产生不舒适感，且表面电场强度不得大于 $240kV/m$，面罩的屏蔽效率不得小于 20dB。

9.2.4 屏蔽服保管、储存及使用注意事项

（1）由于屏蔽服使用一段时间后都会出现银粉脱落和金属丝拆断、电阻增大的情况。该情况会造成屏蔽性能下降，人体局部电位差及电场不均匀，使人体产生不适感。所以使用前必须通过外观检查及电阻测量，合格后方可使用。

（2）使用时屏蔽服各部位（手套与衣袖、帽与衣、衣与裤、裤与袜）之间的连接必须牢固可靠、接触良好。因各部分连接不好以致电位转移时，电流通过人体局部将造成麻电。

（3）作业人员一定要穿内衣。

（4）屏蔽服使用后应卷好放在专用箱内，不要折叠，以免折断铜丝，影响使用。

（5）屏蔽服不宜常洗，夏天使用后（汗水对屏蔽服的铜丝有腐蚀）应将衣服放入 $50 \sim 60℃$ 温水中浸泡 $12 \sim 20min$，自然晾干。不得揉搓、拧扭。

9.2.5 静电防护服

静电防护服也具有屏蔽电场及旁路电流的作用，由于是地电位作业人员使用，因此，对静电防护服的屏蔽效率、衣料电阻等要求要低于屏蔽服装。

9.2.5.1 衣料要求

（1）屏蔽效率。不同电压等级线路的带电作业对静电防护服的屏蔽效率的要求也有所不同，见表 9-5。

表 9-5　　　　　　　　　　静电防护服屏蔽效率要求

电压等级交流	500kV、±660kV 及以下	750kV 交流	±800kV 直流	1000kV 交流
衣料屏蔽效率/dB	28	30	30	30

（2）电阻。衣料电阻不得大于 300Ω。

（3）耐汗蚀。经耐酸性汗蚀和耐碱性汗蚀试验，检测其电阻值，不得大于 1Ω，屏蔽效率不得小于表 9-5 的示数。

（4）透气性能。衣料应具有较大的透气量，以达到穿戴者舒适的目的。透过衣料的空气流量不得小于 $35L/(m^2 \cdot s)$。

（5）断裂强度和断裂伸长率。衣料的经向断裂强度不得小于 345N，纬向断裂强度不得小于 300N，经向、纬向断裂伸长率不得小于 10%。

9.2.5.2 成品要求

（1）鞋。鞋的电阻不得大于 300Ω。

（2）帽。帽、帽檐、外伸边沿或披肩均应用静电防护衣料制作，避免人体头部裸露部位产生不舒适感。

（3）成套静电防护服。成套衣服的最远端点之间的电阻值不作要求，但各部位之间必须形成良好的电气连接。进行防护服内的电场强度试验，衣服内胸前的表面电场强度不得大于 $15kV/m$，且高压静电防护服内流经人体的电流不得大于 $50\mu A$。

（4）连接带。上衣的衣领、袖口及上衣与裤连接的两侧均应配置连接带。裤与上衣连接的两侧及裤脚均应配置连接带。帽、手套均应配置一根连接带。连接带与衣、裤、帽、手套的搭接长度不得小于 100mm，宽度不得小于 15mm，且连接带与连接带的纵向缝制不得少于 3 道，并应均匀分布于连接带上。静电防护服照片如图 9-7 所示。

9.2.5.3 静电感应防护服的试验

静电感应防护服的试验方法可参考 9.1 节屏蔽服的试验方法，试验要求按照前述规定执行。

图 9-7　静电防护服

9.3　导　电　鞋

9.3.1　导电鞋概述

导电鞋是具有良好的导电性能，可在短时间内消除人体静电积聚，只能用于没有电击危险场所的防护鞋。导电鞋按材质一般分为皮鞋和布面胶底鞋，大多数使用的都是皮制导电鞋，如图 9-8 所示。皮制导电鞋按制作工艺又可分为胶粘类、注射类和模压类。

输电线路上作业人员穿戴导电鞋主要有两种用途：一是在带电杆塔上地电位作业时，防止感应电伤害；二是用于作业人员带电作业，配合屏蔽服使用。

9.3.2　导电鞋的技术参数

按照 GB 21146—2007《个体防护装备　职业鞋》规定，导电鞋的电阻值应不大于 $100k\Omega$，外观应符合相关要求，且穿着舒适，便于工作人员穿用。主要参数如下。

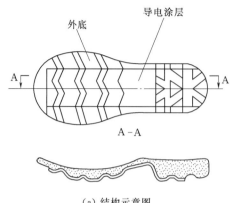

(a) 结构示意图   (b) 实物图

图 9-8　导电鞋

1. 成鞋

有内底时，在不损坏鞋的情况下，内底应不能移动。除缝合底外，成鞋的结合强度不应小于 4.0N/mm；如果鞋底有撕裂现象，则结合强度不应小于 3.0N/mm。成鞋还应没有空气泄漏。

2. 鞋帮

鞋帮最小厚度应符合表 9-6 的要求，撕裂强度应符合表 9-7 的要求，拉伸性能应符合表 9-8 的要求，耐折性应符合表 9-9 的要求。在相关测试时，鞋帮的水蒸气渗透率不应小于 0.8mg/(cm² · h)，水蒸气系数不应小于 15mg/cm²；pH 值不应小于 3.2，如果 pH 值小于 4，则稀释差应小于 0.7；鞋帮要求不含六价铬。

表 9-6　　　　　　　　　　　　鞋　帮　最　小　厚　度

材料种类	厚度/mm	材料种类	厚度/mm
橡胶	≥1.50	聚合材料	≥1.00

表 9-7　　　　　　　　　　　　鞋　帮　撕　裂　强　度

材料种类	最小力/N	材料种类	最小力/N
皮革	120	涂覆织物/纺织品	60

表 9-8　　　　　　　　　　　　鞋　帮　拉　伸　性　能

材料种类	抗张强度/(N · mm⁻²)	扯断强力/N	100%定伸应力/(N · mm⁻²)	扯断伸长率/%
剖层皮革	≥15	—	—	—
橡胶	—	≥180	—	—
聚合材料	—	—	1.3~4.6	≥250

表 9-9　　　　　　　　　　　　鞋　帮　耐　折　性

材料种类	耐　折　性	材料种类	耐　折　性
皮革	连续屈挠 125000 次，应无裂纹	聚合材料	连续屈挠 150000 次，应无裂纹

3. 衬里

衬里撕裂强度应符合表9-10的要求；耐磨性在干式测试25600转或湿式测试12800转的情况下，衬里不产生任何破洞；水蒸气渗透率不应小于2.0mg/（cm² · h），水蒸气系数不应小于20mg/cm²；pH值不应小于3.2，如果pH值小于4，则稀释差应小于0.7；衬里要求不含六价铬。

表9-10　　　　　　　　　　　　　衬里撕裂强度

材料种类	最小力/N	材料种类	最小力/N
皮革	≥30	涂覆织物/纺织品	≥15

4. 内底和鞋垫

内底厚度不小于2.0mm；pH值不应小于3.2，且如果pH值小于4，则稀释差应小于0.7；吸水性不小于70mg/cm²，水解吸性不小于水吸收的80%；内底耐磨性按照国标测试完成400次前不应有严重磨损，鞋垫耐磨性在干式测试25600转或湿式测试12800转的情况下，摩擦表面不产生任何破洞；内底和鞋垫要求不含六价铬。

5. 外底

非防滑外底的厚底一般要求不小于6mm；材料密度大于0.9g/cm²时，撕裂强度不小于8kN/m，相应体积磨耗量不大于250mm²；材料密度不大于0.9g/cm²时，撕裂强度不小于5kN/m，相应体积磨耗量不大于150mm²；非皮革外底耐折性测试时，连续屈挠30000次，切口增长不应大于4mm；外层或防滑层与相邻之间的结合强度不应小于4.0N/mm，如果鞋底有撕裂现象，则结合强度不应小于3.0N/mm。

9.3.3　导电鞋的试验标准及周期

GB 26860—2011《电力安全工作规程 发电厂和变电站电气部分》中规定导电鞋试验周期为穿用小于200h，超过该时间的导电鞋必须按GB/T 20991—2007《个体防护装备 鞋的测试方法》的规定逐只进行电阻值检验，电阻值小于规程规定100kΩ，方可使用。

按照GB/T 20991—2007《个体防护装备　鞋的测试方法》规定，仪器精度应满足当施加（100±2）V直流电压时，能测量电阻±2.5%的精度。测试环境条件如下：干燥条件温度（20±2）℃，相湿度（30±5）%，放置7h；潮湿条件温度（20±2）℃，（85±5）%，放置7h。测试时，鞋底的能量消耗不应超过3W。

9.3.4　导电鞋的储存及使用注意事项

（1）储存场所应放在干燥通风的仓库中，防止霉烂变质，堆放离地面距墙壁20mm以上，离开一切发热体1m以外。避免受油、酸、碱类或其他腐蚀物的影响。

（2）导电鞋应在不会遭受电击的场所中使用，导电鞋在穿用过程中鞋的底部不得粘有绝缘性的杂质，不得穿着绝缘性强的毛料厚袜及鞋垫等，不得与任何绝缘材料配合使用。

（3）处理高压电气设备有触电危险的工作人员，禁用导电鞋。

（4）每双导电鞋应提供有如下文字的说明书："如果必须在尽可能的最短时间内将静电荷减至最小，例如处理炸药，则必须使用导电鞋。如果来自任何电器或带电部件的电击危险已经完全消除，则不必使用导电鞋。"为确保鞋是导电的，规定在鞋的全新状态下电阻值不大于 100kΩ。

（5）在使用期间，由于屈挠和污染，导电材料制成的鞋的电阻值可能会发生显著变化，那么必须确保导电鞋在整个使用期限内能履行消散静电荷的设计功能，因此，在需要的场所，建议使用者建立一个内部电阻测试并定期使用它，这项测试以及下面提到的测试应成为工作场所事故预防程序的例行部分。

（6）如果鞋在鞋底材料可能被增加鞋电阻的物质污染的场所穿用，穿着者每次进入危险区域前必须检查所穿鞋的电阻值。在使用导电鞋的场所，地面电阻不应使鞋提供的防护失效。

9.4　绝　缘　手　套

9.4.1　绝缘手套概述

绝缘手套又叫高压绝缘手套，是用天然橡胶制成，用绝缘橡胶或乳胶经压片、模压、硫化或浸模成型的五指手套，主要用于电工作业。绝缘手套是劳保用品，起到对手或者人体的保护作用，具有防电、防水、耐酸碱、防化、防油的功能。在高压电气设备上进行带电作业时，起电气绝缘作用。要求具有良好的电气性能，较高的机械性能，并有柔软的使用性能。

9.4.2　绝缘手套的技术参数

绝缘手套按照其使用方法分为常规型绝缘手套和复合型绝缘手套。常规型绝缘手套自身不具备机械保护性能，一般需要和机械防护手套（如皮质手套）配合使用；复合绝缘手套是自身具备机械防护性能，可单独使用。输电线路作业过程中一般都使用复合绝缘手套。绝缘手套材料由天然橡胶或合成橡胶制成，形状为立体手模分指式，如图 9-9 所示。

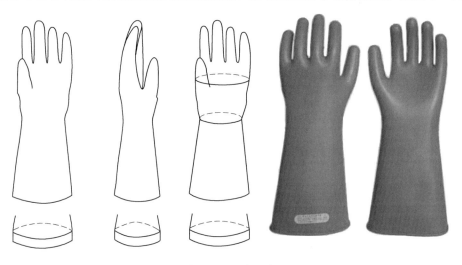

图 9-9　绝缘手套

绝缘手套按照不同电压等级分五类，见表 9-11。

表 9-11 适用于不同电压等级的手套

级别	电压等级（AC）/V	对应颜色标记	级别	电压等级（AC）/V	对应颜色标记
0	380	红色	3	20000	绿色
1	3000	白色	4	30000	橙色
2	10000	黄色			

按特殊性能要求，绝缘手套又分 5 类，见表 9-12。

表 9-12 特殊性能绝缘手套类型

型号	特 殊 性 能	型号	特 殊 性 能
A	耐酸	R	耐酸、油和臭氧
H	耐油	C	耐低温
Z	耐臭氧		

绝缘手套通过交流验证电压试验和耐受电压试验时，泄漏电流值应能满足表 9-13 的要求。长袖复合绝缘手套还应进行淋雨试验，试验时表面泄漏电流值应满足表 9-14 的要求。

表 9-13 电 气 绝 缘 性 能 要 求

级别	交 流 试 验						直流试验	
	验证试验电压/kV	最低耐受电压/kV	验证电压下泄漏电流/mA				验证试验电压/kV	最低耐受电压/kV
			280mm	360mm	410mm	≥460mm		
0	5	10	12	14	16	18	10	20
1	10	20	N/a	16	18	20	20	40
2	20	30	N/a	18	20	22	30	60
3	30	40	N/a	20	22	24	40	70
4	40	50	N/a	N/a	24	26	60	90

注 1. 本表中所规定的泄漏电流值仅适用于常规绝缘手套，对复合绝缘手套另有规定。

2. N/a 表示无适用值。

3. 在正常使用时，泄漏电流值会比试验值要小，因为试验时试品与水的接触面积比在进行带电作业时的接触面积大，并且验证试验电压比最大使用电压要高。

4. 对于预防性试验（手套没有经过预湿处理），泄漏电流规定值应相应降低 2mA。

表 9-14 长袖复合绝缘手套淋雨试验要求

级别	验证试验电压/kV	试验时间/min	最大泄漏电流值/mA
1	10	3	10
2	20	3	10
3	30	3	10

绝缘手套长度尺寸必须符合表 9-15 的要求；最大厚度必须符合表 9-16 的要求，最小厚度应以满足表 9-13 中规定的电气性能来确定；其他尺寸不作强制性规定，相关尺寸

仅供参考，典型手套的尺寸见表9-17。

表9-15 手 套 长 度 尺 寸

级别	长 度[②]/mm				
0	280	360	410	460	—
1	—	360	410	460	800[①]
2	—	360	410	460	800[①]
3	—	360	410	460	800[①]
4	—	—	410	460	—

① 表示仅复合绝缘手套有。

② 复合手套长度偏差允许±20mm，其余类型手套长度偏差均为±15mm。

表9-16 手 套 的 最 大 厚 度

级 别	厚 度/mm		
	绝缘手套	复合手套	长袖复合手套
0	1	2.3	—
1	1.5	a	3.1
2	2.3	—	4.2
3	2.9	—	4.2
4	3.6	—	—

注 a 表示还在制订中；—表示没有此种型号手套。

表9-17 典 型 手 套 的 尺 寸

部 位 说 明	字母	手 套 长 度			
		280mm	360mm	410mm	460mm
手掌周长	a	210	235	255	280
手腕周长	c	220	230	240	255
袖口周长	d	360	360	360	360
手指周长	i	70	80	90	95
	j	60	70	80	85
	k	60	70	80	85
	l	60	70	80	85
	m	55	60	70	75
手掌宽度	b	95	100	110	125
手腕到中指尖长度	f	170	175	185	195
大拇指基线到中指尖长度	g	110	110	115	120
中指弯曲中点高度	h	6	6	6	6
手指长度	n	60	65	70	70
	o	75	80	85	85
	p	70	75	80	80
	q	55	60	65	65
	r	55	60	65	65
	t	15	17	15	17

绝缘手套的机械性能要求。平均拉伸强度应不低于 16MPa，平均扯断伸长率应不低于 600%，拉伸永久变形不应超过 15%，平均抗机械刺穿强度应不小于 60N，平均磨损量不得大于 0.05mg/r，耐切割指数应不小于 2.5，抗撕裂强度不得小于 25N。

绝缘手套耐老化性能要求。经过热老化试验的手套，拉伸强度和扯断伸长率所测值应为未进行热老化试验手套所测值的 80% 以上。拉伸永久变形不应超过 15%。

绝缘手套耐燃性能要求。经过燃烧试验后的试品，在火焰退出后，观察试品上燃烧试验火焰的蔓延情况。经过 55s，如果燃烧火焰未蔓延至试品末端 55mm 基准线处，则耐燃性能合格。

绝缘手套耐低温性能要求。手套经过耐低温试验后，在受力情况下经目测应无破损、断裂和裂缝出现，并应在不经过吸潮处理的情况下通过绝缘试验。

绝缘手套渗水性能要求。在封闭手套口并向内注入空气有一定压力下，浸入水中，无气泡现象。

9.4.3 绝缘手套的试验标准及周期

9.4.3.1 试验标准

1. 绝缘手套的外观、厚度检查

使用前应定期对绝缘手套的外观进行检查，对绝缘手套的长度、厚度进行测量。手套长度的测量应从手套中指开始，量至袖口边缘。厚度测量应选取整只手套表面的各个不同点，其中手掌部位不少于 4 个测量点，手背部位不少于 4 个测量点，大拇指和食指部位不少于 1 个测量点。测量仪器精度应不低于 0.02mm。

绝缘手套表面必须平滑，内外面应无针孔、疵点、裂纹、砂眼、杂质、修剪损伤、夹紧痕迹等各种明显缺陷和明显的波纹及明显的铸模痕迹。不允许有染料污染痕迹。

2. 绝缘手套的电气性能试验

主要包括：交流验证电压试验、交流耐受电压试验、直流验证电压试验、直流耐受电压试验、复合绝缘手套淋雨试验。试验要求环境温度为（23±5）℃，相对湿度为 45%～75%。进行型式试验和抽样试验时，手套应浸入水中进行（16±0.5)h 预湿，预湿后不应离水放置，试验应在完成预湿处理后 1h 内进行。

（1）交流验证电压试验。按照规定对每只手套进行交流验证试验时，交流电压应从较低值开始，以约 1000V/s 的恒定速度逐渐升压，直至达到表 9-13 规定的验证试验电压值或发生击穿，试验后以相同的速度降压，施压时间从达到规定值的瞬间开始计算。对于型式试验和验收试验，所施加的验证试验电压应保持 3min；对于预防性试验，所施加的验证试验电压应保持 1min。在验证电压试验时，泄漏电流不应超过表 9-13 的规定，则试验通过。

（2）交流耐受电压试验。按照规定施加交流试验电压，直至达到表 9-13 所规定的最低耐受电压值，不应发生电气击穿，试验通过。试验结束时立即降低所加电压，并断开试验回路。

（3）直流验证电压试验。按照规定对每只手套进行直流验证试验时，直流电压应从较低值开始，以约 3000V/s 的恒定速度逐渐升压，直至达到表 9-13 规定的验证试验电压值或发生击穿，试验后以相同的速度降压，施压时间从达到规定值的瞬间开始计算。对于型式试验和验收试验，所施加的验证试验电压应保持 3min；对于预防性试验，所施加的验证试验电压应保持 1min。在验证电压试验时，泄漏电流不应超过表 9-13 的规定，则试验通过。

（4）直流耐受电压试验。按照规定施加直流试验电压，直至达到表 9-13 所规定的最低耐受电压值，不应发生电气击穿，试验通过。试验结束时立即降低所加电压，并断开试验回路。

（5）复合绝缘手套淋雨试验。每种型号的手套选取 3 只进行本试验，加压与淋雨同时开始进行，试验时交流电压应从较低值开始，约 1000V/s 的恒定速度逐渐升压，直至达到表 9-14 规定的验证试验电压值或发生击穿。泄漏电流值应在试验结束时进行读断，试验后以相同的速度降压。

3. 绝缘手套的机械试验

主要针对绝缘手套的拉伸强度、扯断伸长率、拉伸永久变形率、抗机械刺穿、耐磨强度、耐切割、抗撕裂强度等方面进行试验。

（1）拉伸强度及扯断伸长率试验。从被试手套上切取 4 件哑铃型测试块（手掌、手背部位各一件，手腕部位二件）进行试验，4 件测试块的平均拉伸强度不低于 16MPa，平均扯断伸长率不低于 600%，试验通过。

（2）拉伸永久变形率试验。从被试手套上切取哑铃型测试块 3 件（手掌、手背和手腕各一件）进行试验，3 件测试块的平均拉伸永久变形不应超过 15%，试验通过。

（3）抗机械刺穿试验。从被试手套上切取两个直径为 50mm 的圆形试品进行试验，绝缘手套 2 件试品平均抗机械刺穿强度应不小于 18N/mm，复合绝缘手套 2 件试品平均抗机械刺穿力应不小于 60N。

（4）耐磨强度试验。从一个型号手套中选取 5 只，在每只手套靠近手掌部位切割一个直径为 110mm 的圆形试品，在试品中心处开直径为 6mm 的圆孔。试验前试品表面应先用 (200±35)kPa 的干燥高压空气清洁干净，两个摩擦环紧贴试品上表面，每个摩擦环在试品上应能施加 2.45N 的力。

（5）耐切割试验。参考试品和被试试品均应进行耐切割试验，参考试品应在符合相关技术规格的棉帆布上截取。从 2 只不同的被试手套上截取两片尺寸大小相同的试品，进行 5 次试验，经计算后 2 件手套试品的耐切割指数最小值不小于 2.5，试验通过。

（6）抗撕裂强度试验。从一个型号手套中选取 4 只，其中 2 只在手掌部位沿手指方向切取试品，另外 2 只在手掌部位横向切取。试验时以 (100±10)mm/min 的速度进行，直到试品完全被撕裂为止。拉力测量试验装置显示出的最大拉力值即为撕裂值，4 件试品的最小撕裂值不得小于 30N。

4. 其他试验

（1）热老化试验。从 2 只绝缘手套上分别切取 4 件哑铃型试品，在温度 (70±2)℃，相对湿度在 20% 以下的环境试验箱内放置 168h。环境试验箱中应每小时交换 3～10 次的空气环流，输入的空气温度为 (70±2)℃。在试验箱中，应有悬挂试品的装置，各试品之间的间距至少为 10mm，试品与箱壁间距至少为 50mm。加热结束后，从环境试验箱中取出试品，冷却时间不少于24h，然后对4件试品进行拉伸强度和扯断伸长率试验，对3件试品进行拉伸永久变形试验。

（2）耐燃试验。将1只手套的第2指或第3指，或连指手套的手指切取60～70mm长度，填充熟石膏后进行试验。按照规定将燃烧喷嘴置于试品下方，火焰应在燃烧10s后退出，应保证没有空气流干扰试验火焰。观察试品上的火焰蔓延，观察时间为55s，如果在此时间内火焰没有扩散至基准线，则认为耐燃试验通过。

（3）耐低温试验。将3只手套和两块200mm×200mm×5mm的聚乙烯板置于温度为（−25±3）℃的低温容器中1h。在室温（23±2）℃时取出，之后的1min内，在手腕处折叠起来并置于两块聚乙烯板之间，然后加上100N的压力，并持续30s，没有明显的裂纹、破裂，则试验通过。

9.4.3.2　试验周期

绝缘手套每6个月必须进行预防性试验，主要对绝缘手套的工艺及成型进行检查，并进行交流和直流电气性能试验。

9.4.4　绝缘手套的保管、储存及使用注意事项

（1）绝缘手套应储存在包装容器或包装袋中，确保手套远离蒸气管道、散热片或其他人工热源，手套的最佳保存环境温度为10～21℃。并禁止手套与油、酸、碱或其他有害物质接触，隔离热源1m以上。

（2）每只绝缘手套上必须有明显且持久的标记，内容包括：标记符号、使用电压等级/类别、制造单位或商标、制造日期、规格型号、尺寸、试验日期、检验合格印章等，并贴有试验单位的合格证。

（3）绝缘手套在使用前必须对内外进行外观检查，可通过对其充气的方法进行检验，发现有任何破损则不能使用。

（4）使用后，应将内外污物擦洗干净，可用肥皂和水温不超过65℃的清水进行冲洗。如发现仍然粘附有像焦油或油漆之类的混合物，应立即用少量清洁剂清洁此部位，并立即冲洗。待干燥后，撒上滑石粉放置平整，以防受压受损，且勿放于地上。

第 10 章　感应电防护新技术应用

随着工业化和城镇化的不断发展，我国用电量逐年增加，电网建设快速发展，超特高压输电线路投运越来越多，同塔多回或共走廊线路也越来越频繁，感应电伤害防不胜防。如何做好输电线路检修过程中感应电压和感应电流的防护一直是近几年研究的热点。

因此，本书尝试性地对这一方面进行归纳和总结，并对自行研制的新装备，如±800kV 直流输电线路验电器、防脱落新型接地线、基于消弧开关的输电线路接地线等新型接地装置，以及基于北斗通信的输电线路接地线电流检测装置及管理系统等进行介绍。

10.1　±800kV 直流输电线路验电器

在进行特高压输电线路检修时，为防止发生意外，必须对线路的带电情况进行验证。目前，特高压交流输电线路，已有行业标准，而特高压直流输电线路还没有相关标准和通用的验电设备。运行检修人员多采用一些替代的验电措施，例如利用绝缘绳吊一个金属物体靠近导线，通过是否有放电声来验电。这类方法受外界影响较大，在较为嘈杂或者各种强光条件下容易造成误判。特高压直流输电线路与交流线路的电磁环境有较大区别，主要由于输电线路上电晕放电产生的带电离子在直流电场作用下形成空间离子流会显著的增强空间电场。随着特高压直流输电线路的大量建设，国内外学者对离子流场进行了大量研究，部分学者也进行了现场实测与对比分析，研究表明直流输电线路下方的合成场强可达标称电场的数倍，计算的准确度可满足工程要求，上述研究结果可为验电器的阈值设置提供参考。

10.1.1　基于 MEMS 非接触式的±800kV 直流输电线路验电器研制

10.1.1.1　验电器的结构组成

基于 MEMS 非接触式的±800kV 直流输电线路验电器主要由 MEMS 交直流电场检测探头、信号采集与处理控制模块、声光报警模块、电源模块、串口通信单元等组成。其中 MEMS 交直流电场检测探头采用先进的微机电系统技术研制，较传统的场磨式直流电场传感器具有更高的可靠性和寿命，无需维护，并具有体积小、空间分辨率高、功耗低、性能稳定、易集成化等突出优点。它采用经过表面处理的金属外壳，使得验电器具有优良的屏蔽外界电磁兼容、防潮、防湿等性能，结构上设计为一体式结构，外部构件主要包括高分贝蜂鸣器、正负极警示灯、调零/电源开关、RS232 接口以及内置电池等，如图 10-1 所示，实物如图 10-2 所示。

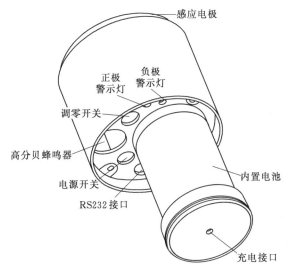

感应电极

正极
警示灯

负极
警示灯

调零开关

高分贝蜂鸣器

电源开关

RS232接口

内置电池

充电接口

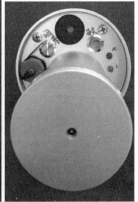

图 10-1　MEMS 非接触式高压直流
验电器组成结构图

图 10-2　MEMS 非接触式高压直流
验电器实物照片

10.1.1.2　验电器的主要原理

该产品 MEMS 电场敏感元件［图 4-4（c）］主要包括激励电极、屏蔽电极和感应电极三部分。该元件采用静电激励等方式，使得激励电极带动屏蔽电极以频率 ω 水平振动，周期性遮挡感应电极，在被测电场 E 作用下，感应电极的感应电荷量发生变化，产生感应电流，此电流幅值与被测电场幅值成正比，通过测量该电流可计算出被测电场大小，工作原理如图 4-4（a）所示。因此，该产品无电机等易磨损器件，具有更好的稳定性和更高的可靠性。

MEMS 非接触式高压直流验电器采取直接合成技术（DDS）和高速数字信号处理方式，实现了电场敏感元件的精准激励和高精度电场检测，转换成能反映电场强度和极性的数据。最终通过比较阈值电场达到直流输电线路双极运行、单极运行、双极停运非接触式识别和报警的目的，检测到的电场数据可通过串口 RS232 数字输出，功能框图如图 4-5 所示。

10.1.1.3　验电器的技术参数

1. 阈值设定

（1）利用场磨测量仪的电场强度测量试验。为进一步验证，利用场磨直流电场测量仪进行测量分析。采用国网电力科学研究院开发的合成电场强度仪作为测量工具。该仪器基于 IEEE 1227—1990《直流电场强度和离子相关量测量指南》中的场磨原理研发，由下位机单元、上位机单元和 PC 机三部分组成。下位机单元由合成场传感器、信号处理电路、单片机、通信模块、A/D 芯片和电源模块等组成。原理方框图及装置照片分别如图 10-3～图 10-5 所示。

通过实验室测试与现场使用证明，该装置测量地面合成场时，其绝对误差小于 1kV/m。在测量空间合成场时，由于下位机单元（及传感器部分）对空间合成场的畸变作用以及空间电荷电场本身的不稳定性，其测量误差将显著增加。然而即使如此，现场测量结果对于空间合成场的分析仍具有重要的参考价值。

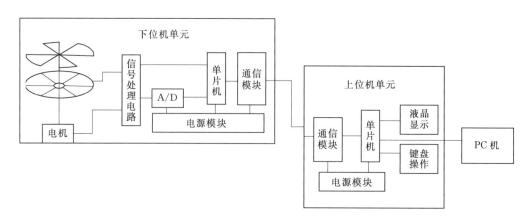

图 10-3　直流合成场测量装置的电路方框图

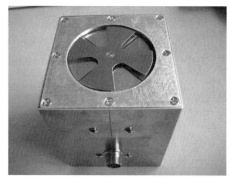

图 10-4　下位机单元　　　　　　图 10-5　装置整体连接图

　　测量过程中，作业人员穿戴全套屏蔽服装登塔，到达塔上各典型地电位作业位置测量塔身横担外的合成场电场强度。测量位置见表 10-1、如图 10-6 所示，测量在试验场杆塔为 ZV1 直线塔上进行，杆塔照片如图 10-7 所示，测量结果见表 10-2，测量现场如图 10-8～图 10-9 所示。等高线塔身外的测量结果为 26kV/m，而导线上方横担外 1m 处测得的电场值为 48.4kV/m。

表 10-1　　　　　　　　　　　电场强度测量位置说明

测量位置	位　置　说　明	测量部位
位置 1	地电位，与导线处于同一水平面的塔身处	塔身外
位置 2	地电位，导线正上方的横担处	横担外

表 10-2　　　　　　　　　　　人员体表场强测量结果

测　量　位　置		测量结果/(kV・m⁻¹)	说　明
位置 1	塔身内	4.0	地电位位置
	塔身外	26.0	
位置 2	横担内	6.0	地电位位置
	横担外	48.4	

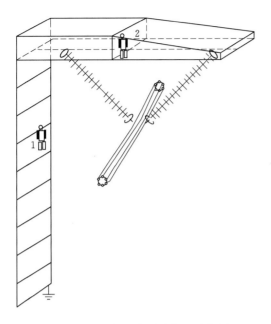

图 10 - 6 电场强度测量位置示意图
1、2—测量位置

图 10 - 7 ZV1 直线塔现场照片

图 10 - 8 合成电场强度测量位置 1

图 10 - 9 合成电场强度测量位置 2

在线路档距中央的横截面上，测量了负极性导线侧的地面合成电场强度，合成电场强度测量结果见表 10 - 3。

需要说明的是，使用场磨原理对发生畸变的空间合成场进行测量时，其测量结果是偏小的，而且电场的畸变越严重，测量结果的误差则越大。由于场磨原理的测量仪器由旋转或固定的金属片构成，当其靠近存在尖端的高压导体时，会改变导体附近的电位分布，缓解电场的畸变程度，从而使测量值相对于实际值偏小；而且导体附近的电场畸变越严重，场磨仪器对电场畸变的缓解也更加明显，因此电场畸变越严重，测量结果的误差也越大。

（2）合成电场强度和标称电场强度的关系分析。早在 20 世纪 80 年代后期，我国建设第一条直流输电工程±500kV 葛洲坝—上海直流输电工程时，由国际知名的咨询公司提供的设计咨询中，指出了线下最大合成电场强度为 30kV/m 的控制值，并成为有关标准的控制值。我国±500kV 天广、龙政直流线路合成电场强度如图 10 - 10、图 10 - 11 所示。

表 10-3　　　　　　　　　　　　　　合成电场强度测量结果

距负极性导线对地投影间的距离/m	8月17日合成电场强度/(kV·m⁻¹)	8月18日合成电场强度/(kV·m⁻¹)	距负极性导线对地投影间的距离/m	8月17日合成电场强度/(kV·m⁻¹)	8月18日合成电场强度/(kV·m⁻¹)
0	−12.0	−14.0	12	−11.0	−12.0
1	−12.0	−14.0	13	−11.0	−12.0
2	−12.0	−14.5	14	−10.0	−11.0
3	−13.0	−14.5	15	−10.0	−11.0
4	−13.0	−14.5	16	−9.0	−10.0
5	−13.0	−14.5	17	−8.0	−10.0
6	−13.0	−14.0	18	−7.0	−9.0
7	−13.0	−14.0	19	−7.0	−9.0
8	−12.5	−13.5	20	−7.0	−9.0
9	−12.0	−13.5	21	−7.0	−8.0
10	−12.0	−13.0	22	−7.0	−7.0
11	−12.0	−12.0			

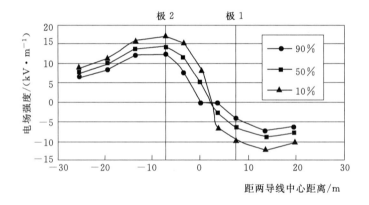

图 10-10　±500kV 天广直流线路合成电场强度
图中 90%、50%、10% 表示在该处测得的若干个合成场强数据中
分别有 90%、50%、10 达到图中对应的数值

从图 10-10、图 10-11 可以看出，合成电场强度最大值低于 25kV/m。±500kV 直流线路导线高度为 11.5m、极导线间距为 14m 时的计算合成电场强度和标称电场强度如图 10-12所示。美国邦维尔电力局（BPA）的 ±500kV 试验段的试验表明（计算的最大标称电场强度为 9.8kV/m，最大合成电场强度为 30kV/m），在导线附件进行验电时，是否带电的电场强度选为 50kV/m。

对于标称电场强度和合成电场强度之间的关系，可根据中国电力科学研究院对 ±800kV 线路在不同导线和对地高度下的标称电场和合成电场的计算结果进行分析，导线的截面、对地高度和相间距离均对标称电场强度和合成电场强度具有影响。

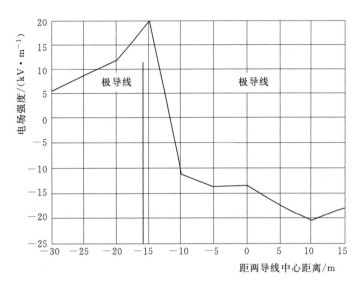

图 10-11　±500kV龙政直流线路合成电场强度（平均值）

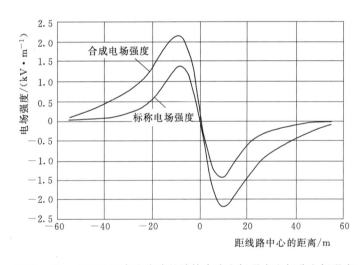

图 10-12　±500kV直流线路的计算合成电场强度和标称电场强度

（3）不同工况下的阈值设定。根据上述分析，选择验电器的验电位置在横担外1m处，根据试验测量合成电场强度约为标称电场强度的2倍左右，考虑到此处距导线的距离比地面距导线的距离要小得多，离子流受风的影响比在地面要小，且受到低电位杆塔的作用，其合成电场强度比地面附近的合成电场强度改变要小，此处对合成电场强度修正时取标称电场强度的2倍，考虑直流电压的调整范围，结合1000kV非接触式验电器的行业标准，选择修正值的70%（1%±5%）作为启动阈值，根据不同工况条件下设置启动阈值见表10-4。

对于单极金属回线方式，由于此时一回线路仍带电，但是其电压很小，通过上述电场测量的方法难以判断，此时需要结合磁场测量的方法进行判断，通过磁场测量仪进行测

表 10 - 4 　　　　　　　　　　　　　　　不同工况条件下设置的启动阈值

工　况	仿真计算的测量处标称 电场强度/(kV·m⁻¹)	修正的合成电场强度 /(kV·m⁻¹)	启动阈值/ (kV·m⁻¹)
800kV＋800kV	22.50	45.00	31.5
400kV＋400kV	11.25	22.50	15.75
800kV＋400kV	24.30	48.60	34.02
800kV＋0kV	26.10	52.20	36.54
400kV＋0kV	13.05	26.10	18.27

量，测量位置同样选取导线正上方横担下 1m 处，由于直流线路的电流随输送功率变化而变化，并不是一个定值，所以此时并不规定阈值，而是将两侧导线上方测量的磁场值进行对比。当为单极金属回线方式运行时，此时两边导线都有电流，且电流大小相等方向相反，若测得的磁场大小相差不超过 10％且方向相反，则说明为单极金属回线方式；当为单极大地回线方式运行时，此时仅一侧导线有电流，另一侧导线电流为 0，两边测得的磁场大小相差较大。可通过电场测量原理的直流验电器与磁场测量仪共同判断线路是否带电。

2. 主要技术指标

(1) 直流输电线路电压等级：±800kV（可根据应用调整）。

(2) 数据更新周期：1s。

(3) 功耗：0.7W（供电：锂电池）。

(4) 使用时长：≥10h。

(5) 尺寸和重量：尺寸 ϕ90mm×160mm；重量 1kg。

3. 使用环境

(1) 户外天气良好。

(2) 工作温度：−25～55℃。

(3) 相对湿度：0～90％。

10.1.2　使用方法

(1) 将验电器固定在绝缘杆上。

(2) 按下电源开关。

(3) 按下调零开关。

(4) 旋开屏蔽盖。

(5) 举起绝缘杆，从垂直于直流高压输电线一侧走向另一侧，如果红灯亮，蜂鸣器响，表明正极运行，如果绿灯亮，蜂鸣器响，表明负极运行。现场实际应用如图 10 - 13 所示。

图 10-13　现场实际应用（直线塔导线正上方横担处验电）

10.2　新型接地线装置

接地线是输电线路检修作业的生命线。目前，通常使用的接地线容易在大风等恶劣气象条件下，由于摆动造成脱落。若不能及时发现将会危及作业人员的生命安全。因此，研制一种即方便挂设、不易脱落又能实时监测接地线状态的新型接地线很有必要。

10.2.1　防脱落新型接地线

10.2.1.1　研制背景

目前，高压输电线路工作中常用的接地线夹为弹簧式导线夹，是一种利用镶嵌在线夹内弹簧的压力将导线压紧的简单装置，其导线夹中有一弹性支撑顶杆，顶杆的一端与一夹脚相铰链，顶杆的另一端抵在另一夹脚上。使用时，先闭锁拆除吊环，可使弹簧绷紧，再经顶杆将两夹脚处于张开状态，作业人员使用操作杆拉着挂设吊环，将张开状态的导线夹放置于导线附近，被接地导线通过夹口进入导线夹后碰触顶杆，在弹簧的作用下两夹脚快速将导线夹住，完成装设接地线步骤。拆除时，用操作杆拉动拆除吊环，就能自然放松弹簧，导线夹恢复张开状态，夹脚与导线分离。这种导线夹在工作过程中存在以下弊端：

（1）挂设时，由于接地线自重较大，操作杆带动导线夹动作不灵活，不易将开口对准导线；而且向上的挂设冲击力较小，不易触发导线夹内的支撑顶杆。为了提高挂设成功率，尤其是在不带张力的耐张塔跳线挂设接地线时，作业人员往往需要用导线夹快速击打导线，造成两者磨损。

（2）只通过夹脚内弹簧的弹力夹住导线难以保证可靠的压力，造成导线夹与导线间的接触电阻过大。此时，万一发生误送电，在线路上仍有较高的残压，将导致作业人员触电。同时，导线夹与导线接触处因不能承受短路电流所产生的热应力，将造成接触处的导线和导线夹损坏。

（3）挂设后只通过夹脚内弹簧的弹力夹住导线，而夹口的朝向竖直向上，在风力、接地线自重、人员误碰等外力作用下极易脱落。

10.2.1.2 设计思路

针对现有导线夹存在的问题，为提高挂设速度，减少导线夹头的损坏率，降低安全风险，并结合相关标准规定，提出了输电线路新型接地线夹的如下研制要求：

（1）能通过操作杆方便灵活地挂设导线夹，一次挂设成功率高。

（2）导线夹挂设后与导线紧密接触，电气连接良好。

（3）导线夹挂设后连接稳定，在外力作用下不易脱落。

（4）导线夹适用 $\phi18\sim35mm$ 的输电导线。

（5）导线夹应尽可能质量轻，体积小，便于携带。

10.2.1.3 结构组成

新设计的输电线路新型接地线夹主要包括线夹本体和操作钩头，其中线夹本体又包括内夹、外夹、弹簧、拉环和闭锁装置，如图 10-14（a）所示。

10.2.1.4 技术参数

接地线夹整体尺寸为 175mm×65mm×64mm，质量约为 0.40kg。具有以下特点：

（1）闭锁装置是新研制导线夹特有的部分，用于使内、外夹保持重合状态。

（2）内、外夹采用铜合金材料，确保良好的导电能力和机械强度；内、外夹共同夹持导线，与其保持良好的电气接触；内、外夹之间的弹簧提供足够的夹持力。

（3）弹簧选用抗疲劳强度、耐热耐腐蚀性能俱佳的不锈钢弹簧。

（4）拉环与内夹连为一体，在拆除时起作用。

（5）操作钩头用于操控闭锁装置以及挂设、拆除导线夹。

闭锁装置、拉环、操作钩头采用比重小但强度较高的铝合金，质量轻而耐磨，能满足导线夹长时间的使用。这样的材料选择可以确保导线夹质量轻、体积小，具有足够的机械强度和导电能力。

10.2.1.5 使用方法

（1）挂设时，将外夹与内夹重合，弹簧绷紧受压，开启闭锁装置，保持住内、外夹张开状态［图 10-14（b）］；用操作杆提着闭锁装置将导线夹放置于导线附近，导线通过张开的内、外夹的夹口进入导线夹［图 10-14（c）］；适当侧向用力于闭锁装置［图 10-14（d）］，导线夹在弹簧的作用下，内、外夹快速错开将导线夹住，导线被内夹的上部分和外夹的下部分紧密围住［图 10-14（e）］。

（2）拆除时，用操作杆拉动拉环向上提，带动内夹向上运动，弹簧再度受压绷紧，内、外夹重合，夹口放松，与导线分离［图 10-14（f）］。

10.2.2 基于消弧开关的输电线路接地线

10.2.2.1 研制背景

对于平行或同塔架设的输电线路，在停电的线路上会产生幅值明显的感应电流和感应电压，在挂接接地线时若因为操作抖动而长时间无法有效接触或脱离，产生的电弧有可能灼伤接

（a）结构　　　　　　　　　　　　（b）步骤一

（c）步骤二　　　　　　　　　　　　（d）步骤三

（e）步骤四　　　　　　　　　　　　（f）步骤五

图 10－14　新型防脱落接地线夹成品及其现场使用

地线夹或导线（图 10－15）尤其是在 500kV 以上电压等级的线路中，更容易出现烧伤现象。

10.2.2.2　结构组成

该装置由铜鼻子、接地导线、电流分接头、消弧开关、分支接地导线和接收器组成，如图 10－16 所示。电流分接头安装在接地导线上，整体绝缘，具有分支电流功能、电流实时监测、设定报警值、超限报警、无线发射电流值功能；消弧开关的两端分别引出两根分支接地线，具有机械储能、手动和电动分合闸功能；分支接地线连接在电流分接头上，

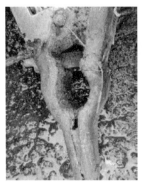

图 10-15　检修时接地线被感应电流烧蚀

具有与接地导线同等的电流导通能力；接收器独立放在操作人员手中，具有接收无线信号、电流实时显示、设定报警值、超限报警功能。电流测量模块及手持接收终端如图 10-17 所示。

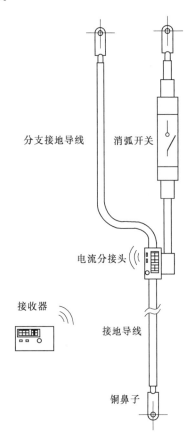

分支接地导线　消弧开关

电流分接头

接收器

接地导线

铜鼻子

图 10-16　带有消弧和接地
电流监测的智能接地线

图 10-17　电流测量模块及接收终端

10.2.2.3　工作原理

通过消弧开关、电流分接头等装置将瞬间电弧转移，防止接地线接触导线时产生电弧灼伤，通过电流测量模块及接收终端对接地线上的流经电流进行实时监测。

10.2.2.4　主要技术参数

（1）适用电压等级：500kV 及以上输电线路。

（2）电流测量精度：0.1mA。

（3）电流测量最大量程：100A。

（4）消弧开关额定电流：≥250A。

（5）其他：远端接收机具备记忆存储功能，接入打印设备可以打印电流值图。

10.2.2.5　使用方法

消弧接地线的安装效果示意图如图 10-18 所示。该消弧接地装置的挂接及使用步骤如下：

（1）将消弧开关处于断开状态，将接地端夹具与杆塔保持良好连接。

（2）通过绝缘绳等辅助工具将通道 1 导线连接端夹具与导线可靠连接。

（3）操作消弧开关使其闭合，确保回路处于连通状态且完成消弧。

（4）通过绝缘绳等辅助工具将通道 2 导线连接端夹具与导线可靠连接。

（5）通过绝缘绳等辅助工具拆除通道 1 导线连接端。

上述步骤即完成临时消弧接地装置的挂接，可开展相应的检修工作。检修工作完成后，按照相反的操作步骤流程拆除临时消弧接地装置即可。现场应用的场景如图 10-19 所示。

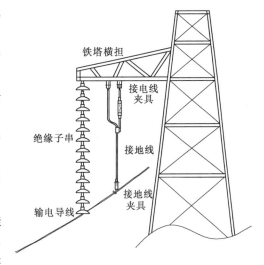

图 10-18　消弧接地装置的安装效果示意图

图 10-19　消弧接地装置的现场应用图

10.3 接地线电流检测装置及管理系统的研究

10.3.1 研究背景

近年来，随着电网规模的快速增长，电网公司面临的安全隐患及安全风险也越来越高。输电线路每年都要开展大量的停电检修工作，相关部门往往将工作重点和注意力放在如何完成检修任务和缩短检修工期上，对于涉及安全的接地线管理仍停留在制度层面上。而正确安装接地线是输电线路停电检修作业的重要技术措施，是保证作业人员安全的重要保障。但由于导线振动、接地线受风摇摆等原因，可能会造成接地线虚挂、脱落，导致作业人员失去保护，引起人身触电事故，并且输电线路所经过的地理位置复杂，根据相关规程要求，每次工作前需对接地线挂设情况进行检查，但仅凭肉眼很难确认接地线是否连接可靠，因而可能存在接地线虚挂得情况，有时还会出现接地线脱落等情况，如图 10-20 所示。这种每次工作前均需要派人对接地线进行检查，不仅存在以上问题，还极大地浪费人力物力。因此，本小节主要介绍基于北斗通信的接地线状态实时监测装置及管理系统。

图 10-20 接地线脱落情况

10.3.2 结构组成

设计的装置由电流测量、电源支持、数据通信三大模块组成，如图 10-21 所示。将该装置与软铜线、接地线夹、铜鼻子等组合成完整的智能接地线装置，并通过手机 APP 实现数据交互和分析应用。

10.3.3 工作原理

利用电流监测装置采集接地线感应电流，通过北斗通信系统将数据实时传输至云服务器，借助互联网和手机 APP 实现接地线状态实时监测。

10.3.4 使用方法

现场作业人员和管理人员通过手机 APP 界面可以准确判断输电线路所挂接地线是否良好。第一层显示界面可以时刻全方位地了解和掌握线路的动态，如图 10-22 和图 10-23 所示。点击"某号杆塔"后进入第二层界面（图 10-24），作业人员和管理人员可以时刻观察现场接地线的实时情况。例如，当界面显示所测电流值大于判定阈值时，表明接地线连接良好；当所测电流值小于判定阈值时，表明接地线连接异常，处于脱落或者虚挂状态，此时，APP 会发出实时报警信息。

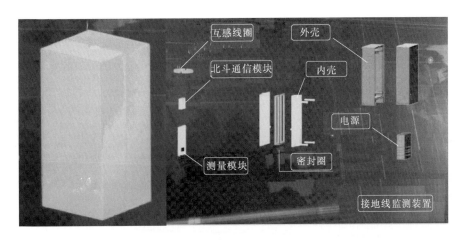

图 10 - 21　智能接地线监测装置设计图

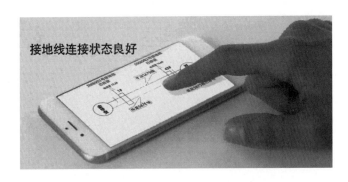

图 10 - 22　手机 APP 第一层显示界面

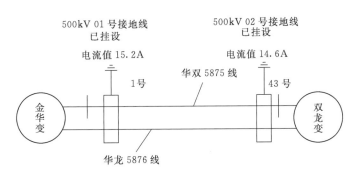

图 10 - 23　停电线路挂接接地线信息图

　　该装置通过采用北斗通信方式,解决了位于高山和无人区的输电线路杆塔移动通信数据无法传输的难题,保证接地线电流监测数据的可靠接收;借助该装置和 APP,工作人员可实现停电线路接地线连接状态的实时监测,解决了现场人员无法有效判断接地线连接是否良好的问题,降低了工作间断恢复前作业人员检查接地线的工作量;通过 APP 的数据统计分析功能,实现了现场接地线挂拆情况的有效监控,避免了接地线误挂、漏拆等安全隐患。

图 10-24　手机 APP 端第二层显示界面

参 考 文 献

［1］ 东北电力设计院. 电力工程高压送电线路设计手册［M］. 北京：中国电力出版社，2003.

［2］ 孟遂民，孔伟，唐波. 架空输电线路设计［M］. 北京：中国电力出版社，2015.

［3］ Mohamed El - Sharkawi. Electric safety：practice and standards［M］. New Mexico：CRC Press，2014.

［4］ 国家电网公司运维检修部. 特高压输电线路带电作业培训教材 基本知识分册［M］. 北京：中国电力出版社，2016.

［5］ IEEE Std 524a—1993. IEEE guide to grounding during the installation of overhead transmission line conductors［S］. New York：IEEE Press，1994.

［6］ IEEE Std 1048—1990. IEEE guide for protective grounding of power lines［S］. New York：IEEE Press，1990.

［7］ DL/T 436—2005. 高压直流架空送电线路技术导则［S］. 北京：中国标准出版社，2006.

［8］ UFC 3 - 560 - 01 Change 2—2008. Safety of electrical transmission and distribution systems［S］.

［9］ Q/GDW 1799. 2—2013. 国家电网公司电力安全工作规程 线路部分［S］. 北京：中国电力出版社，2014.

［10］ Allen L. Clapp. National electrical safety code handbook［M］. 7th ed. New York：IEEE Press，2011.

［11］ J. Maxwell Adams. Electrical safety：a guide to the causes and prevention of electrical hazards［M］. London：The Institution of Engineering and Technology，1994.

［12］ Peter E. Sutherland. Principles of electrical safety［M］. New Jersey：IEEE Press，2015.

［13］ GB/Z 18039. 6—2005. 电磁兼容 环境 各种环境中的低频磁场［S］. 北京：中国电力出版社，2005.

［14］ CEI/IEC 61786—1998. Measurement of low - frequency magnetic and electric fields with regard to exposure of human beings - special requirements for instruments and guidance for measurements［S］. Switzerland：IEC Press，1998.

［15］ GB 50545—2010. 110kV～750kV架空输电线路设计规范［S］. 北京：中国计划出版社，2010.

［16］ 国际大电网会议第36.01工作组. 输电系统产生的电场和磁场 现象简述 实用计算导则［M］. 邵方殷，等，译. 北京：水利电力出版社，1984.

［17］ 谢德馨，杨仕友. 工程电磁场数值分析与优化设计［M］. 北京：机械工业出版社，2017.

［18］ Neville Watson，Jos Arrillaga. 输电系统产生的电场和磁场 现象简述 实用计算导则［M］. 陈贺，白宏，项祖涛，译. 北京：中国电力出版社，2017.

［19］ GB/T 13998—1992. 电信线路磁感应纵电动势和对地电压、电感应电流及杂音计电压的测量方法［S］. 北京：中国标准出版社，1993.

［20］ IEEE Std C95. 3. 1—2010. IEEE recommended practice for measurements and computations of electric，magnetic，and electromagnetic fields with respect to human exposure to such fields，0Hz to 100kHz［S］. New York：IEEE Press，2010.

［21］ M. H. 米哈伊洛夫. 外界电磁场对电信线路的影响和防护措施［M］. 严晋德，严相庐，索珍，等，译. 北京：人民邮电出版社，1964.

［22］ J. G. 安德生，等. 345千伏及以上超高压输电线路设计参考手册［M］. 电力工业部武汉高压研

究所，译. 北京：人民邮电出版社，1981.

[23] 王建华，文武，阮将军，等. UHV 交变电场在人体中感应电流计算分析 [J]. 高电压技术，2007，33 (5)：46 - 49.

[24] 田子山. 交流架空输电线路附近工频电场及其人体内感应电流计算研究 [D]. 重庆：重庆大学，2013.

[25] 胡宇. 超高压输电线环境中人体电磁场分析 [D]. 沈阳：沈阳工业大学，2003.

[26] 秦广. 同走廊并行交流输电线下无线电干扰及人体电感应研究 [D]. 重庆：重庆大学，2016.

[27] 胡毅，聂定珍. 500kV 同塔双回线路感应电压的计算及安全作业方式 [J]. 中国电力，2000，33 (6)：45 - 48.

[28] 韩彦华，黄晓民，杜秦生. 同杆双回线路感应电压和感应电流测量与计算 [J]. 高电压技术，2007，33 (1)：140 - 143.

[29] 班连庚，王晓刚，白宏坤，等. 同塔架设的 220kV/500kV 输电线路感应电流与感应电压仿真分析 [J]. 电网技术，2009，33 (6)：45 - 49.

[30] 朱军，吴广宁，曹晓斌，等. 非全线并行架设的交、直流共用输电走廊线路间电磁耦合计算分析 [J]. 高电压技术，2014，40 (6)：1724 - 1731.

[31] 马爱清，徐东捷，王海波，等. 500kV 同塔双回输电线路下平行运行 0.38kV 线路时的感应电压和感应电荷 [J]. 高电压技术，2015，41 (1)：306 - 312.

[32] 朱军. 超/特高压交/直流输电线路共用走廊的电磁特性及其优化布局研究 [D]. 成都：西南交通大学，2015.

[33] 刘凯，吴田，施荣，等. 750kV 输电线路光纤复合架空地线损耗分析 [J]. 高电压技术，2011，37 (2)：497 - 504.

[34] 范环宇. 同塔双回线路临时地线检测及管理系统研究 [D]. 北京：华北电力大学，2015.

[35] ANSI/IEEE Std 575—1988. IEEE guide for the application of sheath - bonding methods for single - conductor cables and the calculation of induced voltages and currents in cable sheaths [S]. New York：IEEE Press，1987.

[36] 郭金平，赵施林，周存志，等. 电气化铁路感应电危害与预防 [M]. 北京：中国铁道出版社，2011.

[37] 郭志冲，陆佳政，余占清，等. 特高压同塔双回线路融冰装置感应电压分析 [J]. 电网技术，2013，37 (11)：3015 - 3021.

[38] 陈效杰. 输电线路停电检修时接地线挂接的安全要求 [J]. 电力安全技术，2002，4 (4)：6 - 8.

[39] IEEE Std 80—2013. IEEE guide for safety in AC substation grounding [S]. New York：IEEE Press，2013.

[40] IEEE Std 516—2009. IEEE guide for maintenance methods on energized power lines [S]. New York：IEEE Press，2009.

[41] 张良山，毛洁顺. 高压线路感应电的危害及防事故措施 [J]. 内蒙古电力，1991，(3)：59 - 61.

[42] 黄巍，程泳，董建新，等. 500kV 架空地线金具发热的分析与对策 [J]. 浙江电力，2013，(11)：36 - 39.

[43] 高维忠，张宗萍，吴博，等. 河南电网 ADSS 光缆电腐蚀防护 [J]. 电力系统通信，2008，29 (188)：1 - 4.

[44] 应函霖，黄旭骏，方琪. 架空地线连接金具熔断掉落事故的预防 [J]. 浙江电力，2013，(9)：16 - 18.

[45] 许进华，钟嘉斌. 电气事故案例分析与防范 [M]. 北京：中国电力出版社，2012.

[46] 顾洪涛，钱国柱. 特殊电量的测量 [M]. 北京：中国电力出版社，2000.

[47] 何为，肖冬萍，杨帆. 超特高压环境电磁场测量、计算和生态效应 [M]. 北京：科学出版社，

2013.

[48] W. B. Kouwenhoven, C. J. Miller, H. C. Barnes, et al. Body currents in live line working [J]. IEEE Transactions on Power Apparatus and System, 1966, 85 (4): 403 - 411.

[49] DL/T 988—2005. 高压交流架空送电线路、变电站工频电场和磁场测量方法 [S]. 北京：中国标准出版社，2005.

[50] DL/T 1089—2008. 直流换流站与线路合成场强、离子流密度测量方法 [S]. 北京：中国标准出版社，2008.

[51] Q/GDW 11090—2013. 输电线路参数频率特性测量导则 [S]. 北京：中国电力出版社，2013.

[52] 吴尊东. 输电线路工频参数变频抗干扰测试的研究 [D]. 杭州：浙江大学，2009.

[53] IEEE Std 1227—1990 (R2010). IEEE guide for the measurement of DC electric - field strength and ion related quantities [S]. New York：IEEE Press，2010.

[54] 胡毅，刘凯. 超/特高压交直流输电线路带电作业 [M]. 北京：中国电力出版社，2011.

[55] HJ 24—2014. 环境影响评价技术导则　输变电工程 [S]. 北京：中国环境出版社，2015.

[56] DL/T 5092—1999. 110～500kV 架空送电线路设计技术规程 [S]. 北京：中国电力出版社，1999.

[57] JB/T 9680—2012. 高压架空输电线路地线用绝缘子 [S]. 北京：机械工业出版社，2012.

[58] GB 50149—2010. 电气装置安装工程　母线装置施工及验收规范 [S]. 北京：中国计划出版社，2012.

[59] 周欣佳. 架空地线连接金具发热的原因分析及处理办法 [J]. 上海电力，2011 (3)：278 - 281.

[60] 肖明伟. 一起 220kV 线路避雷线金具发热的原因分析及处理 [J]. 华电技术，2017，39 (7)：52 - 55.

[61] 聂永峰，王建辉，孟毓. 输电电缆支架涡流损耗的计算与分析 [J]. 电网技术，2008，6 (32)：142 - 145.

[62] GB 50217—2007. 电力工程电缆设计规范 [S]. 北京：中国计划出版社，2008.

[63] GB/T 50065—2011. 交流电气装置的接地设计规范 [S]. 北京：中国计划出版社，2011.

[64] DL/T 5221—2016. 城市电力电缆线路设计技术规定 [S]. 北京：中国计划出版社，2016.

[65] 董环宇. 高压电缆接地环流在线监测系统研究 [D]. 沈阳：沈阳工程学院，2013.

[66] 苏菲，姜涛，王兴振，等. 220kV 双回路电缆金属护套感应电流计算及敷设方式对其影响分析 [J]. 陕西电力，2016，44 (9)：85 - 88.

[67] 国家电网公司人力资源部. 国家电网公司生产技能人员职业能力培训专用教材：输电电缆 [M]. 北京：中国电力出版社，2010.

[68] 史传卿，等. 电力电缆安装运行技术问答 [M]. 北京：中国电力出版社，2002.

[69] 姜芸，高小庆，罗俊华，等. 电力电缆保护接地 [J]. 高电压技术，1998，24 (4)：36 - 38.

[70] 黄涛，文珊，王庭华，等. 不同材质电缆支架对电缆运行适用性研究 [J]. 电力工程技术，2017，36 (2)：104 - 109.

[71] 洪娟. 高压电缆金属护层环流在线监测系统的研究和应用 [D]. 北京：华北电力大学，2013.

[72] DL/T 879—2004. 带电作业用便携式接地和接地短路装置 [S]. 北京：中国标准出版社，2004.

[73] GB/T 16927.1—2011. 高电压试验技术　第 1 部分：一般定义及试验要求 [S]. 北京：中国标准出版社，2012.

[74] GB/T 6568—2008. 带电作业用屏蔽服装 [S]. 北京：中国标准出版社，2008.

[75] GB 21146—2007. 个体防护装备　职业鞋 [S]. 北京：中国标准出版社，2008.

[76] GB/T 20991—2007. 个体防护装备　鞋的测试方法 [S]. 北京：中国标准出版社，2008.

[77] GB/T 17622—2008. 带电作业用绝缘手套 [S]. 北京：中国标准出版社，2009.

[78] DL/T 436—2005. 高压直流架空送电线路技术导则 [S]. 北京：中国电力出版社，2006.